미래 한국지리 읽기

이 도서의 국립중앙도서관 출판시도서목록(CIP)은 서지정보유통지원시스템 홈페이지(http://seoji.nl.go.kr)와 국가자료공동목록시스템(http://www.nl.go.kr/kolisnet)에서 이용하실 수 있습니다.(CIP제어번호: CIP2013018415)

미래 한국지리 읽기

옥한석 지음

**Reading Futures
of Korean Regional
GEOGRAPHY**

한울
아카데미

책을 펴내며

2009년 8월 『세계화 시대의 한국지리 읽기』를 세상에 내놓은 지 벌써 4년이 지났다. 독자들의 성원에 힘입어 보다 다양한 필진을 위촉하여 개정판을 내고자 시도해보았으나 시간에 쫓기어 실현되지 못했다. '미래 한국지리 포럼'이라는 코너를 신설하여 쟁점 위주로 다양한 필진을 구성하는 것은 후일의 과제로 남겨두었다.

『세계화 시대의 한국지리 읽기』는 세계화가 우리 국토를 어떻게 변모시켰으며 우리 국토의 개별 지역들이 세계화와 관련하여 어떤 문제들에 당면하고 있는지를 지역적·공간적 관점에서 성찰해보려고 했다면, 『미래 한국지리 읽기』는 이러한 문제들을 보다 더 부각시켜 미래 한국사회에 능동적으로 대처하려면 어떻게 해야 하는가의 고민을 풀어놓았다. 미래학이 '인간 생활과 세계에서의 가능한 변동을 찾아내어 비교·분석하고 평가하려는 활동의 한 분야'라고 정의된다면(World Future Society, 1977), 지리학도 문화인류학·사회학·사회철학 등과 긴밀한 관련을 가질 수 있다고 본다. 미래학자가 미래의 변화만 예측하는 것이 아니라 미래의 대안을 개발한다는 점에서 이미 지리학자는 미래학자이다. 왜냐하면 지리학자는 환경계획, 지역개발 등의 수립에 참여해왔기 때문이다.

어떤 학자가 오늘날 한국인은 한국적 기적(Korean Miracle)과 한국적 재앙(Korean Disaster) 속에서 살아가고 있다고 했는데, 이는 한국인이 희망(Dream)과 수치(Shame)를 한 몸에 안고 살고 있다는 뜻으로 풀이된다. 희망은 세계적인 선두 그룹에 속한 스마트폰·컴퓨터·반도체·자동차·조선·철강·석유화학 등의 한국 첨단 산업과 제품, 그리고 성악·영화·미술·가요·드라마·비디오아트·스포츠 영역에서 배출되어 세계적인 주목을 받는 한국 예술가와 젊은이가 말해준다. 반면에 수치는 남북한 가장 많은 병력의 군사적 대치, 최악 수준의 학생·성인·노인 자살, 존속 살인, 저출산, 산업재해, 교통사고 사망, 노인빈곤율, 해외공적개발원조, 소득 및 성 불평등, 아동 성구매·성판매 등의 한국에 관한 지표가 보여준다. 한국의 기적만을 자랑하기에는 너무 참혹한 현실이 우리의 실존을 억압하고 있는 것이다.

지리학은 이러한 밝음과 어두움, 긍정과 부정을 연구하고 밝혀야 하며 해결의 대안을 제시하여 우리의 실존과 존엄에 반하는 현실을 개선하는 일에 앞장서야 한다고 본다. 이 책은 이러한 의도에서 재편집되었고, 고령화·저출산·다문화·공동체 등의 문제를 다루었다. 우리의 생활과 관련된 이러한 문제들은 지리적인 지역 구분 위에서 분석하고 이해하려고 하였으며 해결 방안도 암시하였다. 다시 말해 지역과 경관의 상징체계나 문화코드를 통하여 지역을 읽어내며 나타날 미래의 징후를 발견하고자 했다. 이것이 가능하다면 미래 한국지리 읽기도 가능하다고 본다.

이 책의 구성은 『세계화 시대의 한국지리 읽기』의 4개의 부를 따랐다. 제1부는 자유시장경제의 세계화가 우리 국토에 미친 영향을 선택한 몇 개의 주제를 중심으로 살펴보았다. 제2부는 한국의 중부지역을, 제3부는 남부지역을 중심으로 세계화 시대에 각 지역이 당면한 문제와 세계화로 인한 이들 지역의 변화상을 짚어보면서, 지역의 다양한 지리적 성찰 과제들을 제시하고자 했다. 제4부는 세계화와 관련된 우리 국토의 역할에 초점을 두었으며, 국토의 핵심적인 문제들을 고민해보는 기회를 제공하고자 했다.

이번 『미래 한국지리 읽기』에는 서태열 교수가 공저자로 함께하지 못했음을 아쉽게 생각한다. 지역별 기초통계자료 수집과 그래프 작성은 강원대학교 김강민, 천명일 학생의 도움이 컸으며 주요 지역적 쟁점 선정은 '지역지리탐구' 수업에서 어느 정도 논의되었다. 선정된 쟁점의 내용은 ≪대한지리학회지≫, ≪한국지역지리학회지≫, ≪한국도시지리학회지≫, ≪한국사진지리학회지≫, ≪한국지형학회학회지≫ 등에 게재된 논문으로 출처를 밝혀 인용하였다. 직접 인용이 누락되었을 수도 있으며, 이 점 양해를 구한다. 끝으로 편집과 일정의 어려움에도 불구하고 지원을 아끼지 않으며 포럼에 관심을 가져준 도서출판 한울 김종수 사장님과 이교혜 편집장, 디자이너 김진선 씨 등 한울 식구에게 감사드린다.

2013년 9월 3일 미래 한국지리 포럼을 준비하며
옥한석

감사의 글

이 책에 소개하고 있는 일부 내용은 다음 논문들을 참고한 것으로 논문의 필자들께 깊이 감사드린다. 아울러 논문의 집필 의도와 어긋난 점이 있다면 널리 양해를 구하며, 다음과 같이 필자와 논문 제목 및 출처를 밝혀둔다.

서론
노승철·심재헌·이희연. 2012. 「지역 간 기능적 연계성에 기초한 도시권 설정 방법론 연구」. ≪한국도시지리학회지≫, 제15권 제3호, 23~44쪽.

제1장
구양미. 2012. 「서울디지털산업단지의 진화와 역동성: 클러스트 생애주기 분석을 중심으로」. ≪한국지역지리학회지≫, 제18권 제3호, 283~297쪽.
박재희·강영옥. 2013. 「트위터 데이터를 통해 본 생활환경 만족도의 공간적 특성」. 2013년 지리학대회 발표논문요약집, 383~386쪽.
오충원. 2013. 「공간정보빅데이터에 관한 연구」. 2013년 지리학대회 발표논문요약집, 194~195쪽.
이승호·김선영. 2008. 「기후변화가 태백산지 고랭지 농업의 생육상태와 병충해에 미치는 영향」. ≪대한지리학회지≫, 제42권 제4호, 621~634쪽.
이응경·이수연·이창로·조희선·김경아·박수진. 2013. 「우리나라 지역별 생태계 서비스 평가가치와 토지가치의 비교」. 2013년 지리학대회 발표논문요약집, 172~175쪽.
이정훈·변미리·채은경·구자룡. 2013. 「수도권의 글로벌 소프트파워 경쟁력 비교 및 강화전략」. 2013년 지리학대회 발표논문요약집, 217~222쪽.
허인혜·이승호. 2010. 「기후변화가 우리나라 중부지방의 스키산업에 미치는 영향—용평·양지·지산 스키리조트를 사례로」. ≪대한지리학회지≫, 제45권 제4호, 444~460쪽.

제2장
김태환. 2013. 「삶의 질 향상을 위한 건강장수도시 실태 진단연구」. 2013년 지리학대회 발표논문요약집, 85~89쪽.
손승호·한문희. 2010. 「고령화의 지역적 전개와 노인주거복지시설의 입지」. ≪한국도시지리학회지≫, 제13권 제1호, 17~30쪽.
윤지환. 2011. 「도시공간의 생산과 전유에 관한 연구: 서울문래예술공단을 사례로」. ≪대한지리학회지≫, 제46권 제2호, 253~256쪽.
이영아·정윤희. 2012. 「빈곤지역 유형별 빈곤층 생활에 관한 연구」. ≪한국도시지리학회지≫, 제15권 제1호, 61~74쪽.

이희연·주유형. 2012. 「사망률에 영향을 미치는 환경요인분석」. ≪한국도시지리학회지≫, 제15권 제2호, 23~37쪽.
최병두. 2012. 「초국적 이주와 한국의 사회공간적 변화」. ≪대한지리학회지≫, 제47권 제1호, 1~12쪽.
최재헌·윤현위. 2012. 「한국 인구 고령화의 지역적 전개 양상」. ≪대한지리학회지≫, 제47권 제3호, 359~374쪽.

제3장

김동실. 2006. 「서울의 시가지 확대와 지형적 배경」. ≪한국지역지리학회지≫, 제12권 제1호, 16~30쪽.
김현철. 2013. 「'마포구', '홍대'에 대한 레즈비언의 장소감 형성 양상」. 2013년 지리학대회 발표논문요약집, 450~452쪽.
박세훈. 2013. 「경쟁력 강화인가, 사회통합인가: 서울시 외국인 정책 5년의 경험과 과제」. 2013년 지리학대회 발표논문요약집, 439~443쪽.
유현아. 2013. 「수도권 거주 외국인 실태 및 다문화 사회 대응 전략」. 2013년 지리학대회 발표논문요약집, 223~226쪽.
이영민·이용균·이현욱. 2012. 「중국 조선족의 트랜스 이주와 로컬리티의 변화연구: 서울 자양동 중국음식문화거리를 사례로」. ≪한국도시지리학회지≫, 제15권 제2호, 103~116쪽.
이영민·이종희. 2013. 「이주자의 민족경제실천과 로컬리티의 재구성: 서울 동대문 몽골타운을 사례로」. ≪한국도시지리학회지≫, 제16권 제1호, 19~36쪽.
주경식·박영숙. 2011. 「서울시 웨딩업체의 입지 패턴에 관한 연구: 강남구를 사례로」. ≪한국지역지리학회지≫, 제17권 제6호, 698~709쪽.
류주현. 2012. 「결혼이주여성의 거주 분포와 민족적 배경에 관한 소고: 베트남·필리핀을 중심으로」. ≪한국지역지리학회지≫, 제18권 제1호, 71~85쪽.

제4장

권상철. 2010. 「한국대도시의 인구 이동 특성: 지리적, 사회적 측면에서의 고찰」. ≪한국도시지리학회지≫, 제13권 제3호, 15~26쪽.
박운호·이원도·조창현. 2013. 「수도권 통행가구 조사의 활동기반 분석: 연계통행을 중심으로」. 2013년 지리학대회 발표논문요약집, 77~80쪽.
손승호. 2011. 「인천시 공간상호작용의 변화에 따른 기능지역의 재구조화」. ≪한국도시지리학회지≫, 제14권 제3호, 87~100쪽.
이영민. 2011. 「인천의 문화지리적 탈경계화와 재질서화: 포스트식민주의적 탐색」. ≪한국도시지리학회지≫, 제14권 제3호, 31~42쪽.

이은용. 2002. 『강화중앙교회 100년사』. 기독교대한감리회 강화중앙교회.
조일환·김소연·곽수정·홍서영. 2011. 「통근 통학 업무 목적통행으로 본 수도권의 지역구조 변화」. ≪한국도시지리학회지≫, 제14권 제1호, 49~66쪽.

제5장
김창환. 2007. 「DMZ의 공간적 범위에 관한 연구」. ≪한국지역지리학회지≫, 제13권 제4호, 454~460쪽.
―――. 2008. 「지리적 위치 자원으로서의 국토정중앙의 가치와 활용방안」. ≪한국지역지리학회지≫, 제14권 제5호, 453~465쪽.
―――. 2011. 「지오파크(Geopark) 명칭에 대한 논의」. ≪한국지형학회지≫, 제18권 제1호, 73~83쪽.
이민부·이광률·김남신. 2004. 「추가령 열곡의 철원-평강 용암대지 형성에 따른 하계망 혼란과 재편성」. ≪대한지리학회지≫, 제39권 제6호, 833~844쪽.

제7장
김두일. 2008. 「도시하천에 대한 인위적 간섭 특성 및 하천관리 방안: 대전시 갑천유역을 중심으로」. ≪한국지역지리학회지≫, 제14권 제1호, 1~18쪽.
김재한. 2012. 「청주시 환상녹지의 경관파편화 실태와 지속가능한 녹지관리 방안 모색」. ≪대한지리학회지≫, 제47권 제1호, 79~97쪽.
문건수. 2007. 「지역축제가 지역경제 활성화에 미치는 영향에 관한 연구: 보령시 머드축제를 중심으로」. 연세대 행정대학원 석사학위논문.
이양주. 2013. 「수도권 주요 산줄기의 실태와 보전관리 방안」. 2013년 지리학대회 발표논문요약집, 424~429쪽.

제8장
강대균. 2003. 「해안사구의 물질구성과 플라이토세층-충청남도의 해안을 중심으로」. ≪대한지리학회지≫, 제38권 제4호, 505~517쪽.

제9장
이영희. 2010. 「지명을 통한 장소정체성 재현과 지명영역의 변화: 충주지역 지명을 사례로」. ≪한국지역지리학회지≫, 제16권 제2호, 110~122쪽.

제10장
공윤경. 2010. 「부산 산동네의 도시경관과 장소성에 관한 고찰」. ≪한국도시지리학회지≫, 제13권 제2호, 129~145쪽.

공윤경·양흥숙. 2011. 「도시 소공원의 창조적 재생과 일상: 부산 전포돌산공원을 중심으로」. ≪한국지역지리학회지≫, 제17권 제5호, 582~599쪽.
이종호·유태윤. 2008. 「우리나라 조선산업의 공간집중과 입지특성: 동남권을 중심으로」. ≪한국지역지리학회지≫, 제14권 제5호, 521~535쪽.
정은혜. 2011. 「지역이벤트로 인한 도시문화경관 연구: 부산국제영화제 지역을 사례로」. ≪한국도시지리학회지≫, 제14권 제2호, 113~124쪽.

제11장
우종현. 2006. 「지역농업의 혁신환경과 발전방안」. ≪한국지역지리학회지≫, 제12권 제1호, 94~107쪽.
윤옥경. 2011. 「도시브랜드 개발을 통한 도시 이미지 구축에 대한 연구: '메디시티 대구'를 사례로」. ≪한국지역지리학회지≫, 제17권 제6호, 726~737쪽.
이재하·이은미. 2011. 「세계화에 따른 대구광역시 외국요리음식점의 성장과 공간 확산」. ≪한국도시지리학회지≫, 제14권 제2호, 31~48쪽.
전영권. 2000. 「한국 화강암질암류 산지에서 발달하는 암괴류에 관한 연구」. ≪한국지역지리학회지≫, 제11권 제6호, 517~529쪽.
―――. 2005. 「지오투어리즘을 위한 대구 앞산 활용 방안」. ≪한국지역지리학회지≫, 제11권 제6호, 517~529쪽.
조현미. 2006. 「외국인밀집지역에서의 에스닉 커뮤니티의 형성: 대구시 달서구를 사례로」. ≪한국지역지리학회지≫, 제12권 제5호, 540~556쪽.
최정수. 2006. 「경북문화산업의 혁신환경과 클러스트 구축 방향」. ≪한국지역지리학회지≫, 제12권 제3호, 364~381쪽.

제12장
조관연. 2011. 「문화콘텐츠 산업의 전략적 수용과 안동문화 정체성의 재구성」. ≪한국지역지리학회지≫, 제17권 제5호, 568~581쪽.

제13장
이정훈. 2012. 「여수시 금오도의 지오투어리즘 정착을 위한 연구」. ≪한국지역지리학회지≫, 제18권 제3호, 336~350쪽.
정치영. 2009. 「조선시대 사대부들의 지리산 여행 연구」. ≪대한지리학회지≫, 제44권 제3호, 260~281쪽.
최원석. 2012. 「지리산 문화경관의 세계 유산적 가치와 구성」. ≪한국지역지리학회지≫, 제18권 제1호, 42~54쪽.
황상일·박호정·박경근·윤순옥. 2011. 「남해군 금산 정상부의 나마(Gnamma) 지형발달」. ≪대한지리학회지≫, 제46권 제2호, 134~151쪽.

제14장
강대균. 2004. 「소규모 임해 충적평야의 수리체계: 불갑천 하류의 충적지와 해안 사구를 중심으로」. ≪대한지리학회지≫, 제39권 제6호, 863~872쪽.
김태환. 2007. 「자동차 부품산업의 공간적 재구조화와 입지패턴 변화」. ≪대한지리학회지≫, 제42권 제3호, 434~452쪽.
전경숙. 2010. 「담양군 창평면의 슬로시티 도입과 지속가능한 지역경쟁력 창출」. ≪한국도시지리학회지≫, 제13권 제3호, 1~14쪽.

제15장
조성욱. 2007. 「만경강의 역할과 의미 변화」. ≪한국지역지리학회지≫, 제13권 제2호, 187~200쪽.

제16장
서정욱. 2006. 「지리적 표시제 도입이 지역 문화 진흥에 미치는 영향: 보성녹차를 사례로」. ≪한국지역지리학회지≫, 제12권 제2호, 229~244쪽.
안중기·김태호. 2008. 「제주도 단성화산 소유역에서의 강우의 분배: 한라산 어승생 오름을 사례로」. ≪한국지역지리학회지≫, 제14권 제3호, 212~223쪽.
이기봉. 2008. 「낙안읍성의 입지와 구조 그리고 경관: 읍치에 구현된 조선적 권위 상징의 전형을 찾아서」. ≪한국지역지리학회지≫, 제14권 제1호, 68~83쪽.

제17장
강순돌. 2009. 「『백두산행기』에 나타난 윤화수의 장소인식과 지리지식의 유형」. ≪한국지역지리학회지≫, 제15권 제1호, 99~114쪽.
이민부·김남신·김석주. 2008. 「북한의 인구와 농업의 변화에 따른 환경 문제 연구」. ≪한국지역지리학회지≫, 제14권 제6호, 709~717쪽.

또한 이 책에 수록된 사진의 촬영자와 소속을 다음과 같이 밝혀둔다.

김창환·백도움·김강민·신은형·김은경·이주희·정길홍·김영남·이민지(강원대), 이은송(성신대), 권동희(동국대), 전영권(대구가톨릭대), 최재원(경희대), 김용겸(공주대), 이정호(신라대), 주연정(경북대) 등

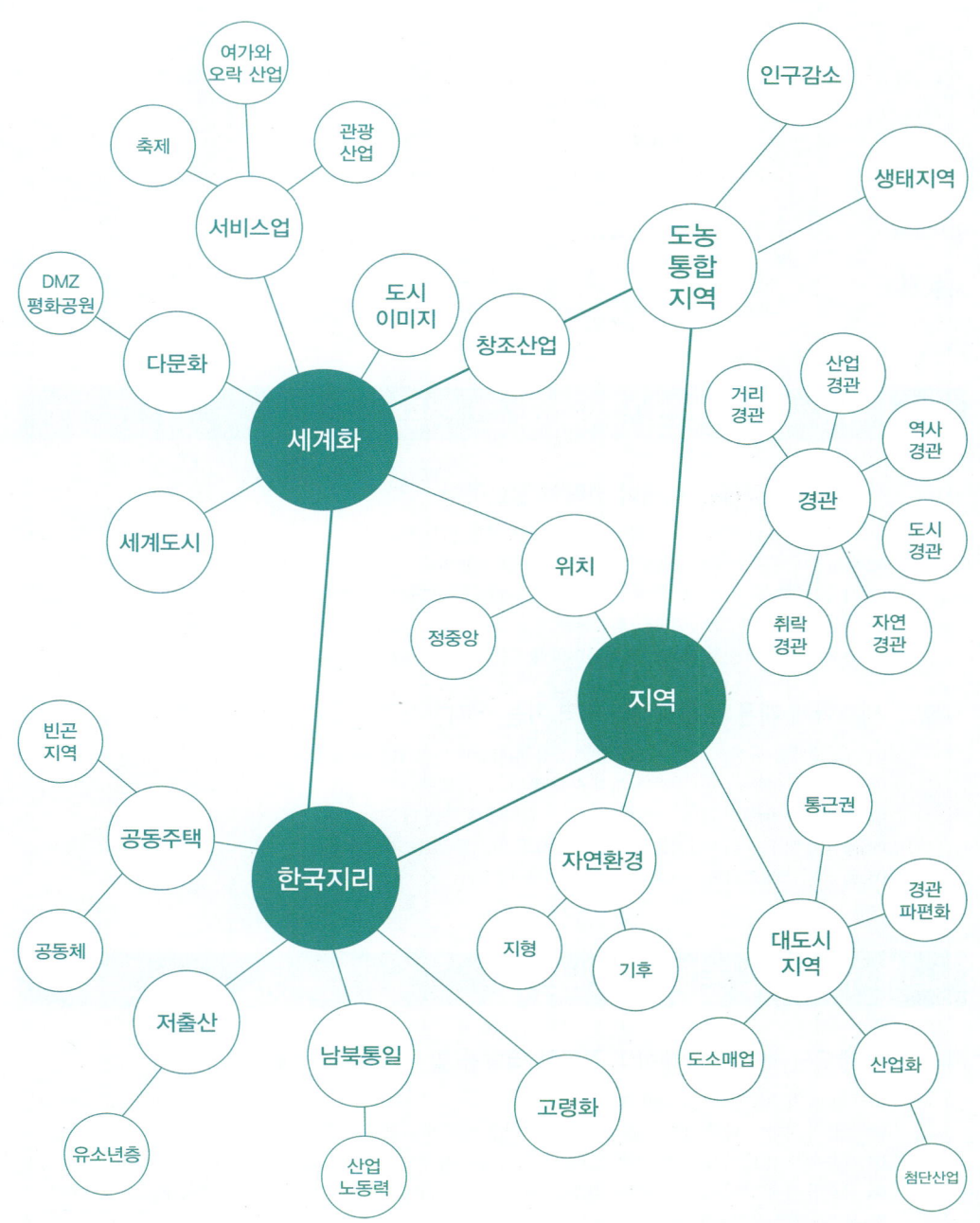

*이 책의 이해를 돕기 위한 개념도

차 례

책을 펴내며 4

감사의 글 6

서론 16

제1부 │ 자유시장경제의 세계화와 그 영향

제1장 지역발전과 맞물린 세계화 전략이 필요하다 22
  01 세계적 금융위기 속의 국가와 지역의 역할은 무엇인가 26
  02 수도권과 비수도권의 상생발전은 어떻게 가능한가 30
  03 서비스산업의 세계화와 함께 글로벌 소프트파워의 능력을 키워야 한다 33
  04 지구온난화는 한국에 얼마나 심각한가 35
  05 한국의 정보화 진전 정도는 빅데이터의 활용을 가능하게 한다 38

제2장 세계화에 따른 생활양식의 지역 차는 어떠한가 40
  01 공동주택을 중심으로 한 주거생활은 공동체 확립과 빈곤 탈출에 도움이 되어야 한다 44
  02 지역발전 여부는 시민건강의 지역 차를 통해 알 수 있다 48
  03 문화 수준의 지역 차는 지역주민의 정서 함양에 영향을 미친다 51
  04 초국적 이주는 한국사회를 더욱 역동적으로 만들 수 있는 기회이다 53
  05 한국 인구의 고령화는 지역적 차이도 문제이다 55

제2부 │ 세계화와 중부지역의 변동

제3장 세계도시 서울은 세계화의 견인차 역할을 할 수 있는가 58
  01 서울은 세계도시로서 손색이 없는가 65
  02 서울의 시가지 확대 방향은 쾌적한 도시 환경을 이루기에 적합한가 68
  03 서울은 도시 이미지를 연상시키는 대표거리가 있는가 70
  04 서구의 명품 브랜드가 서울에서 미래를 찾고, 한국의 이미지도 이를 통해 미래를 모색해볼 수 있을까 73
  05 몽골타운은 몽골인의 '솔롱고스'인가 75
  [미래 한국지리 포럼] 진정한 다문화주의를 위한 다문화정책의 방향과 목표 77

제4장 수원-인천 대도시지역은 세계화를 주도할 수 있을까 78

01 수원-인천 대도시지역의 서울 통근권은 그 범위가 어느 정도인가 83
02 서해안과 한강을 연결하는 경인운하는 실용성이 있는가 86
03 수원-인천 대도시지역에 주민을 위한 스포츠와 여가오락 시설은 충분한가 88
04 강화섬은 문화접변지로서 개신교의 수용에 앞장서 왔다 90
05 인천은 도심 개발의 불균형을 감내하면서도 경제자유구역 개발에 집중할 것인가 93
[미래 한국지리 포럼] 한국 대형교회의 성장과 개신교회의 분열 95

제5장 DMZ 지역의 활용 가능성은 어느 정도인가 96

01 DMZ 지역은 전 세계의 주목을 받을 만한가 101
02 백마고지가 6·25전쟁 시 격전지가 된 이유는 무엇일까 105
03 DMZ는 자연·인문 지리에 어떠한 영향을 주었을까 107
04 양구의 정중앙은 지리적 자산이 될 수 있는가 110
05 DMZ 지질공원인가 DMZ 지오파크인가 112

제6장 강원 도농통합지역은 녹색성장의 축이 될 수 있는가 114

01 관광의 균형적 발전과 함께 녹색 관광산업으로의 변화를 모색해야 할 때이다 119
02 양양국제공항의 활성화 방안은 없는가 122
03 폐광촌의 활성화 방안으로 설립된 카지노산업은 전략적으로 올바른 선택인가 125
04 세계적 축제로 발전하는 강릉 단오제는 한류 열풍 및 그린투어와의 연계가 필요하다 127
[미래 한국지리 포럼] 주변 4국이 공감하는 남북통일의 방안 129

제7장 대전-청주 대도시지역은 수원-인천 대도시지역에 편입될 것인가 130

01 대전-청주 대도시지역은 교통중심지로서의 지리적 이점을 살려 과학·생명산업의 중심지가 되기에 충분하다 135
02 대전 도시화과정에서의 갑천에 대한 인위적인 간섭은 주민생활에 어떤 영향을 주었는가 138
03 오송생명과학단지는 한국 바이오산업의 중심지가 될 수 있을까 141
04 머드 축제의 성공으로 보령시는 세계적인 명소가 되었는가 143
05 청주시의 도시발달이 가져온 경관파편화는 도시민의 웰빙에 악영향을 주므로 계획이 필요하다 145
[미래 한국지리 포럼] 산줄기가 생태축이 될 수 있다는 주장과 풍수지리의 과학성 147

제8장 천안-당진 도농통합지역은 서해안의 핵심지역이 될 것인가 148

01 천안-당진 지역은 대중국 무역 전진기지가 될 수 있는 여건이 충분하다 153
02 신두리 해안사구가 관심을 끄는 이유가 무엇일까 155
03 천안삼거리는 천안의 아이콘(icon)이 될 수 있을까 157
04 안면도 국제꽃박람회는 한국의 화훼산업에 어떤 영향을 줄 수 있을까 159
05 예산 사과와인이 세계적인 와인이 되기 위해서는 고택와인 명칭이 필요하다 161

제9장 충주 내륙 도농통합지역은 발전 가능성이 충분한가 164

01 충주 내륙 도농통합지역은 한반도의 중앙에 위치하지만 산업의 발달은 미약하다 169
02 단양의 카르스트 지형은 인간 생활에 유익하였는가 172
03 단양신라적성비와 충주고구려비는 어떤 지리적 의미를 가지고 있는가 174
04 충주시 상모면이 '충주시 수안보면'으로 명칭이 바뀐 일은 무엇을 의미하는가 176

제3부 세계화와 남부지역의 변동

제10장 부산-포항 대도시지역의 산업단지는 어떻게 변화되어야 하는가 180

01 남동 임해공업지역은 녹색성장에 어떤 도움을 줄 수 있는가 185
02 낙동강은 인간생활에 어떠한 영향을 주고 있는가 188
03 동해안 7번 국도는 세계적인 여행코스로 개발이 가능할까 190
04 부산국제영화제는 세계적인 영화제로 발전할 수 있을까 193
05 부산 산동네 도시경관은 어떻게 보존해야 하는가 195
[미래 한국지리 포럼] 권위주의 국가 권력과 로컬의 탈장소성 197

제11장 대구-구미 대도시지역은 새로운 변신에 성공할 것인가 198

01 대구-구미 대도시지역은 고부가가치 산업지역으로의 변신이 가능한가 203
02 비슬산 암괴류는 에코투어리즘의 자원으로서 얼마나 기여할까 207
03 대구시 달서구 이곡동의 외국인 근로자 에스닉 커뮤니티는 어떻게 작동하고 있는가 209
04 달성군의 지역 농산품이 어떻게 세계적 상품이 될 수 있을까 212
05 대구의 외국음식점 수용은 세계화의 지표로 보기 어렵다 214

제12장 안동 도농통합지역은 발전의 가능성이 있는가 216

01 안동의 문화전통이 문화콘텐츠 산업으로 재발견되고 다시 창조산업화할 수 있는가 221
02 경상누층군의 공룡화석 발자국은 지형 형성 시기의 단서이다 223
03 안동 도농통합지역은 한국의 대표적인 인구 감소 지역이다 224
04 경상북도 도청 이전은 안동 도농통합지역의 균형발전을 가져올 수 있는가 226

제13장 진주 도농통합지역은 어떠한가 228

01 진주를 중심으로 한 서부경남지역의 발전 가능성은 어떠한가 233
02 남해섬의 나마지형은 관광객의 호기심을 자극하기에 충분하다 235
03 왜 우리 선조들은 지리산을 꼭 여행해보려고 했을까 237
04 진주의 바이오산업은 약진할 수 있는가 240
05 통영국제음악제가 윤이상음악제라고 불리지 못하는 까닭은 무엇인가 242

제14장 광주 대도시지역은 전남 도서 해안지역과의 문화적 변동이 가능한가 246

01 광주 대도시지역은 전통농업의 중심지에서 서해안 시대의 중심지로 발전할 수 있을까 251
02 불갑천 하류의 해안평야 간척은 성공적인가 255
03 함평 나비 축제가 장소마케팅으로 성공한 요인이 무엇인가 257
04 광주 대도시지역의 세계화는 광주비엔날레로 대표되는가 259
05 창평이 진정한 슬로시티가 되기 위해서는 어떻게 해야 하는가 261

제15장 전주 도농통합지역은 전통문화의 중심지로 새롭게 발돋움할 것인가 264

01 호남평야의 미작농업은 어떻게 변신해야 하는가 269
02 만경강의 기능 변화에 따라 그 의미를 새롭게 조명할 수 있을까 272
03 전주의 비빔밥은 세계적인 상품이 될 수 있는가 274
04 남원이 세계적인 음악도시가 되기 위해서는 스토리텔링이 필요하다 277

제16장 순천-제주 도농통합지역은 경제자유구역으로의 발돋움이 가능한가 280

01 여수, 순천, 광양의 광양만권 경제자유구역은 실현 가능한가 285
02 제주삼다수는 세계적 음용수 브랜드가 될 수 있는가 287
03 낙안읍치에 구현된 전통적 권위의 상징은 한국 경관 디자인의 개념 설정에 무슨 도움을 주는가 289
04 보성 녹차밭의 지리적 표시제는 지리의 중요성을 잘 보여준다 291
[미래 한국지리 포럼] 창조산업의 내용과 기반 구축 293

제4부 세계화와 한국의 선택

제17장 한국은 동아시아의 갈등을 중재할 적임자인가 296

01 한반도의 지리적 위치는 북한의 해체가 올 경우 어떻게 작용할 것인가 301
02 독도 영유권을 둘러싼 분쟁이 왜 발생하고 있는가 303
03 북한의 인구와 환경 문제는 얼마나 심각한가 306
04 지역 이미지에 기반을 둔 국가브랜드화가 실현되기 위해서는 어떤 노력이 필요한가 308
05 백두산은 한민족의 영산(靈山)인가 311
[미래 한국지리 포럼] 백두산 폭발과 북한의 핵실험 313

결론 314

참고문헌 316
찾아보기 330
부록 1 한국 지역 구분 338
부록 2 각 지역의 문화지리정보 339

서론

지리학은 장소, 지역, 경관, 환경, 공간에 관한 학문이다. 객관적으로 주어진 실체가 존재하므로 계량적 분석이 가능하지만 근본적으로 지리학은 자신과 사회의 미래를 담고 있는 텍스트에 관한 학문이다. 그 텍스트는 일차적으로 장소 상에 보이는 경관으로 구성되며, 기호와 상징으로 이루어진 텍스트가 일정한 범위를 가질 때 지역이라고 부를 수도 있다. 그 텍스트는 사진이나 그래프 혹은 지도로서 표현되며, 보다 정교한 읽기를 위하여 분석적인 방법을 택할 수 있고 기호와 상징의 상호관계를 환경이란 이름으로 총칭할 수도 있다. 구체적으로 장소가 차지하는 땅은 지구(geo-) 혹은 자연(physical)이므로 자연과 인간의 관계에 관한 신호를 감지하게 된다.

많은 지리학자가 자연과 인간의 관계를 지리학적 탐구 주제로 보았고 그것이 지역이나 경관에 투영되어왔다고 여겨 연구가 진행되어왔지만, 이러한 관계에 관한 연구는 불충분하고 오히려 인류학에서 많은 성과를 내었다. 인류학은 미개사회를 대상으로 한 오랜 관찰과 목록 작성으로 스튜어드(J.H. Steward)의 문화생태학(cultural ecology)적 방법에 의해 인간과 자연의 관계에 대한 연구 성과가 있었다. 반면 지리학은 이러한 분야에서 실패하였음을 인정하지 않을 수 없다.

이제 '자연과 인간의 관계' 탐구라는 지리학적 과제는 이러한 관계를 감지하거나 상징체계를 읽어내는 것 정도로 대신해야 할 것이다. 아무튼 우리는 매일매일 어떤 모습, 어떤 사회를 꿈꾸며 살아가고 있음을 전제할 때 지리학은 이에 대한 대답을 해야 한다고 본다. 특히 '나는 어떤 사회를 꿈꾸고 살아가고 있는가' 하는 문제는 '자신이 몸담고 있는 가정, 친지, 이웃, 직장, 지역, 국가 사회 내의 사람과 어떤 관계를 꿈꾸며 살아가고 있는가' 하는 문제로 귀결되고, 이들 사회는 기본적으로 지리적 단위이다.

가정, 친지, 이웃, 직장, 지역, 국가 사회 등이 지리적 단위이므로 이에 대한 지리적 탐구를 해야 할 것이다. 이 책에서는 한국의 지리적 단위를 기초로 하여 '나와 우리의 미래상'에 대하여 생각해보려고 한다. 따라서 한국을 14개의 지리적 단위로 구분하여 각각의 단위가 갖는 텍스트의 의미를 읽어내고자 하였다. 14개 권역으로 구분하여 각 권역별 인구규모(인구주택총조사, 2010, 통계청), 면적(전국지자체면적, 2011, 통계청), 제조업 출하액(전국제조업조사, 2011, 통계청), 서비스업 종사자 수(전국서비스업총조사, 2010, 통계청), 공동주택 비율(인구주택총조사, 2010, 통계청), 대형마트 수(유통업체현황, 2009, 안전행정부), 공원면적 비율(한국도시통계, 2009, 안전행정부), 응급의료 기관 시설 수(전국의료시설조사, 2009, 안전행정부), 문화공간(한국도시통계, 2009, 안전행정부), 노인인구(인구주택총조사, 2010, 통계청), 노인복지 시설 수(사회조사, 2009, 안전행정부), 유치원 1개당 원아 수(유치원원아수조사, 2012, 통계청), 외국인 수(외국인수, 2010, 통계청) 등 13개 지리적 변수를 그래프화·지도화하여 비교하였다.

14개 권역은 대도시 중심의 광역적인 도시체계를 토대로 하여 6개의 대도시지역(서울, 수원-인천, 대전-청주, 부산-포항, 대구-구미, 광주 등)과 8개의 도농통합지역(DMZ 지역, 강원, 천안-당진, 충주, 안동, 진주, 전주, 순천-제주)으로 구분하였다. 각 지역별로 중심도시를 중심으로 하여 지역 구분의 명칭이 부여되었다. 지역 구분의 범위에 관해서는 재론의 여지가 있을 수 있다(노승철·심재헌·이희연, 2012). 한편, 각 지역별로 13개 지리적 변수를 비교하였지만 지역별 특징이 잘 드러나지 않는 경우가 있고, 이는 변수 자체의 문제라기보다는 지역이 뚜렷이 대비되지 않는 한계 때문이라고 본다. 외국인, 노인인구 등은 집중도를, 유치원 1개당 원아 수, 공동주택 비율은 전국평균치와 비교하여 부각시켰다. 왜냐하면 절대인구규모의 비교만으로는 특징이 잘 나타나지 않으며, 이들 변수는 미래 한국지리를 이해하는 데 기본적인 요소이기 때문이다. 다시 말해 자신이 몸담고 있는 미래 사회가 유년인구, 노년인구, 외국인에 의하여 결정되고 빈부의 차나 공동체의 유지 방향과

▲ 세계화 시대 생활 중심의 한국 지역 구분

밀접한 관계를 맺기 때문이다.

우리가 꿈꾸고 있는 우리와 사회의 모습은 한국적 기적과 한국적 재앙이 공존하여 희망과 수치가 교차되는 한국의 현실과 관련되어 있음을 간과해서는 안 된다. 전체와 부분, 공동체와 개인의 관계가 서로 연결되듯이 한국지리 전체 지역과 개별 지역이 서로 연결된 고리 속에서 그 모습이 보이는 것이다. 우리의 삶이 한 사회의 총체이며 우리의 실존이 한 사회의 표현이라고 할 때 삶과 실존이 지역 속에서 표현되며, 인간 실존과 존엄에 반하는 지역은 변화되어야 하고 개조해야 하며, 미래를 향하여 끊임없이 경관을 해독하고 다가올 파국을 막기 위하여 지역은 몸부림쳐야 한다. 우리의 실존과 존엄에 반하지 않는 방향으로 한국사회가 발전하기를 희망하면서 한국지역을 이해해야 한다.

제1부

자유시장경제의 세계화와 그 영향

제1장 지역발전과 맞물린 세계화 전략이 필요하다
제2장 세계화에 따른 생활양식의 지역 차는 어떠한가

01 지역발전과 맞물린 세계화 전략이 필요하다

미래 한국지리의 이해

미래 한국지리를 이해하기 위해서는 지속적인 경제 발전의 동인이 되는 제조업과 서비스업에 관한 이해가 필수적이며, 이것이 오늘날 우리의 삶의 질에 어떤 영향을 주며 장래 모바일 생활양식과 어떤 연관을 가질 것인가 하는 문제에 관한 논의가 필요하다. 지속가능한 번영이 되기 위해서는 북한과의 통일 방안도 보다 구체적으로 단계별 전략을 수립해야 한다. 우리가 원하는 미래는 우리의 선택에 따라 만들어지는 것이기 때문에 지역과 공간을 구성하고 있는 경관을 분석하여 경향이나 추세를 발견하고 이를 미래에 적용시켜야 한다.

경관의 이해

한국 경제 발전을 이끈 제조업은 다핵형 공간구조를 보이고 있다. 제조업 발전의 모멘트가 되는 연구개발과 혁신환경이 동반되도록 하는 공간적 일치를 이루어야 하겠지만, 그렇지 못한 경우 세계화에 따른 생산요소의 이동성이 커지므로 세계적인 경쟁력을 갖춘 산업체와의 제휴·협력이 잘 이루어질 수 있도록 주거, 문화, 교육 등의 인프라 구축에 힘써야 할 것이다.

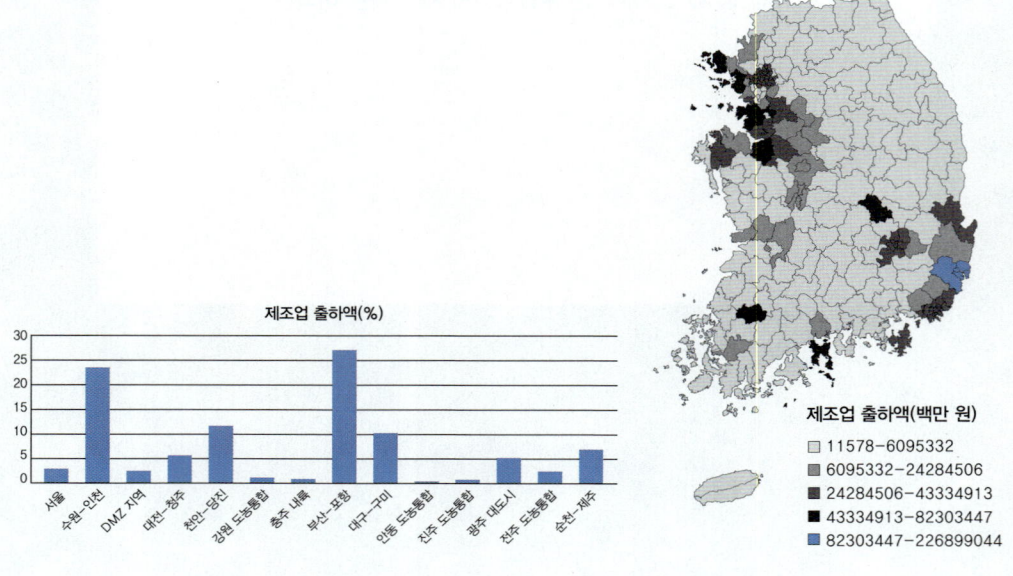

또한 산업화에 따라 나타난 도시화는 토지 이용의 집약을 초래해 토지의 시장가격에 큰 영향을 주게 되었다. 어떤 특정 지역에의 지가의 편중은 기본적으로 토지자산의 편중이라고 하는 점에서 부의 불평등을 야기한다(이응경 외, 2013). 인구의 도시 집중에 따른 과밀화와 황폐화는 휴식과 치유를 위한 노력이 필요하여 도시 공원의 조성에 힘쓰게 되었지만, 이는 쾌적한 삶의 질을 보장해주는 역할을 하기에는 부족하다.

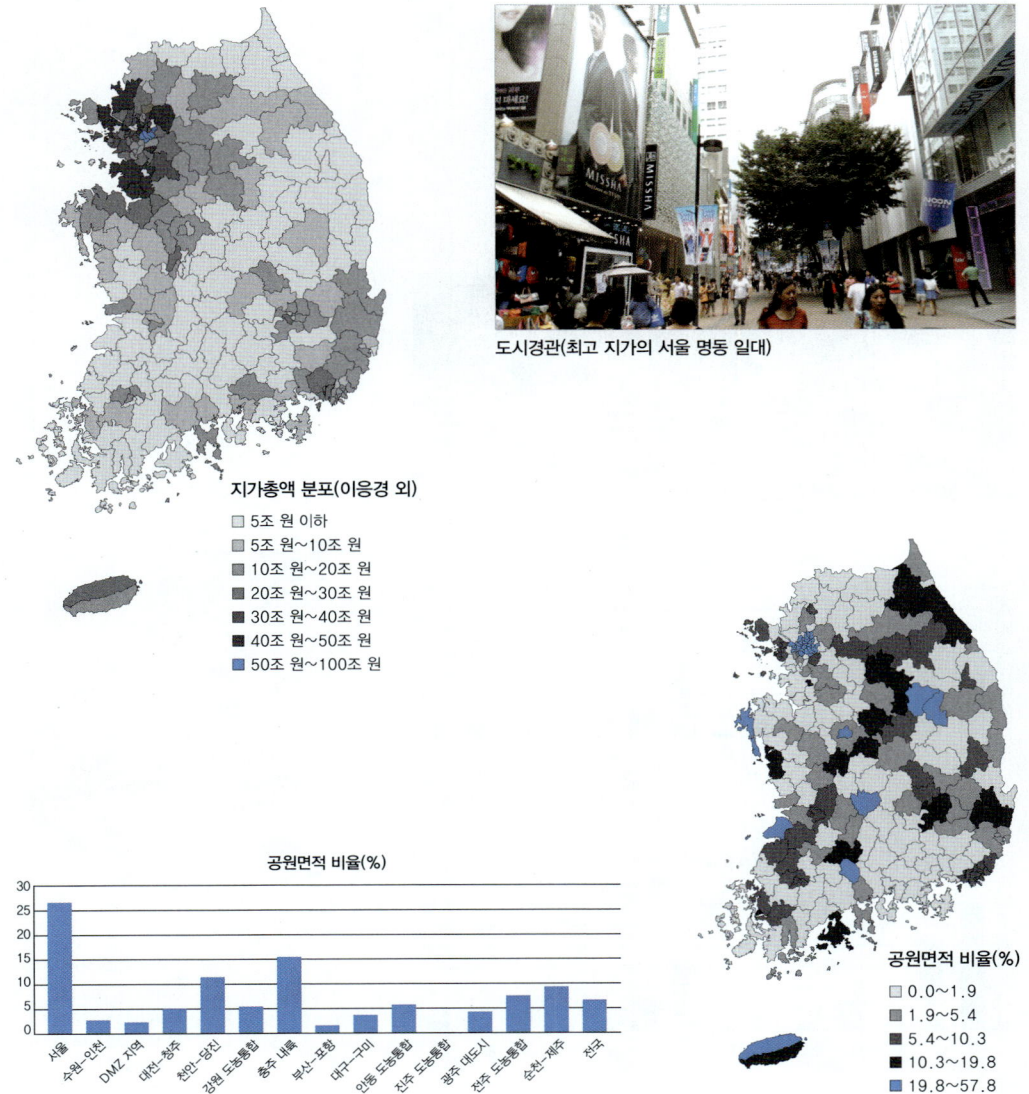

도시경관(최고 지가의 서울 명동 일대)

지가총액 분포(이응경 외)
- 5조 원 이하
- 5조 원~10조 원
- 10조 원~20조 원
- 20조 원~30조 원
- 30조 원~40조 원
- 40조 원~50조 원
- 50조 원~100조 원

공원면적 비율(%)
- 0.0~1.9
- 1.9~5.4
- 5.4~10.3
- 10.3~19.8
- 19.8~57.8

제1장 지역발전과 맞물린 세계화 전략이 필요하다 | 23

01 경관의 이해

도소매업 위주의 업종이 대도시에 집중하는 경향을 보이는 서비스업은 경쟁력 있는 의료, 교통, 교육, 관광 서비스업으로의 발전이 필요하다. 이것이 새로운 일자리 창출로 이어지도록 서로 융합되어 생산성을 향상시켜야 한다. 특히 지역 서비스업의 미래는 지식산업과의 연계가 요구되므로 지역 교육의 창의성이 신장되어야 한다. 서비스업의 발전은 기본적으로 글로벌 소프트파워의 능력이 증대될 때 가능한 일이므로 문화, 매력, 창조와 혁신의 능력을 모두가 키워나가야 할 것이다.

도시경관(대형마트가 집결된 서울 양재동 일대)

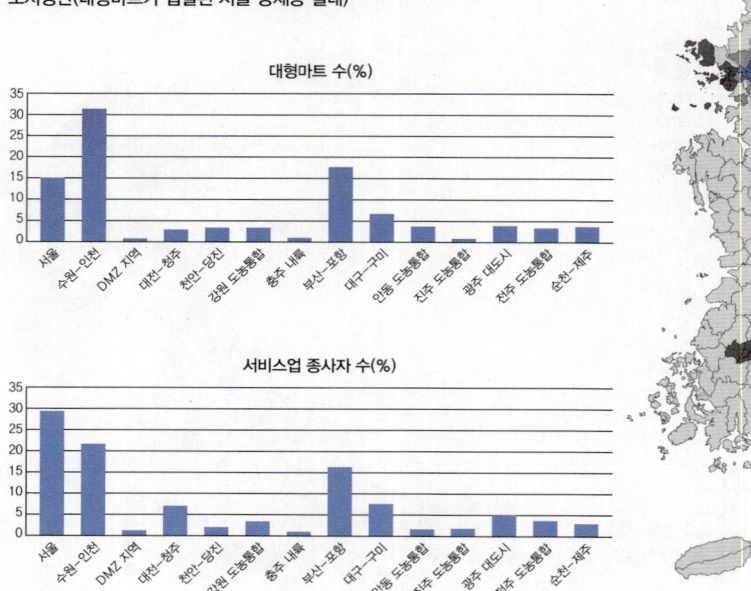

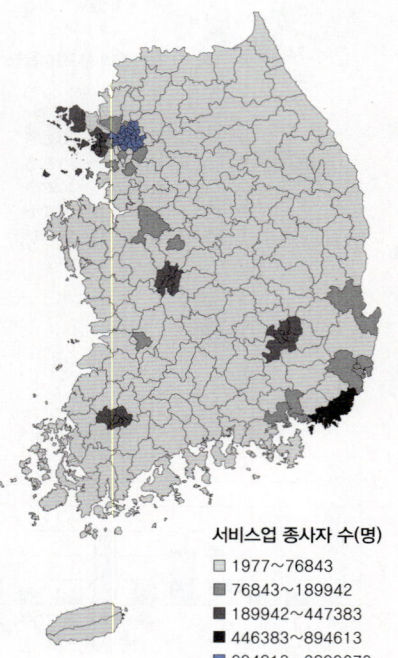

서비스업 종사자 수(명)
- 1977~76843
- 76843~189942
- 189942~447383
- 446383~894613
- 694813~2899676

한국의 모바일에 의한 정보 습득과 접속문화 그리고 속도는 세계적 수준이다. 이로부터 획득되는 빅데이터의 분석 역시 경제를 한 단계 도약시키는 촉매제 역할을 할 것으로 예상되므로 투자에 집중해야 하며, 제조업과 서비스업에 기여할 수 있는 방안을 찾아야 할 것이다. 소셜미디어 분석이 빅데이터와 동일시되지는 않지만 위치기반서비스와 위치정보의 중요성이 점점 커질 것이며, 이에 따른 공간정보 빅데이터(Big Geo Data)의 수집과 분석 능력이 중요하다.

인문경관(모바일 통신에 몰두하고 있는 시민)

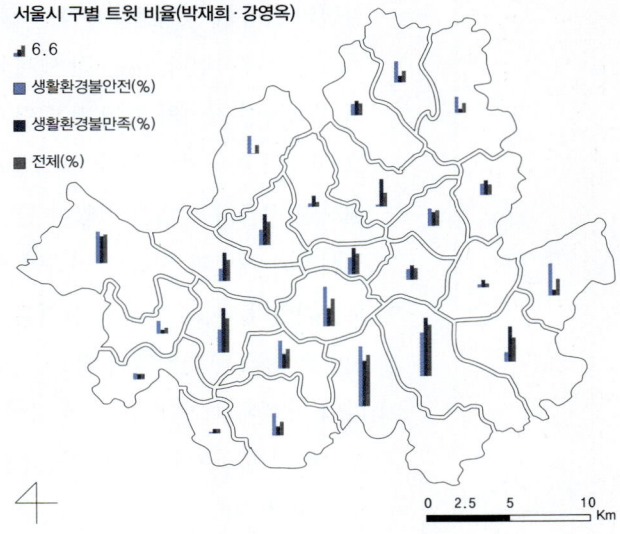

> **저탄소 녹색성장 산업**
>
> 기후변화와 환경 영향을 유발하는 '자원집약형' 성장방식에서 탈피하여 환경친화적 경제발전을 모색함과 동시에 '환경'이 성장과 일자리 창출의 동력 역할을 하도록 하기 위한 새로운 국가 발전전략이다.

01 세계적 금융위기 속의 국가와 지역의 역할은 무엇인가

　1960년대 이후 한국의 경제 발전은 세계 역사상 유례가 없을 정도로 짧은 시간에 구축된 것이다. '규모와 범위의 경제'로 특징지어지는 한국의 산업 발전 시스템은 자동차, 조선, 전자, 화학, 기계 등 대규모 장치 산업 부문에서의 성공을 가져왔다. 이를 바탕으로 한국은 2008년의 세계 금융위기 속에서 세계 최강의 산업국으로 도약할 수 있는 기회를 맞이하였다. 한국의 제조업 비중은 39.8% 수준이며, 서비스업은 미국 79.7%, 독일 71.2%, 일본 72.5%보다 낮은 57.5%(CI World Factbook, 2012)이다. 서비스업의 발달이 산업 발전을 가져온다고 하였지만 최근의 세계적인 금융위기로 인하여 서비스업 중심의 산업 구조가 반드시 발전을 가져온다고 볼 수는 없게 되었다.

　한국은 1990년대 초반의 맹목적인 자유화 시행으로 말미암아 1997년의 외환위기와 구조조정을 경험하였다. 1988년 올림픽을 성공적으로 개최하고 1995년 1인당 국민 소득 1만 달러를 도달한 이후 실시된 일련의 자유화 정책은 1997년 국제통화기금(IMF)의 구제 금융을 받는 결과를 초래하였다. 이는 전 세계적인 투자 경쟁에서 대기업 혹은 재벌의 공격적인 참여와 그에 따른 단기 대외부채 의존도의 급속한 증가에 그 이유의 하나가 있었다. 국제통화기금의 구제를 받은 후 10년간 세계적인 저금리 정책에 힘입어 산업경쟁력이 강화되었지만, 과도한 자본시장의 개방과 진출로 인하여 또다시 세계금융시장의 악화에 쉽게 노출되었다. 이제 한국의 산업은 제조업의 재배치, 서비스업의 갱신, 저탄소 녹색성장 산업의 발전이란 순환 고리 속에 재도약이냐 추락이냐의 기로에 서게 되었다. 한국의 2004년도 이공계 대학생의 비율은 39%이며 중소기업의 비율도 더 이상 낮아지지 않고 있다. 지금의 한국은 자본, 기술 등과 같은 발전의 '선행 필수 조건들(prerequisites)'이 어느 정도 갖추어졌으므로 최근의 금융위기 속에서 경제 발전에 더욱 적합한 새로운 발전 시스템 구축이 요청된다. 그동안 눈부신 성장을 거듭한 제조업 기업의 공간적 분포를 살펴보면, 대다수 제조업체가 수도권 공업지역, 남동 임해공업지역, 중부 공업지역에 집중 분포하여 다핵형 공간구조를 형성하고 있다. 제조업 기업 분포의 지역적 특징은 주로 공업지역인 서울, 부산, 대구 등 대도시 주변에 위치하고 있다는 점이다.

이렇게 한국의 산업 집적이 다핵형 공간구조인 데 반하여 혁신환경은 단핵형 공간구조를 형성하고 있으므로 여러모로 취약하다. 다시 말해 수원-인천 대도시지역, 대전-청주 대도시지역, 부산-포항 대도시지역 등 대도시지역에는 산업집적지가 형성되어 있지만 혁신환경 요소들은 서울을 중심으로 한 수원-인천 대도시지역 한 지역에만 편중되어 있는 동시에 도시-농촌통합지역(도농통합지역)은 산업집적과 혁신이 전혀 이루어지지 않고 있다. 이처럼 산업집적과 혁신환경의 공간구조적 불일치 및 단절 현상은 한국의 산업생산체계가 구상기능과 실행기능이 공간적으로 분리되어 있는 공간분리 형태로 작동하고 있음을 시사한다.

단핵형 혁신환경과 다핵형 산업집적의 공간적 불일치가 야기한 비효율성이 조정되면서 경제의 효율성과 지역 간 형평성을 추구하기 위해서는 어떠한 전략이 필요할까.

그동안의 지역혁신체계가 산업집적에 너무 의존했기 때문에 이제는 교육·의료·교통 등의 경쟁력 있는 서비스산업과 연계하여 지역발전을 강화시켜나가야 할 것이다. 이를 위해서는 기업, 교육기관, 민간 및 공공기관의 파트너십을 통해 혁신적 성격의 공동 프로젝트가 수행되어 시너지 효과가 창출되는 세계적 경쟁거점 선정이 이루어져야 한다. 이것은 다시 세계적 경쟁거점, 세계적 경쟁거점후보, 국가적 경쟁거점 등으로 나뉘어 지역 간의 경쟁과 형평성이 추구되어야 한다. 보행과 철도보다는 자동차, 클린에너지보다는 화석에너지에 익숙한 대도

> **단핵형 혁신환경**
> 특정 지역 내 경제 주체가 하나로 기술과 정보가 활발하게 교류될 수 있는 환경을 말한다. 즉, 각종 기술과 정보가 기업 간, 기관 간 거래의 비용을 최소화해주는 여건을 마련하였을 때 가능하다는 입장에 기초하고 있다.

시 중심의 생활방식을 바꾸려면 전기자동차, 새로운 물류 시스템 등을 마련해 집중적으로 투자하고 끊임없이 혁신해야 한다.

이미 돌이킬 수 없는 세계화에 따라 많은 생산 요소들이 이동성을 갖게 되고 경쟁력은 국가와 같은 이동할 수 없는 자산들에 더 의존하게 되었다. 즉, 세계화가 진행될수록 정부의 질은 국가경쟁력을 결정하는 데 중요한 변수가 된다. 정부는 국민경제의 궁극적인 시스템 관리자이며 이것은 시장에 의해 대체될 수 없다. 특히 국가는 국제자본 이동에 대한 통제권을 회복해야 하고, 대기업의 확장 능력을 억제하여 국민경제를 손상시키기보다는 대기업과 중소기업 간의 연계를 강화시키는 정책 수단을 개발해야 한다.

정부는 특히 자산통합법 개정에 의하여 공공자금의 투기성 투자를 제한해 생산적 투자로 유인하는 방어용 금융 시스템을 확립해야 한다. 한국의 중소기업들이 양질의 장비·부품 등 중간재 공급 기술 능력을 갖출 수 있는 연계 강화 방안, 혁신환경을 산업 지역과 연계시키는 방안을 구축하고 세계적인 서비스업을 육성해야 할 필요가 있다.

이제 어느 때보다도 국가와 지역의 역할이 중요해졌다. 금융위기를 전후하여 한국 경제에서 국가의 역할이 축소돼야 한다는 일부의 주장이 있지만, 국내 주식시장의 거의 절반을 차지하고 있는 외국 자본의 투자, 빈부격차의 심화, 사회적 양극화 등으로 국가의 역할에 대한 재활성화가 요구된다. 지역적으로는 수도권 규제 완화와 비수도권의 부흥을 이루어내야 하는 것으로 국가는 실업, 소득, 의료 등의 지역 불평등 해소를 위해 지역 안전망 구축에 힘써야 한다.

남북 관계에 대해서는 분단 상황을 이해하고 인내심을 발휘해야 한다. 여전히 남북이 각각 국가 체제의 정체성 유지와 안보를 둘러싼 대결에 몰두하고 있지만, 민족 통일과 7,200만 국내외 동포의 복지를 위해서는 남북의 협력이 절실하다는 이중적 상황에 대한 이해는 어느 정도 자리를 잡았다. 이제 전쟁의 위험을 무릅쓰고라도 북한 체제의 붕괴를 앞당겨야 한다든지 자유, 인권, 반독재 같은 가치를 도외시한 채 북한의 지도부와 손잡아야 한다든지 하는 극단적인 입장은 확고히 정리하면서 북한과의 관계 정립을 인내를 갖고 추진해야 한다.

　최근의 세계적인 경제 불황과 베트남 등 후발공업국의 등장으로 경제 발전에 새로운 양질의 노동력 확보가 요청되며, 북한은 장래 이를 대신할 적절한 대안이 될 수 있다. 한국은 북한과의 통일에 지혜롭게 대처하여 위기를 기회로 발전시켜야 한다. 2013년 초 중단된 개성공단이 재개되는 과정에서 논의된 국제화와 발전 방안이 이러한 기회의 실마리를 제공하도록 해야 할 것이다.

02 수도권과 비수도권의 상생발전은 어떻게 가능한가

> **공동화 현상(인구공동화)**
> 도시 중심부의 상주인구가 감소하고 도시 주변에 인구가 뚜렷하게 증가하는 현상이다. 공업화의 진전과 더불어 도심의 소음, 대기오염, 교통 혼잡, 땅값 상승 등의 여러 문제가 도심의 주거환경을 악화시킴에 따라 인구의 교외 유출, 도심인구의 감소라는 결과가 나타나는 현상이다.

> **수위도시와 종주도시**
> 인구규모가 가장 큰 도시를 수위도시라고 하며, 수위도시의 인구규모가 제2도시의 인구규모의 2배 이상이 될 때 그 수위도시를 종주도시라고 한다.

1960년대 이후 불균형 발전 전략은 경제 성장을 이루어냈으나 지역 격차가 심화되어 수도권 과밀화와 비수도권의 공동화 현상을 가져왔다. 2006년 기준 전체 국토 면적의 11.8%, 인구의 48.6%, 제조업체의 51.2%가 수도권에 집중되어 국토 전체로 볼 때 과밀의 불이익을 가져왔다. 수도를 중심으로 한 '수위도시(primacy)' 문제는 거의 모든 국가에서 공통적으로 나타나고 있는 현상으로, 이를 해결하기 위한 노력이 오랜 기간에 걸쳐 다양하게 모색되어왔지만 그 결과는 기대에 미치지 못하고 있다.

한국의 경우 수도권 집중 문제를 해결하기 위해서는 발상의 전환이 필요하다. 수도권을 인접국 중국의 충칭(동서로 470km², 남북으로 450km, 전체 면적 8만 2,400km², 인구 3,400만 명)과 산둥 성(전체 면적 15만 6,000km², 인구 9,300만 명)과 비교해보면 1개 시나 1개 성에 불과하여 수도권과 비수도권이라는 대칭은 한국에서 무의미하게 보인다.

단핵형 혁신환경과 다핵형 산업집적의 공간적 불일치가 야기한 비효율성을 조정하여 경제의 효율성을 제고하면서 동시에 수도권과 비수도권의 지역 간 형평성을 추구하기 위한 다양한 노력이 필요하다. 지역발전을 위한 의사 결정 담당자인 중앙정부, 지방정부, 기업, 대학, 연구기관 들의 네트워킹이 중요하다. 네트워킹은 참여 기관의 빈번한 접촉과 유용한 정보의 교환 및 정보의 화학적 결합에 의한 생산과의 연계를 의미하므로, 이들에 의한 수도권과 비수도권의 네트워킹이 필수적이다.

그동안 네트워킹의 부재 속에서 「수도권정비계획법」과 공장입지를 제한하는 「산업집적 활성화 및 공장설립에 관한 법률」에 따른 대기업의 공장 신·증설 및 대학 신설·이전 금지 등이 수도권의 외연적 확대를 가져왔다. 충청남도 천안-당진 도농통합지역의 산업체 집중 등이 그것이다. 수도권으로의 집중 억제가 비수도권의 산업 발전으로 이어진 이러한 예로 알 수 있듯이 이들 법률의 완화는 다양한 대책을 필요로 하며, 이는 한국이 글로벌 중심지로 도약하기 위한 계기 마련에 초점을 맞추어야 한다. 수도권을 제외한 비수도권에서도 각각의 지방정부가 주거, 교육, 의료, 생활 등 모든 면에서 최고의 투자 환경과 행정 서비스를 제공할 수 있는 여건이 만들어져야만 한국이 세계의 자본과 기술이 몰리는 세계화의 중심 기지가 될 수 있다.

이러한 네트워킹을 활성화시키기 위해서는 수도권과 비수도권의 상호 자극과 견제가 이루어지면서 어느 정도의 타협이 이루어져야 한다. 타협의 방안으로 외교·안보를 중심으로 중앙정부는 국가 통합과 조정 기능을 수행하고, 나머지 대부분의 기능은 지방정부에 맡겨 자율과 경쟁 속에서 세계를 상대로 뛰는 방안이 모색될 수 있다. 수도권과 비수도권의 네트워킹은 '지속적인 제조업 성장', '서비스업의 발흥', '저이산화탄소 녹색산업 발전'이라는 비전 아래 국토 균형 발전을 도모해야 하며, 지역 산업이 이들 산업과 연계될 수 있는 정보통신 산업의 활성화에 적극적인 관심을 가져야 할 것이다.

이미 수도권 규제 완화가 이루어진 마당에 수도권의 개발 이익을 지방으로 환원하고 지방 지원을 위한 발전기금 및 특별회계가 설치되는 일이 보장된다면 수도권은 중국의 상하이나 베이징, 일본의 도쿄 등과의 경쟁에서 경쟁력을 가질 수 있는 거대권역으로 발돋움이 가능해진다. 거대권역의 지역발전 전략 속에서 특정 지역은 세계적인 자생력을 키우는 노력을 게을리하지 않아야 한다. 예를 들어 서울 구로디지털산업단지의 경우처럼 대도시 경제를 주도해온 대규모 제조업이 쇠퇴하여 서비스업 위주로 재편되는 가운데서도 대도시의 고급인력과 고급정보를 활용하여 첨단 지식산업이 집적되도록 노력해야 할 것이다(구양미, 2012).

수도권과 비수도권을 망라하고 한국은 아시아 태평양 지역에서 가장 역동적인 시장이며, 까다로운 소비자 기호, 창의력과 성실성이 뛰어난 인력 등으로 말미암아 글로벌기업의 서비스 마케팅 성공 사례가 늘고 있다는 점도 중요하다. 창의적인 인력에 의하여 지탱되는 한국 시장은 일자리 창출이 지속적으로 실현돼야 하며, 이는 제3섹터가 하나의 대안이 될 수 있다. 비영리단체(NPO)나 공익 지향적 시민단체(NGO)로 대표되는 제3섹터는 정부와 시장의 한계를 보완하는 기능을 가지므로 제3섹터에서의 경험은 새로운 네트워크나 지식 또는 안목을 개발하는 데 큰 도움이 된다. 비영리단체나 시민·복지·공공단체 및 취약계층의 고용으로 사회적 서비스와 수익이 얻어지는 사회적 기업, 협회, 재단, 자활공동체 등 비영리단체에서 일자리를 만드는 데 주력할 필요가 있다. 최근 협동조합법의 개정에 의하여 자생적 협동조합의 수가 급증한 예가 그것이다.

03 서비스산업의 세계화와 함께 글로벌 소프트파워의 능력을 키워야 한다

한국이 그동안 이룩해놓은 제조업 성과와 함께 가장 성장 잠재력이 있는 서비스산업은 보건의료·교통·관광·교육지식 서비스업이다. 보건사회연구원의 조사 결과에 따르면 한국의 진료비를 100으로 할 때 일본은 149, 중국은 167, 미국은 338이므로 한국의 의료분야는 경쟁력이 있다는 것이다. 의료서비스와 기술을 한 단계 높이기 위하여 규모를 키우는 동시에 영리의료 법인화의 과제를 안고 있는 이들 서비스업은 수도권에 집중되어 있기 때문에 이를 분산시켜 지역 산업과 융합시키는 방안이 모색될 필요가 있다. 의료서비스를 지역 관광 산업과 연계시키는 의료 관광은 대표적인 지역 융합 산업이다. 전국이 반나절 권으로 되어 있는 교통망의 연결을 보다 강화하는 방안이 모색되거나 특정 지역에서의 원격 화상 진료시스템 등을 구축하여 진단과 진료를 분리하는 방안이 검토돼야 할 것이다.

한국의 교통 분담률은 수송수단별로 보면 철도가 11%에 불과하므로 철도 위주의 합리적 조정으로 고비용·저효율의 교통체계를 시급히 정비해야 한다. 철도교통은 그린 네트워크가 말해주는 친환경 디자인, 친환경 운영, 친환경 투자, 대체에너지 철도차량 개발, 전철화 투자 확대 등이 포함돼야 한다.

최근 유선과 무선이 하나가 되고 전화기와 카메라, 카메라와 MP3 플레이어, 사전과 PMP가 융합되고 있다. 이러한 것들을 통해 '웹 표준'에 의하여 유·무선 어떤 형태의 단말기를 쓰든 서비스와 콘텐츠를 자유자재로 이용하면 지역의 웹 사이트는 세계적으로 확대되는 기회를 맞게 된다. 이에 대비한 지역 웹 사이트의 표준화가 이루어져야 한다. 이것이 실행되면 지역 산업이 통신과 융합되는 길이 열릴 것이다.

지역 산업과 유망한 서비스산업을 발굴하고 이것을 드라마·영화·캐릭터·관광의 영역으로까지 확대하기 위해서는 먼저 지식산업이 지역에 자리해야 한다. 법률·회계·경영컨설팅·교육 등 고부가가치를 창출하는 이들 산업의 비중이 높아져야 하는데, 세계은행 자료에 따르면 서비스산업 중 지식서비스산업 비중은 2005년 기준 경제협력개발기구 회원국 평균의 절반 수준에 머물러 있다. 지역은 과도한 규제를 없애고 전문 인력을 육성하여 수도권 혹은 세계와 연계시키고 글로벌 경영에 참여할 수 있는 기반을 마련해야 한다. 지역 교육은 창의성이 발휘될 수 있는 특성화 교육이어야 한다.

이러한 지역 교육의 목표는 문화 교차적 시각과 훈련이다. 우리 문화와 타 문화에 대한 균형 잡힌 이해, 더 나아가 우리의 이야기를 인류 보편의 관심사로 소통시킬 수 있는 능력이 필요한데, 이것이 21세기가 요구하는 새로운 창의성의 주제이다. 특성화 교육은 이노베이션 특구를 설치하여 유치된 우수 인력과 연결될 수 있다. 이노베이션·대학·지역문화의 융합이 지방대학 활성화, 지역 산업 발전, 광역경제권화, 전 국토 경제벨트화, 행정구역 개편 등과 연계되어야 하는 것이다.

그렇게 되면 글로벌 소프트파워의 능력이 클 수 있고, 문화, 매력, 창조와 혁신성을 바탕으로 한 소프트파워의 영향력이 증대되어 명실상부한 번영의 탄탄대로에 들어설 수 있다. 종교·문화·지식의 개방과 관용, 과학의 존중, 자유·평등 등 인간 존엄성 추구, 민주적 가치 등이 과거의 소프트파워였음을 생각할 때 이에 대한 진작이 필요하다(이정훈 외, 2013).

04 지구온난화는 한국에 얼마나 심각한가

　세계적인 지구온난화의 영향으로 한국의 연평균 기온은 지난 27년간 12.2℃(1973~1980년)에서 12.9℃(2001~2007년)로 0.7℃ 상승했으며, 같은 기간 동안 강수량은 1,255mm에서 1469.3mm로 증가했다. 기온이 높아지고 강수량이 증가하는 현상은 한국의 기후가 온·냉대기후에서 아열대기후로 바뀌고 있다는 증거로 해석할 수 있다. 이에 따라 망고·파파야 등 아열대 작물을 재배하는 지역이 늘고, 쌀보리·사과·복숭아·한라봉 등의 농작물 재배 한계선이 북상했다. 갈색여치, 주홍날개꽃매미 등 새로운 병충해도 발생하고 있다.

　즉, 쌀보리가 충청남도 이남에서 경기 북부 지방으로, 사과가 대구·안동에서 영월·평창으로, 복숭아가 경상북도 경산에서 강원도 춘천으로, 난대성 과일인 한라봉이 제주에서 전라남도 고흥과 경상남도 거제도로 재배 지역이 확대되었다. 또 충청도와 경기도 지역에서 사과·복숭아·포도 등이 아열대 지역에서 주로 서식하는 갈색여치·주홍날개꽃매미 등의 피해를 입고 있으며, 경상도·전라도에서 주로 발생하던 벼줄무늬잎마름병이 북상했다.

　기후변화가 미치는 이런 현상은 태백산지 지역의 농업의 경우 뚜렷하게 나타난다. 태백산지에서 재배되고 있는 씨감자와 고랭지 배추의 생육시기 및 생육상태의 변화 경향, 이와 관련된 기후요소를 분석하면 다음과 같은 변화가 나타나고 있다. 첫째, 씨감자의 개화 시기가 평균적으로 매년 6월 27일인데 이것이 2일 앞당겨졌다. 즉, 지구온난화로 인한 기온 상승으로 개화 시기가 일러지거나 씨감자의 생육시기가 더욱 촉진되고 있다고 볼 수 있다. 둘째, 고랭지 배추의 엽수가 감소하는 경향을 보여, 여름철 기온 상승으로 인하여 저온성 작물인 배추의 생육이 저하될 수 있다. 셋째, 고온 건조한 상태에서 많이 발생하는 진딧물이 지구온난화의 영향으로 개체수가 더욱 증가되어, 작물에 바이러스병을 전염시키는 것이 증가할 수 있다. 또한 감자 생산량에 절대적인 영향을 미치며 저온 다습한 환경에서 발생하는 감자역병의 발생일도 최근 빨라지고 있다(이승호·김선영, 2008).

강수량에서도 변화가 나타난다. 강화, 서울, 홍천, 대관령, 강릉 등 중부지방에 위치하는 5개 기상 관측 지점 중에서 대관령의 강수량 증가율이 가장 높다. 특히 이 지역에서는 여름철의 강수량이 매년 12.3mm씩 증가하였다. 이와 같은 강수량 증가는 대기 중 습도의 상승에 영향을 미치고, 이처럼 습도가 높아지고 기온이 상승하면 고랭지 배추의 병충해 발생 가능성이 더욱 높아질 수 있다고 한다.

기후변화에 따른 농작물의 생육 변화 이외에도 구상나무 숲 면적의 축소 등과 같은 산림 수종의 변화, 해안 생태계에서 홍조류의 증가 등이 나타나고 있으며, 기상청 산하 기후변화감시센터의 자료에 따르면 지구 평균보다도 더 높은 한반도 대기의 이산화탄소 농도 증가 등이 보고되고 있다. 따라서 한국은 산업화에 익숙해진 생활방식을 저탄소 생활방식으로 시급히 전환해야 한다. 자연설을 이용하여 스키장 슬로프를 만들 수 있는 최소 적설량 높이 30cm 이상인 날이 대관령의 경우 지속적으로 감소하는 경향이 있으므로 기후온난화에 따른 스키리조트의 경제적 관리도 필요하다(허인혜·이승호, 2010). 이미 자동차 운행을 중심으로 한 생활방식을 바꾸기는 어려우므로 이산화탄소 배출량이 적은 일상생활 용품의 소비를 적극 권장해야 할 것이다. 그렇게 하기 위해서는 무엇보다도 특정 제품을 판매할 때는 온실가스 배출량을 기재하게 하고 소비자가 이를 선택하도록 하는 방법이 있다. 특정 제품의 생산 공정에 투입되는 에너지와 연료, 제품에 투입되는 원자재의 종류와 양, 사용 시 쓰이는 에너지와 수송 등에 대한 데이터를 바탕으로 계산된 수치가 라벨에 기재되게 하고, 이를 원하는 업체의 신청을 받아 인증기관의 검증을 거친 제품에는 '기후변화' 대응이라는 문구가 적힌 온실가스 인증 제품 표시가 부착되게 한다. 이렇게 하면 어떤 제품이 '저탄소 인증' 제품인지 소비자가 알 수 있다.

비슷한 제품 중에서 비록 비싸더라도 저탄소 인증 제품을 선택, 소비하는 소비자에게는 지방자치단체에서 일정한 금액을 보상해주게 하고, 탄소 배출 절감과 저탄소 사용 제품을 생산하는 기술을 개발하는 기업에게는 보조금을 지급하도록 하는 등의 노력을 하면 저탄소 생활방식이 정착될 수 있다. 이미 영국은 '카본 리덕션 라벨(carbon reduction label)', 미국은 '카본 컨셔스 프로덕트 라벨(carbon conscious product label)', 스웨덴은 '클라이미트 디클러레이션(climate declaration)', 캐나다는 '카본 카운티드 카본 라벨(carbon counted carbon label)'이라는 이름으로 이를 시행하고 있다. 이러한 방법 이외에도 생활 습관을 바꾸는 등 다양하고 적극적으로 기후변화에 대응해야 한다.

실제 에너지관리공단 자료에 따르면 생활 습관의 작은 변화에 의하여 한 가정이 한 달간 줄인 온실가스량은 45년생 잣나무 247그루가 한 달간 흡수하는 온실가스량과 같다고 한다.

05 한국의 정보화 진전 정도는 빅데이터의 활용을 가능하게 한다

한국은 휴대전화 단말기 소지 비율이 80%에 이르고 젊은이들이 2년도 채 못 되어 단말기를 교체하는 등 최신 기술에 적응하는 속도가 세계에서 가장 빠르다. 이미 '세계에서 가장 빠른 멀티미디어 다운로드 휴대전화'가 개발되었으며, 유선 혹은 무선으로 연결된 인터넷을 통해 정보가 전달되어 생활 유형이나 남녀 간의 접촉에서 오락생활에 이르기까지 빠른 접속 문화가 지배적이게 되었다. 많은 이들이 트위터, 페이스북 등의 소셜네트워크서비스(SNS)를 이용하여 서로 의사소통을 하는데, 이것이 무선단말기에 의하여 이루어지다 보니 위치 정보가 표시될 수밖에 없다.

SNS로부터 얻는 데이터의 양이 늘어나고 이로부터 의미 있는 정보, 패턴을 찾고자 하는 연구가 진행되고 있다. 140자의 단문을 이용하여 글을 올리는 마이크로블로그인 트위터는 사용자의 상태, 장소 및 처한 환경, 함께 무엇을 하고 있는지 등 개인의 일상 정보를 담고 있기 때문에 지리적 탐구에 유익하다.

서울의 경우 일정 기간 동안 올라온 트윗 중 위치 정보가 있고 '생활환경'의 안전도와 만족도 여부를 알 수 있는 주제어 검색을 통하여 구별 특성이 확인되기도 하였다(박재희·강영옥, 2013). 안전성(밤길 무서움, 교통사고, 재해·사고 위험), 쾌적성(소음·주차), 편리성(교통 이용, 대중교통, 슈퍼·마트·시장 이용 등)이 있는 경우 불편함을 호소하거나 해결을 위하여 조언을 구하고 개선을 요구하는 트윗을 확인할 수 있게 되어, 앞으로 일상생활에 대한 지리적 탐구는 이들 빅데이터(Big Data)의 활용 여부에 달려 있다고 해도 과언이 아니다.

빅데이터는 기존 데이터에 비해 너무 커서 기존 방법이나 도구를 가지고 수집, 저장, 분석, 시각화 등을 하기가 어려운 정형 또는 비정형 데이터이다. 소셜미디어 분석이 빅데이터와 동일시되지는 않는다.

2013년 4월 18일 보스턴 마라톤 대회 테러사건에서 시가지 사진 촬영 자료가 범인을 잡는 데 결정적인 단서가 되었다는 점에서 빅데이터는 정형과 비정형을 포함해 범위가 광범위하다. 이러한 빅데이터의 수집과 분석에는 인력, 자본, 시간이 요구되므로 이에 대한 인프라 구축이 필요하다.

지리학은 지리정보 데이터를 포함해 빅데이터를 처리할 수 있는 전문 역량을 갖추어나가야 할 것이다. 공간정보의 비중이 점차 늘어난 공간정보 빅데이터(Big Geo Data)가 모바일 환경에서 위치기반서비스와 위치정보에 사용되기 때문이다(오충원, 2013).

02 세계화에 따른 생활양식의 지역 차는 어떠한가

미래 한국지리의 이해

지난 세대와 비교하여 생활양식의 급격한 변화가 모든 방면에서 이루어졌지만 주택만큼 변화가 뚜렷한 것도 드물다. 공동주택 생활방식으로의 변화는 한국의 특이한 주거문화임을 부인하기 어렵다. 이는 소비, 소득, 사회적 관계망 형성, 자산 등이 표현되는 특유의 수단이 되었고, 특히 고층아파트는 브랜드화하여 상표화된 삶이 출현하였다. 여가, 쇼핑, 소통, 문화활동 등이 삶의 질을 결정해왔으나 최근에는 시민건강을 중시하는 방향으로 변화되고 있으며, 이는 노년층 증가와 젊은 층의 유해 환경에의 노출 등에 이유가 있다. 출산율 저하와 노동력 확보, 농업 부문의 영세성 때문에 이루어진 초국적 이주민의 증가는 다문화사회로의 전조이며, 내용과 속도를 조절하여 바람직한 다문화사회 미래를 맞이할 준비를 해야 한다.

인문경관(김포 부근 신도시의 신축 아파트)

인문경관(원당 부근의 연립주택)

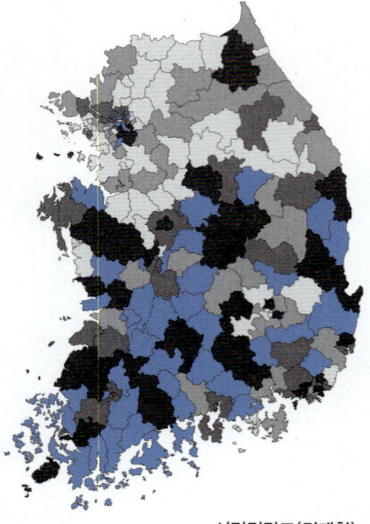
시민건강도(김태환)

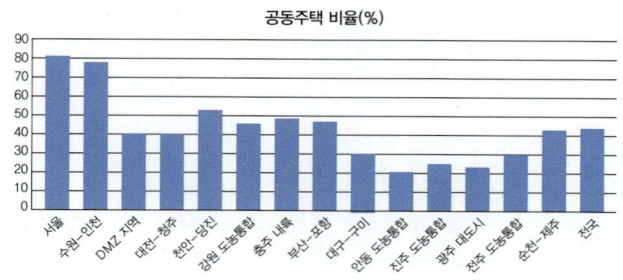
공동주택 비율(%)

경관의 이해

시민의 건강도를 알기란 쉽지 않다. 건강행태, 질병이환 등 시민의 건강상태에 관한 지역 차는 크지 않으나, 심리건강이나 건강인식은 농촌일수록 좋고 대도시일수록 나쁘며, 전통적으로 장수지역인 호남지역이 건강수준이 높고 대도시일수록 저조하다고 한다. 공동주택 비율은 대도시지역일수록 높고 일부 충주 내륙이나 강원 도농통합지역, 혹은 순천-제주 도농통합지역이 높게 나타난다.

건강에 영향을 주는 자연환경이 갖는 생태계 서비스는 대도시지역이 낮으며, 건강증진과 함께 삶의 질을 향상시키는 문화공간은 대도시지역에 편중되어 있음을 알 수 있다. 다양한 사회적 관계를 맺어주는 문화공연 활동이 삶을 풍성하게 해준다는 점에서 의의도 크다.

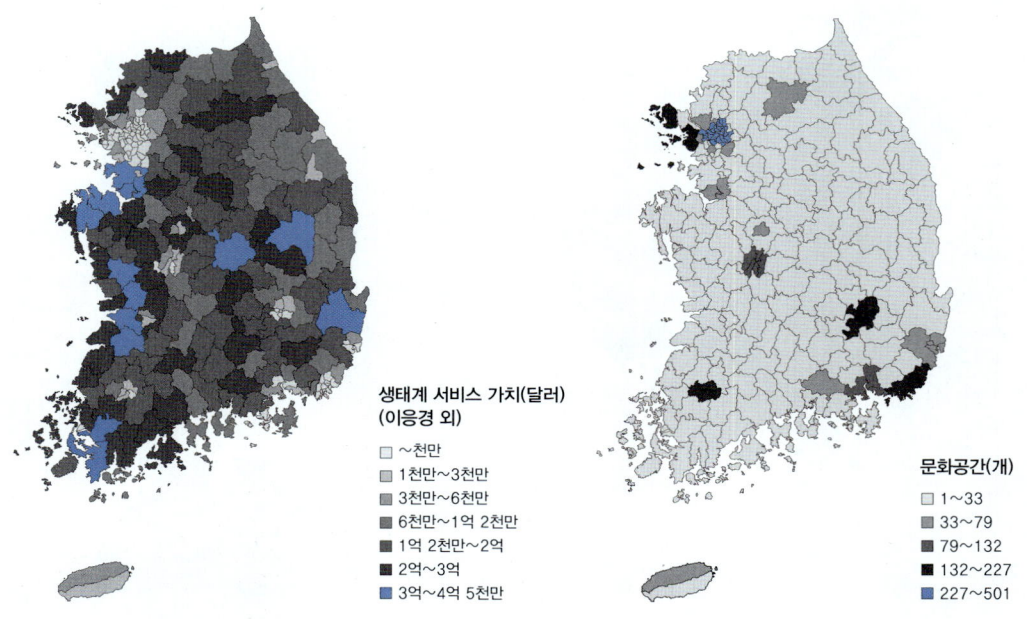

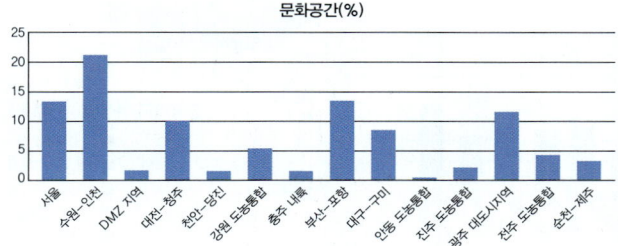

02 경관의 이해

초국적 이주에 의한 외국인 거주 비율이 높아져 다문화사회로의 전환을 가져온다고 보며, 외국인의 분포는 비율로 보면 특정 지역에 쏠림현상이 뚜렷하다. 특정 국적의 저소득층 주변지역이 슬럼 또는 게토가 되지 않도록 해야 하며, 지역민의 이중적 태도가 완화될 수 있도록 해야 한다. 이에 대하여 결혼이주민은 베트남계, 필리핀계, 중국계 조선족 등은 그 분포가 특징적으로 나타난다.

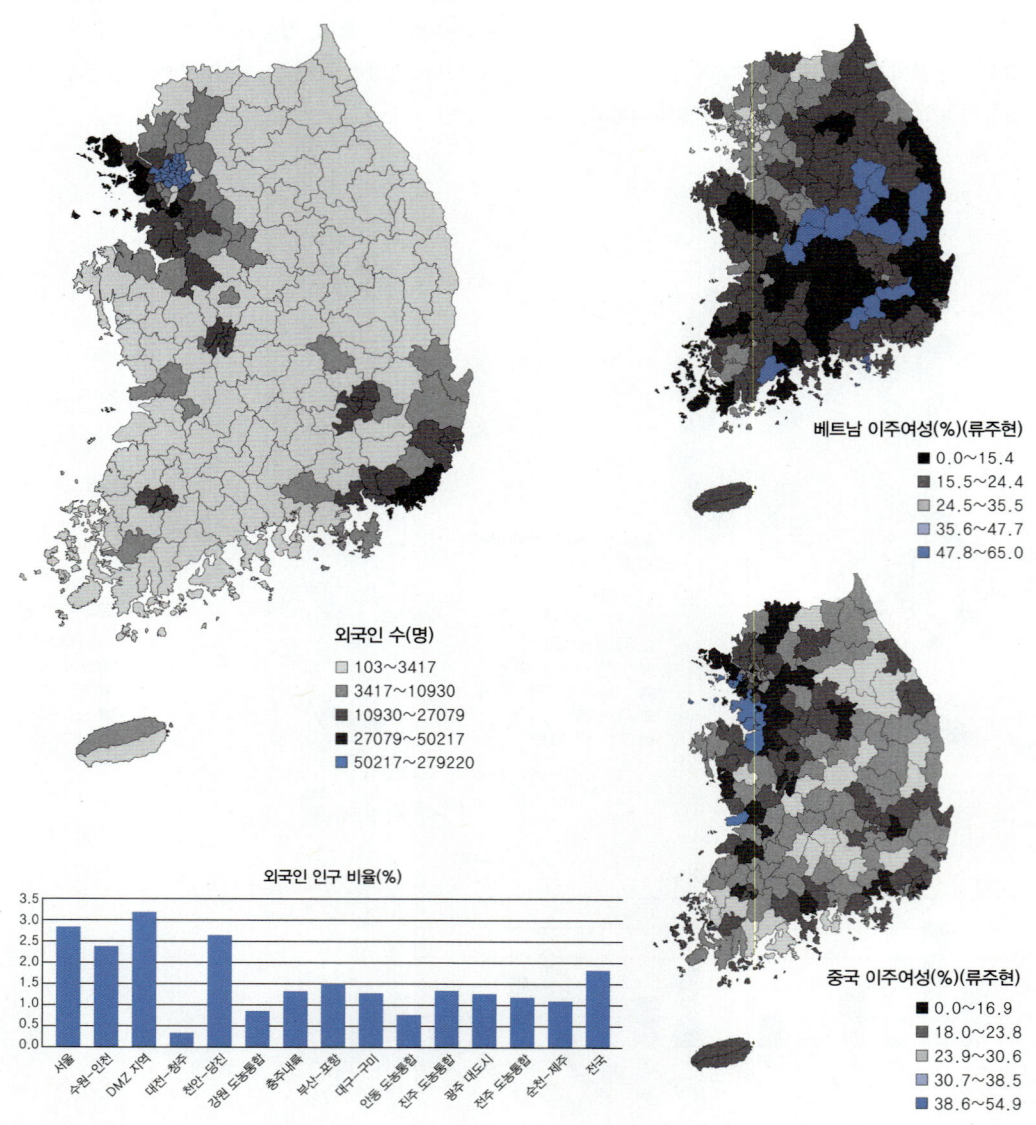

출산율의 감소와 고령화에 따라 한국의 인구는 2018년을 정점으로 점차 낮아질 전망이며, 65세 이상 고령인구의 분포가 급격히 늘고 있다. 이들 노인을 수용할 노인복지 시설도 도시에 집중화하는 경향을 보이며, 아직까지 유치원 1개당 원아 수도 도시지역이 높은 편이다.

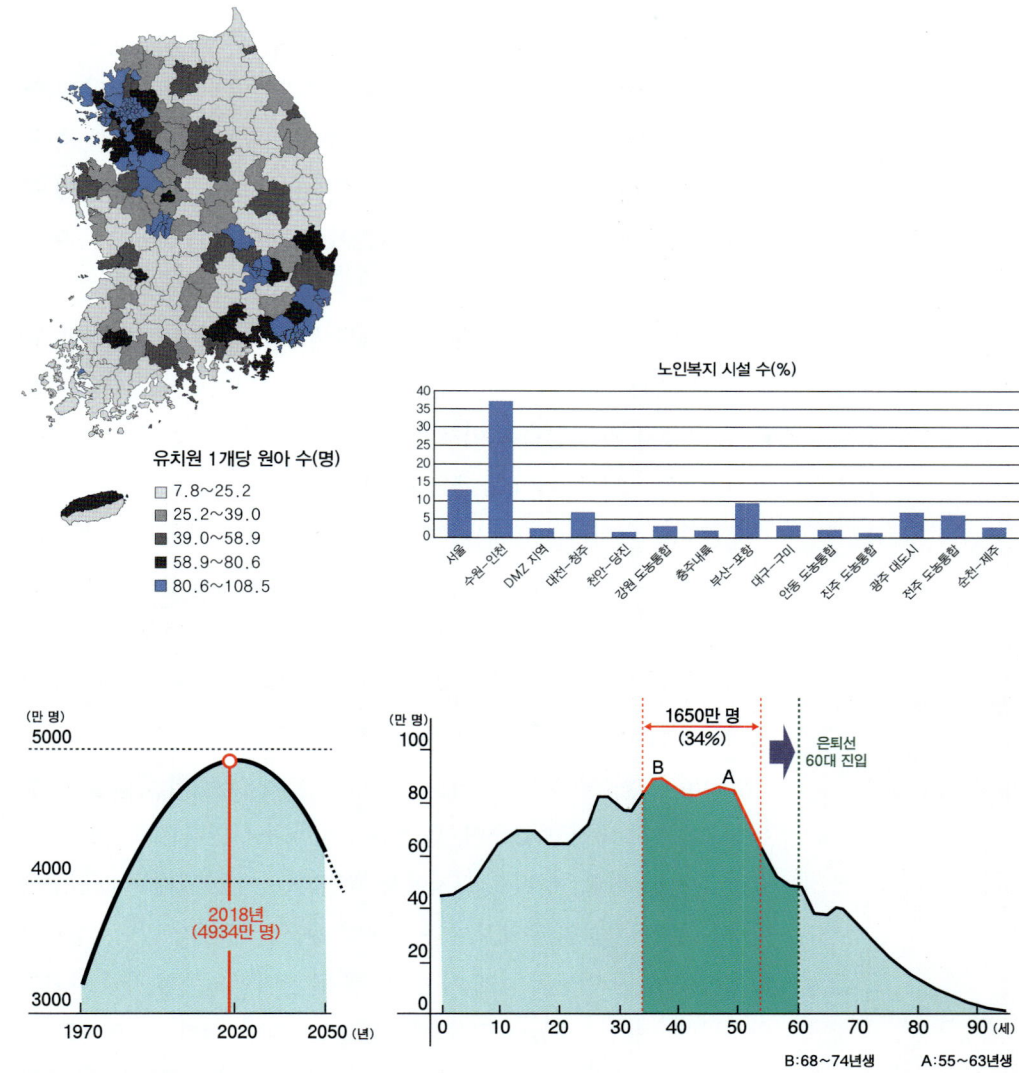

한국의 인구 변화(총인구, 연령별 인구구성)

제2장 세계화에 따른 생활양식의 지역 차는 어떠한가 | 43

01 공동주택을 중심으로 한 주거생활은 공동체 확립과 빈곤 탈출에 도움이 되어야 한다

공동주택은 아파트, 연립주택, 다세대주택 등을 말한다. 인구 밀도가 높은 한국의 주거 문제를 해결하기 위해 나타난 고층화된 공동주택은 세계적으로 특이한 한국의 현상으로 독특한 주거문화를 이루어냈다. 공동주택의 분포를 보면 세계도시 서울과 수원-인천 대도시지역의 비율이 제일 높다. 서울은 물론이고 수원시, 성남시, 안양시, 부천시, 군포시, 이천시, 고양시, 용인시, 파주시, 김포시, 포천시 등에 근교도시화가 진행되면서 공동주택이 들어섰다. 이는 수도권으로 이주해온 인구를 단시간에 수용하는 효과를 가져왔다. 또한 공업화가 진행된 지역에 공동주택이 집중했다. 그 예로 부산-포항 대도시지역의 남동 임해공업지역은 한국에서 두 번째로 큰 산업단지로 산업화와 맞물려 인구 증가 역시 급속히 이루어졌다. 산업체 근로자 등의 인구를 수용하기 위해 공동주택이 들어섰다고 본다.

공동주택 중 아파트 단지는 소비의 중심이며, 소득 수준이 단지의 외향적인 모습뿐 아니라 주민들 사이의 사회관계에도 영향을 미쳐 다양한 사회적 환경을 형성한다. 최근에 서울의 서초구, 강남구, 송파구의 세 구가 대단지 아파트 공동주택 선호지역으로 각광을 받고 있으며, 이 지역은 한국의 특별 주거지역이라고 불리게 되었다.

한국의 공동주택은 이를 중심으로 하여 사교와 의례적 생활접촉, 상부상조가 이루어지고 있으며, 익명성이 높아 도시민의 사회생활에 중요한 작용을 한다. 아파트 단지에서 발견되는 이웃 관계는 개인성에 바탕을 둔 이차적인 관계보다는 비교적 친근한 관계가 많다. 정기적인 주민 모임인 반상회 등에 여성들이 주로 참석함으로써 지역 사회생활을 위한 여러 정보들이 교환되는 장소의 역할을 한다. 그 외에도 비공식적인 관계인 작은 선물이나 관심, 친절 등을 서로 교환하고, 때때로 교회 구역예배나 성경공부 모임, 취미활동이 자연스럽게 이루어짐으로써 아파트 단지의 주부들이 일상생활을 꾸려가는 데 매우 소중한 관계망의 하나가 이루어진다. 이들 관계망 내에서는 일상적인 모든 정보가 재빨리 교환되고, 경우에 따라서는 집단적인 주민 행동도 가능하다. 실제 아파트 단지의 교통 문제, 소각장 문제, 환경보호 운동 등은 이러한 여성들의 관계망에 기반을 둔 운동이라고 할 수 있다. 그러나 때로는 이러한 관계망을 통하여 아파트 가격 담합 등을 비롯한 지역이기주의를 발휘하는 경우도 있다.

공동주택의 비율이 낮게 나타나는 지역에는 단독주택의 비율이 높다. 대도시지역에 밀집하는 공동주택과 달리 단독주택은 도농통합지역에 많이 나타나는데, 최근 산업화의 영향으로 단독주택이 현대식 건물로 많이 바뀌는 현상을 보인다. 도농통합지역은 단위면적당 인구수가 많지 않기 때문에 단독주택에 사는 사람들은 적다. 단독주택에 사는 사람들은 공동주택에 사는 사람들보다 유대관계가 깊으며, 교통의 발달이 미약하여 도시성(urbanism)을 크게 띠고 있지 않다. 단독주택의 비율이 높게 나타나는 지역은 대부분 군 단위 지역이지만, 요즘은 수도권의 역도시화 현상으로 인하여 대도시 외곽지역에까지 단독주택이 나타나는 경우가 흔하다. 단독주택에 거주하는 사람들은 대도시로 가서 대량으로 물건을 구매하는 경향이 크며, 직장과의 직주분리가 뚜렷하게 나타나지 않는다. 중소도시와 작은 읍 단위에도 아파트가 있으나 여기에는 영세주민들이 주로 거주하거나 주민들이 이사를 자주 다니는 특수한 이유 때문에 거주하는 경우가 많아 공동주택의 특성이 약하다.

그동안의 경제개발 과정에서 아파트의 환금성이 높아짐에 따라 한국 중산층은 자산 증식 수단으로 아파트를 선호하게 되었으며, 단위 면적당 시장가격이 일상생활의 주요 화젯거리가 되었다.

최근 공동주택은 주상복합 등 더욱 고층화되어 도심의 고밀도를 부채질하며, 경기 침체에 따른 극복 수단으로 가격 자율화 정책이 시행

도시성(도시주의)
미국의 도시사회학자 L.워스가 도시 생활양식으로서의 어버니즘 이론을 제창한 이후 널리 쓰이는 말이다. 현대문명에서의 사회생활의 특질로서 도시의 발달과 세계의 도시화에 주목하여, 지역을 같이하는 촌락 공동생활에서 이질성(異質性)이 증대되는 촌락생활과 대조적인 도시사회 특유의 생활양식을 말한다.

역도시화 현상
일명 유턴(U-turn) 현상이라고도 하며, 대도시에서 비도시지역으로의 인구 전출이 전입을 초과함으로써 대도시의 상주인구가 감소하는 현상을 말한다. 역도시화의 요인으로는 대도시 생활에 따른 내용증대, 산업의 지방분산, 통신기술의 발달 등을 들 수 있다.

> **서브프라임 모기지(sub-prime mortgage) 사태**
>
> 2007년에 발생한 초대형 모기지론 대부업체의 파산으로 시작된 금융사태로, 그 결과 미국만이 아닌 전 세계의 국제금융시장에 신용경색을 불러온 연쇄적인 경제위기를 말한다.

됨에 따라 성냥갑처럼 생긴 주택이 세계 최고가를 보여주는 기현상이 나타났다. 특히 서울의 경우 조망권이 좋은 한강 변을 따라 공동주택의 연쇄벽을 이루어 도시 환경을 악화시키고 있다. 단위면적당 가격도 급등했다. 미국의 서브프라임 모기지 사태에 따라 나타난 금융자산의 부실에서 보는 것처럼 주식, 채권, 펀드 등의 자산 하락에 이은 공동주택 가격의 거품 현상이 한국에서는 언제 어떻게 나타날지 우려된다.

외국인에게는 한국의 아파트가 매우 서구화된 것으로 보이지만 서구에는 이러한 아파트 단지가 희소하다. 한편 아파트 주거가 전통적인 가족관계를 해체했다고 할지라도 기본적 규범을 사라지게 하지는 않았으며, 아파트 단지의 현대화된 관리체계는 전통적 공동체 공간의 관리와는 달리 '감시받는 주택의 안락함'으로 특징지어진다고 하였다. 그래서 한국의 대단지 아파트는 오래 지속될 수 없는 '하루살이 도시'로 만들고 있다는 비판을 받게 되었다. 고층화·고밀화된 아파트 주거가 홍콩의 경우 오래전에 일반화되었고, 상하이 등 중국 대도시의 경우에도 나타나고 있기 때문에 한국의 아파트 주거 문화는 세계적인 관심을 끌기에 충분하다. 한국의 고층화·고밀화된 공동주택 문화는 국토 면적의 규모와 무관하게 나타나고 있는 문화로서 한국형 발전의 압축적 표상, 권위주의적 산업화의 구조와 특성, 여기서 비롯된 계층적 차별구조와 획일화된 문화양식이라고 하였으나(줄레조, 2007) 반드시 그렇다고 볼 수는 없다.

한편 공동주택 중에서 연립주택, 다세대주택은 오늘날 대체적으로 주거비가 저렴하다는 점에서 빈곤계층이 거주하는 지역으로 인식될 수 있다. 대부분의 빈곤층이 주거비가 저렴한 곳에 거주한다는 특징이 있음을 인정할 때 상대적으로 거주 기간이 길고 노인인구의 비율이 높다고 볼 수 있다. 다세대·다가구 밀집지역에는 임대아파트 입주 자격이 되는 수급자보다는 차상위 혹은 차차상위 계층 등 빈곤층으로 전락할 위험이 상대적으로 높은 사람들이 거주하는 경향이 있다. 그럼에도 불구하고 이 지역에 사는 사람들 사이에는 오랜 거주 기간에 따라 생겨난 사회관계망이 긍정적으로 작용하고 있다는 점에서 외국과 같은 빈곤문화지역이라고 볼 수 없다. 이 지역에는 빈곤층의 특성보다는 모여 있는 빈곤지역의 특성에 따른 부정적 인식, 즉 교육서비스의 불리한 접근성, 자녀의 학교에서의 따돌림 등이 있다고 한다. 따라서 이 지역의 물리적 환경 개선만 이루어진다면 안전하고 편리한 지역이 될 수 있다(이영아·정윤희, 2012).

한국의 빈곤층이 모여 사는 빈곤지역이 노후불량 주거지역, 임대아파트 지역, 다세대·다가구 지역 등으로 유형화될 수 있다면 다세대·다가구 주택지역이 다른 빈곤지역에 비해 범죄, 교육여건, 사회관계망 형성 등에서 상대적으로 더 불리하므로, 이를 극복해야 할 과제를 안고 있는 것이다.

02 지역발전 여부는 시민건강의 지역 차를 통해 알 수 있다

지난 반세기 동안 한국의 경제 발전은 놀라울 정도였다. 하지만 국민 건강 수준이 악화되고 고령화가 진전됨에 따라 향후 의료비 지출이 급증할 전망이다. 이렇게 되면 삶의 질 향상은 공염불로 끝나게 된다. OECD의 한 조사에 따르면 삶의 질을 결정하는 데는 경제지표만이 중요한 요소로 작용하지 않으며, 건강 수준이 삶의 만족도에 미치는 영향과 관련 있음이 확인되었다.

이제 건강 결정에 영향을 미치는 사회적·물리적 환경, 보건의료 향상 요인 등의 지역적 차가 지역의 발전 정도를 가늠할 수 있는 잣대가 되고 있다. 한국의 경우 흡연율·음주율·걷기실천율 등 건강행태, 비만율·고혈압유병률·당뇨병유병률·고지혈증유병률 등 질병이환, 스트레스인지율·우울감경험률 등 심리건강, 주관적 건강수준 인지율 등 건강인식 부문 등에서 시민의 건강실태도가 조사되었다(김태환, 2013). 그 결과에 따르면 시민의 건강상태에 대한 지역 간 격차는 크지 않으나 심리건강과 건강인식 부문에서는 지역 차가 다소 존재한다. 대도시와 농촌지역의 인구규모별로 비교해볼 때 대도시에 거주하는 시민이 스트레스와 우울감을 더 많이 느껴 농촌지역 주민보다 심리건강과 건강인식 부문이 불량하다고 한다. 농촌형 지역일수록 질병이환 수준도 낮게 나타나며, 전국적인 차원에서 보면 광주호남지역의 농촌형 지역이 건강행태, 질병이환, 심리건강, 건강인식 등의 부문 지표들이 높아 건강도 수준이 높음을 보여준다고 한다. 이는 이 지역이 전통적인 장수 지역이라는 것과 무관하지 않다(이희연·주유형, 2012).

대도시지역의 걷기실천율이 낮음을 생각할 때 지역의 사망률은 경제수준이 높을수록, 보행환경이 양호할수록, 사회적 자본이 풍부할수록, 그리고 빈곤취약수준이 낮을수록 낮아진다고 풀이함에 주목해야 할 것이다. 따라서 건강을 개인 문제로 보기보다는 사회적인 문제로 바라보는 것을 당연시해야 한다. 또한 기대수명의 증가와 함께 과도한 의료비 부담과 의료서비스의 형평성에 대한 문제도 풀어야 하며, 건강에 직·간접적으로 영향을 주고 있는 지역 차에 대해 무관심해서는 안 될 것이다. 다시 말해 쌈지공원과 같은 소규모 도시공원을 확충하거나 자전거도로 및 대중교통시설을 확충하여 대기오염 감소, 보행활동 증진 및 시민의 비만 방지 등이 이루어지면 사망률 감소가 이루어져 건강증진이 실현될 수 있다.

한편 응급의료체계는 의료, 공중보건, 사회 안전이 교차하는 영역으로, 특히 응급의료 서비스는 개인에 대한 일반 의료 서비스와는 달리 국가가 책임을 져야 하는 공공성이 높은 영역이다. 최근 각종 산업재해 및 약물 중독으로 인한 환자, 급성질환에 의한 응급환자가 급격히 증가하고 있다.

그러나 한국의 응급의료기관 분포는 매우 불균등하다. 주로 대도시 지역에 밀집되어 있고, 도농통합지역의 경우 응급의료기관이 적어 적절한 응급의료 서비스를 제공받지 못하고 있다. 응급의료 서비스를 받지 못하는 경우 각 시·군·구에 설치되어 있는 보건소를 방문하거나 동네 의료기관을 찾아가는 경우가 많다. 응급의료 서비스가 모든 지역에 형평성 있게 공급되어야 한다는 당위성을 고려할 때, 응급의료 서비스 공급은 접근성이 상대적으로 낮은 지역, 즉 도농통합지역에 거주하는 주민들에게는 불만이 될 수 있다. 따라서 이에 대한 해소가 필요하며, 질병치료와 의료혜택에 의한 사회 안전망의 공간적 구축에 힘써야 한다.

특히 연령층별 인구 증가의 속도에서 도농 간 격차가 심해져, 고령화 지수가 도시지역은 1985년 3.0에서 2010년 7.2로, 농촌지역은 2001년 15.0에서 2010년 20.1로 증가하여 고령사회에 진입했다. 고령화가 진행될수록 질병 및 장애가 증가하고, 물리적·사회적·심리적 측면에서 노년층이 생활하기에 적합한 주택에 대한 욕구가 다양해진다. 따라서 건강과 장수를 결정하는 노인주거복지시설의 입지도 중요하다(손승호·한문희, 2010). 이른바 실버타운이라고 불리는 노인주거복지시설 중 입소자의 경제적 부담이 가장 적은 양로시설은 입지자유형, 부담이 큰 노인복지주택 등은 농촌보다는 도심과 대도시 중심시가지에 인접한 도심지향성의 특징을 보인다고 한다.

노인주거복지시설이 증가하는 추세이지만 특정 지역에의 편중 현상이 심하고, 서울 대도시지역은 수도 많으며 도시 시가지에, 나머지 대도시지역은 시설 수가 적으면서 시가지에 입지한다. 도농통합지역은 시설의 수에 차이가 있지만 대체로 농촌지역에 주로 입지한다.

03 문화 수준의 지역 차는 지역주민의 정서 함양에 영향을 미친다

한 사회가 정치·사회·경제적으로 발전한 다음에야 문화예술 발전이 뒤따른다는 점에서 문화예술 분야는 정치나 사회·경제 분야보다 더 높은 가치를 지닌다고 볼 수 있다. 따라서 문화예술 분야에 대한 집중도가 크고 참여도가 높게 나타난다면 그 지역이 타 지역에 비해 삶의 질이 좋다고 볼 수 있다.

서울 세계도시의 총 문화공간 수는 501개로 전국 평균 262개보다 그 수치가 높게 나타나 서울이 문화활동 참여에 유리한 지역임을 알 수 있다. 또한 수원-인천 대도시지역은 전 국민을 대상으로 하는 국가 차원의 문화시설의 수가 많으므로 그 수치가 높게 나타난다. 부산-포항 대도시지역의 총 문화공간 수는 512개로 역시 전국 평균보다 높게 나타나며, 예술단의 경우도 143개로 서울과 비교해볼 때 활발하게 활동하는 것을 알 수 있다. 대구-구미 대도시지역의 경우 문화공간 305개와 예술단 52개로 전국 평균과 비슷하다. 이 중에서 대구시와 구미·경산시에 문화공간과 예술단이 집중한다. 이는 경부고속철도와 경부고속국도가 지역을 통과하면서 접근성이 유리해진 가운데 최근 문화도시로 대구가 발전 계획을 수립한 결과로 보인다. 대전-청주 대도시지역은 375개로 전국 문화공간 수의 평균보다 낮은 수치를 보인다. 이는 대전광역시와 청주시 이외의 시군은 문화공간이 부족하기 때문이다.

광주 대도시지역의 총 문화공간 수는 427개로 전국 평균보다 높다. 그렇지만 광주광역시에만 문화공간이 집중하여 나타나고 그 밖의 시군 지역은 현저히 부족하다. 목포시와 함평군은 문화공간에 비해 예술단의 수가 많다. 목포시의 교향악단과 무용악단은 거의 전라남도 예술단을 대표하는 듯하고, 함평군의 합창단의 수가 50개로 나타나 예술단의 지역 범위가 한정되어 있음을 알 수 있다.

강원 도농통합지역의 경우 문화공간과 예술단의 수가 전국 평균보다 약간 낮은 수준을 보인다. 그 분포 또한 강릉시, 원주시, 태백시에만 집중해 있어 문화생활에는 영동지방 일대가 유리하다. 영서지방은 산간지역으로 교통이 불편하고, 영동고속국도가 통과하는 동해안지역에 비해 낙후지역의 이미지가 강하기 때문에 문화·예술 활동이 소극적으로 이루어지고 있음을 추측할 수 있다. 강릉시, 원주시, 태백시 등 세 도시 역시 전국 평균보다 낮은 수치이다. 안동 도농통합지역의 평균 문화공간 수는 24개로 전국 평균보다 훨씬 낮은 수치를 보인다. 전주 도농통합지역의 문화공간 수는 전국 평균 166개보다 낮게 나타나지만 예술단의 수는 66개로 전국 평균 52개보다 높게 나타난다. 이는 전주가 전라북도 교육·문화의 중심지이며 동양화·서예·판소리 등 전통문화예술의 본고장이기 때문인 것으로 보인다. 부안군의 경우 문화공간 1개당 인구수가 32,311명으로 가장 높게 나타나고, 비슷한 인구 규모인 고창(64,621명)은 문화공간의 수가 2개이다.

충주 내륙 도농통합지역은 문화공간과 예술단의 측면에서 전국 평균보다 낮은 수치를 보이지만 3개 도시로 이루어진 이 지역의 문화공간 1개당 인구수는 의미가 없다. 진주 도농통합지역의 경우 문화공간과 예술단의 수치가 전국 평균보다 모두 낮게 나타나며, 진주시만 전국 평균보다 높은 수치를 보이는 것을 알 수 있다. 순천-제주 도농통합지역은 문화공간과 예술단의 수가 129개로, 특히 제주시는 문화공간의 수가, 서귀포시는 예술단의 수가 높게 나타남을 알 수 있다.

대도시지역과 도농통합지역 간의 문화공간에서 이러한 차이는 소득수준이나 여가시간 및 고학력 인구 등의 집중에 의한 문화 향유도가 높게 나타나기 때문이며, 일상적인 문화활동은 인간의 기동성과 무관하다는 점을 감안할 때 타당성이 있다고 볼 수 있다. 문화공간이 사회적 관계를 맺는 의미도 있음을 주목해야 한다(윤지환, 2011).

04 초국적 이주는 한국사회를 더욱 역동적으로 만들 수 있는 기회이다

교통과 통신의 발달에 따른 자본, 상품, 서비스의 세계화가 진행되면서 인구 측면에서도 국경을 뛰어넘는 이주자의 숫자가 급증하고 그 특성도 크게 변해 이주의 세계화가 뚜렷해지고 있다. 이제 이민과 함께 이주는 한국사회가 다문화사회로 전환되는 양대 축임을 부인할 수 없다. 구한말 중국인, 일본인 등의 제1차 이주 물결이 있은 이후 1990년 49,507명에 불과하던 국내 체류 외국인 수가 2010년 기준 935,525명으로 증가하였다. 전체 인구에서 차지하는 비율이 2006년 1.10%, 2010년 1.90%로 2%대에 자리 잡게 되었다. 이들의 유형별 규모를 보면 외국인 노동자 558,538명, 결혼이민자 125,087명, 단기사증 소지 미등록(불법) 체류자 93,613명, 유학생 80,646명, 재외동포 50,251명, 기타 106,365명 등이다. 지역별로 보면 서울 2.9%, 수원-인천 지역 2.4%, DMZ 지역 3.1%, 천안-당진 지역 2.7% 등을 차지한다.

이들 이주민은 정착 생활을 하고 있는 개별 지역사회뿐 아니라 한국사회 전체에 영향을 미치고 있다. 값싼 노동력을 확보하여 지역경제를 활성화시키기도 하지만 고급인력의 수용으로 새로운 기술과 지식을 익히기도 하고, 지역 가정이 결혼(여성) 이주자와의 혼인을 통해 가족 구성원을 재생산할 수 있게 되었다. 과거의 이주민은 정착지로의 이민과 성공적인 정착만을 이주의 목표로 했다. 그러나 오늘날의 이주민은 자신이 가져온 문화와 정체성을 유지하려고 할 뿐 아니라 기원지와의 연결 및 사회적 관계를 유지하는 쌍방향적 혹은 다방향적 흐름을 목표로 하고 있다. 이러한 이주를 초국적 이주 혹은 트랜스이주(trans-migration)라고 한다.

이주민이 정착 국가에 순응하면서도 출신 국가의 문화적 정체성을 유지하며 출신 국가와의 연결성을 지속시킬 때 사용하는 매개체는 대부분 종교, 음식 등이다. 이주민의 문화적 정체성과 사회적 관계가 자연스럽게 유지되는 토대가 되는 음식에 의하여 민족문화경관이 흔히 형성되는 것이다. 전국적으로 30여 곳에 외국인타운이 형성되어 있는데 중국조선족, 베트남, 필리핀, 몽골, 나이지리아, 인도, 중앙아시아, 이슬람 등 민족의 음식이 위주가 되어 주거지 분화가 시작되고 있다. 프랑스인 거주 지역으로 알려진 서울의 서래마을을 제외한 대부분의 외국인타운은 상당히 폐쇄적이다. 특정 지역에 특정 민족의 이주민이 폐쇄적인 특성을 가지게 되는 이유는 많은 일자리, 저렴한 주거비용, 선주 이주민과의 유리한 정보 소통성 등이다. 이러한 방향으로 거주지 분화가 심화되면 특정 국적의 저소득층 주변지역, 즉 게토 또는 슬럼으로 변할 가능성이 크므로 지역민의 부정적, 이중적 태도가 완화될 수 있도록 노력해야 할 것이다(최병두, 2012).

초국적 이주는 이주민으로 하여금 상이한 장소감이나 정체성을 가지도록 할 뿐 아니라, 기존 지역주민과의 상호작용에 따라 자신, 상대방, 지역사회를 변화시키는 점에서 실질적인 다문화사회로의 전환을 가져온다고 볼 때, 우리의 단일민족·단일문화에 대한 믿음과 헌신성에 바탕을 둔 세계관에서 벗어난 새로운 시각을 가져야 한다. 북한이 주장하는 자주, 민족이라고 하는 가치관이 세계화 시대의 '세계시민주의'와 대립되어 고립과 폐쇄를 자초하는 점을 분명히 한다면 초국적 이주가 통일시대를 이끄는 밑거름이 될 것이다.

05 한국 인구의 고령화는 지역적 차이도 문제이다

저출산·고령화문제는 통일문제와 함께 한국사회가 시급히 해결해야 할 과제이다. 전국적인 수준에서 고령화 속도가 빨라져 2000년의 고령화사회(65세 인구 비율 7%)로부터 2005년에는 고령사회(65세 인구 비율 7~14%)에 도달했으며, 초고령사회(65세 인구 비율 14% 이상)로의 진입을 눈앞에 두게 되었다. 이러한 빠른 속도는 일본, 유럽과 비교했을 때 심각하다. 프랑스는 고령화의 진행을 해결하면서 출산율을 높이려는 노력에 집중하여 상당한 성과를 거두었다.

한국은 출산율도 1.25명으로 낮은 편에 속하며, 2050년경에는 65세 이상의 노령인구가 절반을 차지할 것으로 예상된다. 더구나 고령화의 지역적 차이도 예사롭지 않다. 도시규모별로 보면 100만 명 이상의 대도시지역은 2010년에 고령사회에, 도농통합지역은 거의 초고령사회에 진입해 지역별 인구성장률과도 깊은 관계를 갖게 되었다. 도농통합지역과 같이 인구 감소 지역에서는 고령인구의 비율이 더 높고, 대도시지역과 같이 인구 성장 지역에서는 상대적으로 그것이 낮은 경향을 보이는 일은 당연하다(최재헌·윤현위, 2012).

하지만 이것도 자세히 들여다보면 인구 감소 지역은 인구 공동화와 과소화가 더욱 심화되며, 비교적 인구 증가가 높은 지역은 노년인구의 주거, 생활 편의 및 복지에 대한 요구 때문에 잘나가던 경제 활력도가 떨어질 염려가 높아지는 셈이다. 이제 고령화는 지역 쇠퇴의 결과이기도 하지만 지역 쇠퇴의 요인으로 작용하게 될 가능성이 높아 지역의 균형적 발전 해결 방안을 더욱 복잡하게 만들고 있음을 알 수 있다.

제2부

세계화와 중부지역의 변동

제3장 세계도시 서울은 세계화의 견인차 역할을 할 수 있는가
제4장 수원-인천 대도시지역은 세계화를 주도할 수 있을까
제5장 DMZ 지역의 활용 가능성은 어느 정도인가
제6장 강원 도농통합지역은 녹색성장의 축이 될 수 있는가
제7장 대전-청주 대도시지역은 수원-인천 대도시지역에 편입될 것인가
제8장 천안-당진 도농통합지역은 서해안의 핵심지역이 될 것인가
제9장 충주 내륙 도농통합지역은 발전 가능성이 충분한가

03 세계도시 서울은 세계화의 견인차 역할을 할 수 있는가

지역의 미래

한강을 끼고 발달한 세계도시 서울은 오랫동안 한국의 정치, 경제, 문화의 중심지가 되어왔다. 조선시대에 도읍지로 정해지면서 오늘날에는 인구 천만 명의 세계도시로 성장하였다. 전국 면적에서 차지하는 비율은 1%에 불과하지만 전체 인구의 20%가 집중하며, 서비스업체와 외국인이 25%를 상회하고 하고 있다. 문화공간의 수도 많아 서울은 쇼핑, 교육과 함께 문화생활의 중심지가 되었다. 특히 자식을 낳으면 서울로 보내야 한다는 과열된 교육열은 수도권 집중의 원인을 제공하였다. 한반도에서 서울이 갖는 중심적 위치성은 미래의 중요한 자산이다. 휴전선에 근접해 있다는 불리함이 오히려 통일의 촉매제가 될 수 있다는 점과 동북아시아 경제개발의 축으로 활용되어야 한다는 점에서 서울의 미래를 만들어가야 한다.

자연경관(북한산의 화강암 지형)

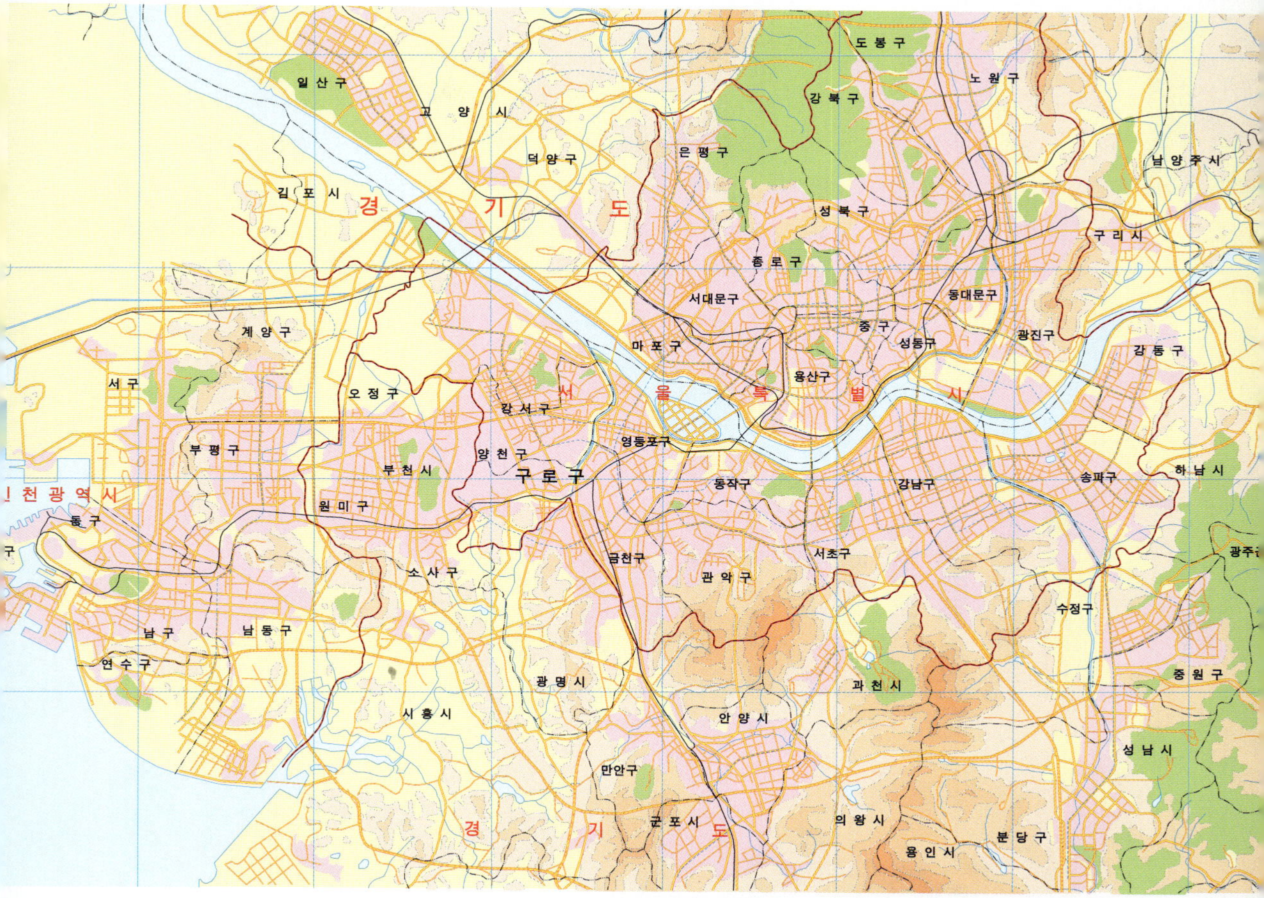

도시경관(강남대로 부근)

도시경관(중구 일대)

제3장 세계도시 서울은 세계화의 견인차 역할을 할 수 있는가 | 59

03 경관의 이해

서울의 팽창을 억제하기 위한 개발제한구역이 설정되어 있으며, 동서로 서울을 관통하는 한강을 따라 청계천 일대 등 수변경관이 잘 조성되어 있다. 도시공원은 전국 평균치를 훨씬 상회하며, 공동주택의 비율도 높아 아파트 공화국이라고 할 정도의 특이한 경관이 나타난다. 유치원 1개당 원아 수도 90%에 육박하여 유소년 인구비율이 높음을 짐작하게 한다. 서울에는 궁궐, 한옥단지 등 특색 있는 역사경관 및 쇼핑, 오락 등의 다양한 경관이 나타나며 무역, 금융, 도소매업 경관도 나타나고 있어 수많은 외국인 방문객의 시선을 끈다. 특히 젊은이들이 모이는 경관이 분화되어 특색 있는 거리 모습을 연출한다.

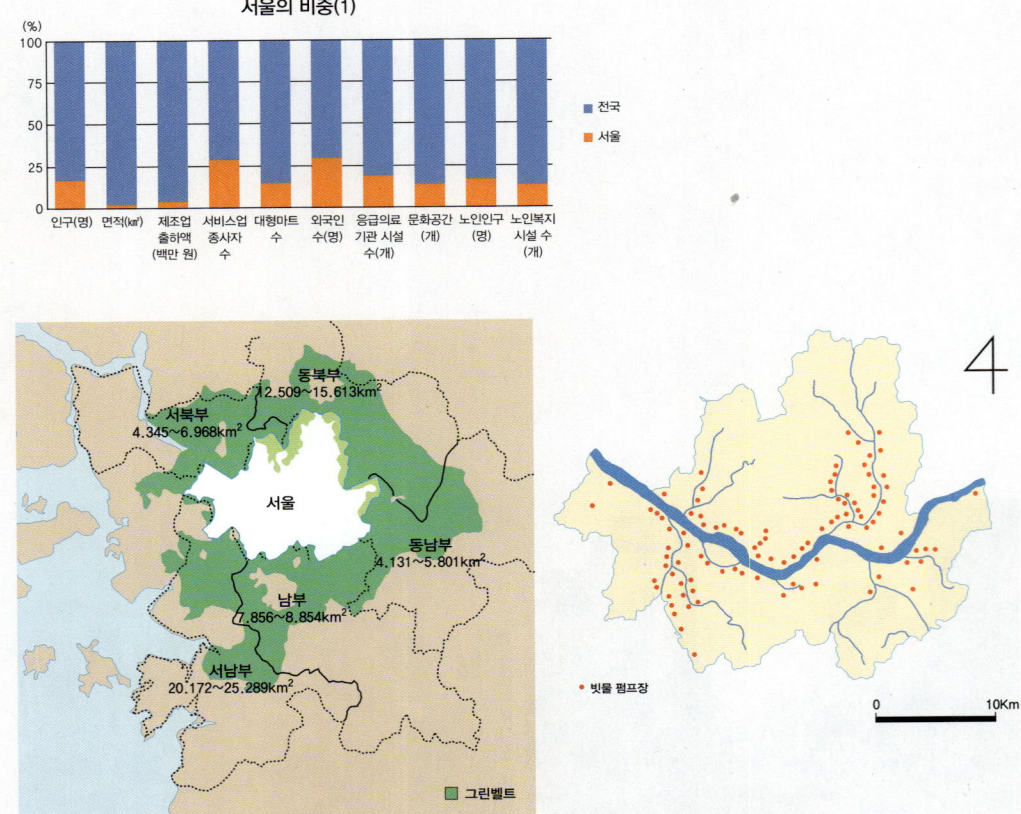

서울 주변의 해제 가능한 그린벨트의 범위와 면적

서울의 빗물 펌프장 분포(김동실)

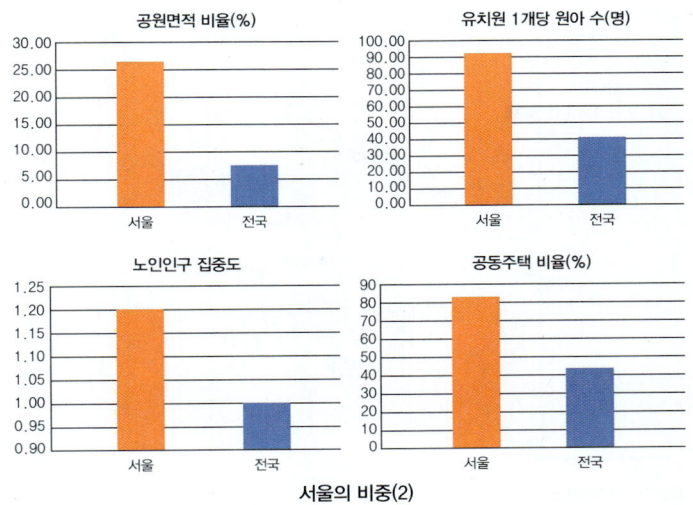

서울의 비중(2)

역사경관(광화문 부근)

수변경관(여의도 부근)

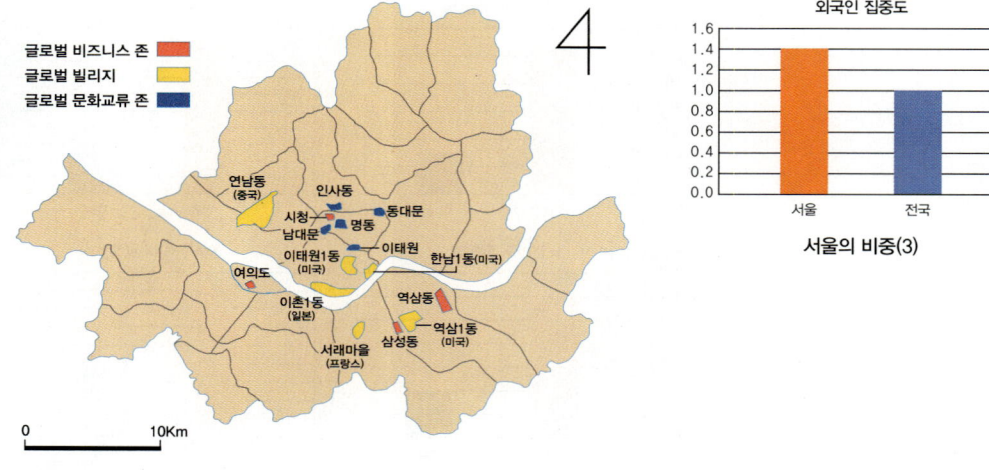

서울의 다문화지역

거리경관(청담동 일대)

거리경관(홍대 부근)

도시경관(서래마을)

도시경관(북촌)

도시경관(동대문 패션타운)

도시경관(여의도 금융타운)

03

∗∗ 위치와 행정구역

서울은 한반도의 중서부에 위치하고 있으며 한강을 사이에 두고 시역이 남북으로 분리되어 있다. 경위도상으로는 동경 126도 59분, 북위 37도 34분에 자리 잡고 있으며 동쪽 끝은 강동구 상일동, 서쪽 끝은 강서구 오곡동, 남쪽 끝은 서초구 원지동, 북쪽 끝은 도봉구 도봉동이다. 서울과 같은 위도상에 있는 도시로는 포르투갈의 리스본, 그리스의 아테네, 미국의 샌프란시스코와 워싱턴 등이 있다. 한국의 수도인 서울은 행정구역상으로 특별시에 속하며 2006년 기준 25개 자치구와 522개 동으로 이루어져 있다. 면적은 약 605.33km²로 한반도 면적의 0.3%, 남한 면적의 0.6%를 차지한다. 수원-인천 대도시지역이 세계도시 서울을 둘러싸고 있다.

∗∗ 지형과 기후

서울의 지형은 북부·남부에 산지가 많고, 한강을 끼고 남과 북에 평평한 개방형의 분지가 다수 펼쳐진다. 이러한 지형적 특성은 촌락의 입지나 시가지의 확장에 매우 큰 영향을 주었다. 북한산, 인왕산, 수락산, 불암산, 관악산, 아차산, 청계산 등 대부분의 산지는 화강암 산지이며, 풍화에 약한 화강암의 성질 때문에 만들어진 기암괴석 등이 곳곳에 나타나며 산세가 독특하다. 이러한 산과 그 사이에 펼쳐지는 장기간의 침식에 의한 작은 구릉과 산악이 어우러져 자연환경이 아름답다. 한강은 중랑천과 청계천의 지류 하천과 합류하여 서울의 중앙을 동서로 관통한다. 서울을 포함한 수도권의 주민들에게 풍부한 수자원을 제공하고 있는 한강은 강 주변에 충적지형을 이루어내면서 황해로 흘러든다.

중위도 대륙 동안에 위치한 서울의 기후는 4계절이 뚜렷하고 1월 평균기온 −2.5℃, 8월 평균기온 25.4℃로 연간 기온의 차가 크게 나타난다. 강수량은 7월과 8월에 300mm가 넘게 내려 계절풍 기후지역인 한국의 공통적인 특징인 하계 강수집중이 매우 높으며, 겨울에는 삼한 사온의 대륙성 기후를 보인다. 최근 대도시화 과정이 심화됨에 따라 도시 내부의 온도가 높은 열섬현상 등이 나타난다.

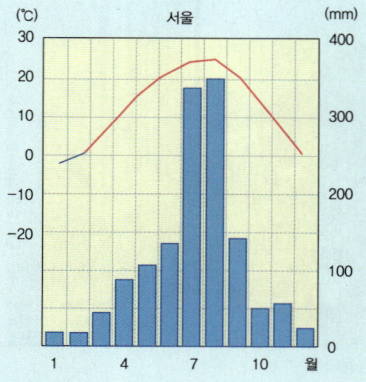

01 서울은 세계도시로서 손색이 없는가

　서울은 한국의 수도로 정치·경제·사회·문화 등 모든 분야의 중심지이다. 2010년 기준 서울의 인구는 9,794,304명이다. 수도 서울은 지난 30여 년에 걸친 경제 발전과 이에 따른 도시화 과정을 통해 오늘날 전 국민의 21% 이상인 1,000만 명이 거주하는 대도시로 발전하였다. 더욱이 서울을 에워싼 경기도와 인천 일대의 개발로 인해 수원-인천 대도시지역(메트로폴리탄)이 이루어졌다. 그것이 바로 서울·경기·인천을 포함하는 수도권, 이른바 서울 대도시지역으로 현재 전 국민의 약 50%가 이곳에 살고 있으며 기업체·정부기관·언론기관·문화시설 등이 모여 있는 인구와 경제의 집중지이다. 또한 서울은 조선시대부터 600여 년간 수도의 역할을 해오고 있기에 경복궁, 창덕궁, 덕수궁 등 5대 궁을 포함한 다양한 문화유산이 산재해 있고, 수많은 외국관광객을 끌어들이는 매력적인 자원이 풍부하다.

　서울의 시역은 조선 중기까지 확장이 거의 없었으나 1906년부터 시작하여 8·15광복 이후 인구 증가와 더불어 시가지가 확장되면서 도시의 내부 구조가 변화하기 시작했다. 조선시대부터 중심지의 성격을 띠고 있던 명동, 소공동, 종로, 을지로, 남대문로 등 옛 성곽 내의 지역은 서울에서 가장 중심적인 역할을 하는 곳으로 관청, 대기업의 본사, 금융 기관의 본점, 백화점, 호텔 등이 밀집되어 중심 업무 지구를 이룬다. 시가지 확장과 교통의 발달로 인해 도심과의 연결성이 뛰어난 청량리, 신촌, 미아리, 영등포, 잠실, 강남, 천호동 등은 도심의 상업, 서비스업, 유흥업 등 일부 기능을 분담하여 도심의 교통난을 완화시켜주는 부도심 역할을 한다. 서울의 주요 기능을 담당하는 도심과 부도심을 제외한 서울 전역에는 주거 단지, 공업 단지, 상업 지구 들이 기능적으로 분화되어 있으며, 서울의 시가지가 점차 확장됨에 따라 서울 내에서도 주로 영세민이 거주하던 낙후 지역이 대규모 신시가지로 바뀌는 일 등 도심재개발이 진행되어 내부 구조 역시 점차 고도화되고 있다.

이제 서울은 한국을 대표하는 세계도시로 거듭나고 있다. 인구규모는 물론 도시 기능이라는 질적 측면도 점차 향상되고 있어 동아시아의 중추도시는 물론 세계도시로 성장하고 있다. 서울은 2007년 미국의 경제 전문 잡지인 《포천(Fortune)》지가 선정한 세계 500대 기업의 본사 10개가 소재하고 도쿄, 파리, 뉴욕, 런던, 베이징에 이어 6번째로 세계경제 기능이 뛰어난 도시가 되었다. 또한 근처인 인천에 대규모 최첨단 국제공항인 인천국제공항이 위치해 연결성이 뛰어나고, 정보통신망의 핵심적 지위가 점유되어 동아시아의 허브(hub)가 될 가능성이 높은 도시이다.

외국과의 거래가 많은 시청 일대의 도심지, 역삼동·삼성동의 신도심 강남, 금융 업무를 담당하고 있는 여의도 등이 외국인 투자 기업에 의한 글로벌 비즈니스가 활발한 서울의 대표적인 지역이다. 이와 함께 세계도시로서 서울의 면모는 서울 안에 있는 다양한 다민족 문화 공간의 존재를 통해서도 알 수 있다. 반포동의 서래마을은 '작은 프랑스', 용산구 이촌동의 '리틀 도쿄', 구로구 가리봉동에 위치한 '옌벤 거리', 서대문구 연희동과 마포구 연남동의 차이나타운 등이 대표적인 곳이다. 필리핀, 몽골, 네팔, 나이지리아 등 세계 각국에서 서울을 찾은 외국인들이 속속 서울에 둥지를 틀고 자연스레 모여들면서, 외국인 거리와 외국인 마을이 서울 곳곳에 생겨나고 있다. 이렇듯 이제 서울은 인종과 민족을 넘어 세계인이 함께 모여 사는 글로벌 서울로 변모하고 있다.

서울 거주 외국인은 1998년 50,990명에서 2010년 987,144명으로, 서울 총인구 대비 외국인의 비율은 1998년의 0.49%에서 2010년의 1.9%로 약 4배 이상 증가하였다. 이런 추세라면 외국인이 2015년에는 100만 명에 이를 것으로 예상된다. 이에 따라 외국인을 한국사회의 구성원으로 받아들여 다문화에 대한 이해와 포용, 배려를 중시하는 태도를 가지는 일이 중요하다. 이제 단일민족이라는 장벽을 넘어서 외국인과 사랑하고 외국문화를 공유하려는 노력은 한국이 통일국가로 가는 최우선 과제이다.

2007년 7월 세계도시로서의 내실을 다지기 위하여 서울시는 다민족 거주공간이 외국인 특화지역으로 조성되도록 하는 다문화지역, 이른바 글로벌 존을 지정하였다. 도심·강남·여의도 등 외국과의 거래가 많은 지역을 '글로벌 비즈니스 존'으로, 한남동·동부이촌동 등 외국인 밀집 거주지를 '글로벌 빌리지'로, 명동·남대문시장·동대문시장·인사동·이태원 등 외국인 집중 방문지역을 '글로벌 문화교류 존'으로 지정하여 세계화에 걸맞는 면모를 갖추도록 하고 있다. 이외에 중국조선족 자양동 중국음식문화거리(이영민·이용균·이현욱, 2012)나 동대문 몽골타운 등도 자리 잡고 있다. 글로벌 빌리지 센터, 글로벌 비즈니스 지원 센터, 글로벌 문화교류 지원 센터 등이 활용되어 외국인의 한국사회 적응을 돕고, 외국인의 수준에 맞는 저렴한 임대주택과 교육시설을 골고루 분산·공급하여 외국인이 자연스럽게 한국사회에 동화되도록 하는 노력이 시도되었다(유현아, 2013).

그동안 지정된 글로벌 존과 지원 센터가 도시 경쟁력 강화라는 측면에서 어느 정도 성과를 거두긴 했지만 사회통합(social cohesion)의 측면은 소홀히 하였다(박세훈, 2013). 향후 한국계 중국인을 포함한 외국인의 경제적·사회적 환경 개선, 생활상의 필요 충족, 커뮤니티의 구축·지원 등이 이루어져 외국인들이 사회적 주체로 성장하면, 이렇게 축적된 사회자본(social capital)에 의해 서울은 명실공히 세계도시로 거듭날 것이다.

02 서울의 시가지 확대 방향은 쾌적한 도시 환경을 이루기에 적합한가

　서울은 한강의 침식 작용에 의하여 형성된 분지에 자리 잡고 있는 도시이다. 조선시대에 청계천 유역 분지에 도시적 시설이 들어선 이후 한강 이북 구릉지, 한강 이남 구릉지, 하천 주변의 저습지로 시가지가 확대되어 오늘에 이르렀다. 이는 서울이 광주산맥에 속하는 산들과 그 사이에 발달한 한강 본류 및 지류의 하곡이라는 조건을 배경으로 발달하였다는 것을 말한다. 다시 말해 도봉산·수락산·불암산·아차산·대모산·구룡산·우면산·관악산·도봉산·응봉산·북한산 등의 산들이 외곽을 둘러싸면서 분지가 이루어지고, 그 중앙으로 한강 본류와 그 지류인 청계천·중랑천·탄천·안양천 등이 흐르면서 이루어진 저산성 구릉, 작은 분지 및 하천 저습지를 바탕으로 하여 시가지가 발달하였다.

　시기별 시가지의 확대를 지형적 조건과 관련지어 살펴보면, 청계천 유역 분지를 둘러싸고 있는 화강암 산지의 산록대에 도시적인 취락이 제일 먼저 집중했다. 청계천 유역 분지 내의 북악산 남측 산록대와 남산 북측 산록대, 인왕산 동측 산록대가 그것이다. 다음으로 조선시대부터 청계천 유역 분지만으로는 서울로 유입하는 인구를 수용할 수 없어 주변의 구릉지로 취락이 확대되었다. 사대문 밖 구릉지를 포함한 한강 이북의 구릉지는 1960년대에 이미 시가지로 개발되었고, 1970년대에는 한강 이남의 구릉지에 개발의 손길이 미쳤다. 저지대보다 앞서 대규모 택지 개발이 이루어진 곳은 경사가 완만하고 낮은 구릉지대로 된 강서지역의 화곡동, 강남의 영동, 천호동 등이다(김동실, 2006).

　1970년대 이후에는 산록대와 구릉지만으로 늘어나는 서울의 인구를 수용할 수 없어 한강과 지류의 하천 주변의 저습지가 그다음 주거지로 개발되었다. 개발의 압력이 낮고 기술수준이 떨어지던 시기에는 하천 주변의 저습지인 범람원과 모래톱 하중도는 홍수 시 물에 잠기며 배수도 잘 안 되기 때문에 인간이 이용하기에 부적합하여 도시화와 도시 팽창을 억제하는 주된 요인이었다. 그러나 하천에 제방을 축조하고 배수시설을 갖추는 일 등 치수 능력이 향상되고 저습지와 농경지가 시가지로 개발되면서 오늘날의 서울 시가지의 모습을 이루었다.

이러한 배수시설 설치는 편마암과 화강암으로 된 지질 구조가 만들어놓은 구조 위에 여름철 집중 강수량이라는 기후적 조건 등에 의한 하천 범람을 극복하는 과정으로 이해해야 할 것이다. 특히 집중호우시 수위 증가를 인위적으로 조절하기 위해 빗물 펌프장을 설치한 일은 이에 해당된다. 2004년 총 99개의 빗물 펌프장 중에서 다수가 저습지를 택지로 개발한 면적이 넓은 중랑천과 안양천 주변에 집중 설치되어 있다.

그러나 막대한 자본을 투자하여 제방을 쌓고 배수시설을 갖추어 택지로 개발했는데도 저지대의 침수 피해는 계속되고 있다. 서울시는 빗물 펌프장 신설과 증설을 아직도 하고 있으며, 저지대 지하주택에 하수역류 시설을 무료로 설치해주는 일을 하고 있다. 이와 같이 불리한 지형조건을 극복하는 시가지 개발은 건설에 많은 비용이 들 뿐 아니라 유지·관리에도 비용이 추가되므로, 시가지 개발이 새로운 방향으로 이루어져야 할 시점에 도달하였다.

과거 하천부지 중에서 일부는 8·15광복과 6·25전쟁 등으로 유입된 이주민의 초기 정착지로 불량주택지구가 되었으나 이후 산업화되면서 도시 교통로로 복개되어 도시의 미관 형성에 큰 도움을 주지 못하였다. 이러한 문제를 해결한 대표적인 사례가 청계천 복원이다. 조선시대에 개천으로 불렸던 이곳은 일제강점기 조선하천령이 제정되면서 청계천이라고 개칭되었다. 경복궁 서쪽 백운동에서 발원한 청풍계천에서 유래한 청계천의 끝은 왕십리 밖 살곶이 다리 근처이며 총길이는 13.7km이다. 서울의 시가지 확대와 함께 일부 그린벨트가 해제되고 있어 도시 공원면적 확보가 필요하다.

03 서울은 도시 이미지를 연상시키는 대표거리가 있는가

프랑스 파리의 샹젤리제 거리, 싱가포르의 오차드 로드, 독일의 로마네스크 거리, 일본 오사카의 신사이바시 등은 대표적인 도시의 관광거리로 '거리' 자체만으로도 그 나라 혹은 그 도시를 연상할 수 있는 상징성이 큰 자원이다. 도시의 이미지는 해당 도시 정체성의 상징이며, 대표거리는 도시의 이미지를 담당하는 역할이 크다. 세계화 시대에 서울만의 독특한 지방색이 나타나는, 고유한 정체성을 드러낼 수 있는 서울의 대표거리에 주목하는 이유가 이 때문이다.

'우리 것이 좋은 것이여', '우리 것이 가장 세계적인 것이다'라는 말은 대표적으로 세계화 시대의 지방화를 강조하는 말이며, 한국의 세계화를 이끌고 있는 서울에서도 서울만의 캐릭터를 찾는 일이 중요하다. 서울은 조선시대 이래로 한국의 수도를 담당하며 성장을 누려왔다. 따라서 조선시대를 대표하는 유물들이 곳곳에 산재해 있다. 그러한 곳들을 발굴해 만든 곳으로 북촌 문화 거리, 남산 남산골 한옥마을 거리, 창덕궁 낙엽길, 정동 거리, 인사동 전통문화 거리 등이 대표적이다. 이 거리들 이외에 세종로, 종로, 삼청동 거리 등이 때에 따라 한국 전통문화와 관련된 축제가 열리는 무대로 활용된다.

북촌 거리는 경복궁 후문에서 창덕궁까지 이어지는 길 주변을 말하는데 화동, 소격동, 계동, 재동, 가회동, 삼청동 등을 포함한다. 북촌이라는 이름은 조선시대 한양을 종로와 청계천을 경계로 북촌과 남촌으로 나눈 데서 유래한 것으로 남촌에는 주로 '남산골 선비'라 불리는 가난한 선비들과 유생들이 살고, 북촌에는 종친이나 사대부 등 소위 잘 나가는 고관대작들이 살았다고 한다. 따라서 북촌과 남촌의 한옥마을은 각각의 특징을 지니고 있으며 거리의 경관도 조금씩 다르다. 북촌의 한옥마을 거리에는 전통 가옥인 한옥 920여 채와 이색 박물관, 전

북촌 문화 거리

서울특별시 종로구 계동에 있는 거리이다. 이 길은 많은 사적과 문화재를 가지고 있는 거리 박물관이라고 할 수 있는데, 정독도서관 안에 위치한 종친부를 비롯하여 헌법재판소 안의 재동백송, 민속자료로 지정된 전통한옥 등이 있다.

남산 남산골 한옥마을 거리

서울특별시 중구 필동 일대의 한옥이 보존되어 있는 마을로 서울특별시 지역의 사대부 가옥부터 서민 가옥까지 당시의 생활방식을 한자리에서 볼 수 있고, 전통공예 전시관에는 무형문화재로 지정된 기능보유자들의 작품과 관광기념상품이 전시되어 있다.

정동 거리

서울특별시 정동 23-8번지에서 정동 34-3번지에 이르는 도로이다. 서울 시내에서 가장 아름다운 가로로, 유명한 산책길 중의 하나이다. 1999년 서울시에서 '걷고 싶은 거리' 1호로 지정되었으며, 이때 2차선 도로를 1차선 일방통행 도로로 만듦과 동시에 보행자 도로를 확장했다.

인사동 전통문화 거리

서울특별시 종로구 인사동 63번지(종로2가)에서 관훈동 136번지(안국동 사거리)에 이르는 도로로, 조선시대부터 있었던 이 길이 통과하는 중심지인 인사동에서 도로명이 유래했다.

통문화 체험관 등이 있으며, 이러한 시설 등을 바탕으로 전통문화를 체험할 수 있는 곳들이 밀집돼 있는 곳으로 유명하다. 주로 외국인들이 와서 많이 묵는 곳으로 알려진 북촌 게스트 하우스들은 한옥을 개조해 도심 속에서 전통의 향기를 느낄 수 있도록 만들어놓았다.

 남산의 남산골 한옥마을 거리는 1989년 남산골의 제 모습 찾기 사업에 의해 구 수도방위사령부 부지를 인수하여 조성한 거리이다. 이 거리에는 서울특별시 지정 민속자료 한옥 5개 동을 이전·복원한 후 전통정원으로 꾸며놓아 서울특별시 지역의 사대부 가옥부터 서민 가옥까지 당시의 생활방식을 한자리에서 볼 수 있다. 집의 규모와 살았던 사람의 신분에 걸맞는 가구들이 예스럽게 배치되어 있어 당시의 생활상을 한눈에 볼 수 있다. 이곳의 가장 깊숙한 곳에는 오늘날의 시민생활과 서울특별시의 모습을 대표할 수 있는 문물 600점을 담은 캡슐을 지하 15m에 수장해둔 타임캡슐광장이 있어 남촌의 매력을 상징한다. 이와 더불어 남산 N서울타워와의 연계 관광도 가능해 관광객들이 많이 찾는 곳이다.

 서울에서 대표적으로 '한국 고유의 전통이 살아 숨 쉬는 거리'라고 할 때 가장 먼저 떠오르는 곳은 인사동 거리이다. 인사동 거리는 전통문화와 현대 문화가 조화롭게 공존하는 공간으로 종로구 인사동에서 관훈동에 이르는 약 0.7km의 도로를 일컫는다. 꼬불꼬불한 좁은 골목길 사이에 화랑, 필방, 골동품점, 전통 찻집, 한복집, 떡집 등이 함께 자리하고 있어 전통과 현대를 고루 느낄 수 있다. 인사동 거리는 한국 최초로 문화지구로 지정되어 각종 문화행사가 개최되며, 매주 토·일요일은 차 없는 거리가 실시되고, 매주 주말 '포도대장과 순라군'이라는 조선시대 치안문화의 한 일면을 보여주는 재현행사가 열린다.

 인사동 거리에서는 한국의 독특한 문화를 접할 수 있기 때문에 국내 관광객뿐만 아니라 외국인 관광객도 많이 찾아온다. 한국의 고유한 전통의 테마를 지닌 서울의 대표거리와 관광지는 세계화 시대 서울만의 고유성을 띠기 때문에 외국인 관광객이 찾는 유명한 코스가 되었으며, 2003년부터 매년 개최되고 있는 하이서울 페스티벌(Hi Seoul Festival)의 대표적인 축제 장소로 부각되었다.

 현대적인 문화예술 거리로는 대학로, 홍대 앞 거리 등을 들 수 있다. 대학로는 1975년 동숭동에 위치해 있던 서울대학교가 관악구로 이전하면서 조성된 문화예술의 거리이다. 1976년 한국문화예술진흥원(현 한국문화예술위원회), 1979년 마로니에미술관(현 아르코미술관), 1981년 문예진흥원 예술극장(현 아르코예술극장) 등이 개관하면서 대학로는 젊음과 낭만의 거리에서 문화예술의 거리로 변모하였다. 예술극장의 이전으로 샘터파랑새극장, 바탕골소극장(현 해피씨어터) 등 소극장들이 잇달아 개관하자 대학로에는 연극, 예술이 중심이 되는 독특한 정체성이 형성되었다. 1989년 동숭아트센터의 건립은 소극장을 넘어 대형극장에 의한 상업적 연극 공연을 가능하게 하였고, 연우소극장 등 다수의 소극장이 들어서면서 실험연극의 도전을 통한 한국 연극의 새로운 시대를 열었다. 이와는 대조적으로 홍대 앞 거리는 1990년대부터 생겨난 댄스클럽들로 이루어진 테크노·힙합·록·재즈 등의 라이브 클럽과 춤이 중심이 되는 히피, 펑크 등의 다양한 현대의 소수문화들로 채워졌다.

 한편 홍대 앞 거리 중 일부는 '홍대'라는 이름으로 '마포구'와 함께 '레즈비언의 놀이터', '레즈바가 있는 곳', '데이트 장소' 등으로 기호화되어 있음을 말하지 않을 수 없다. 하지만 레즈비언의 '숨겨진' 행위자에 대한 이해 없이 이를 소개하기는 어렵고, 이태원이나 낙원동 지역의 '게이바'도 마찬가지이다(김현철, 2013).

04 서구의 명품 브랜드가 서울에서 미래를 찾고, 한국의 이미지도 이를 통해 미래를 모색해볼 수 있을까

　강남의 청담동은 웨딩 촬영, 피부 관리, 치아 미백, 쇼핑 등 웨딩투어의 명소로 자리 잡아가고 있다. 중국의 젊은 부호들이 유럽으로의 화보 촬영보다는 메이크업과 촬영 기술이 뛰어난 한국으로의 여행을 선호하게 된 것은 청담동에 밀집한 고급미용실, 드레스숍, 스튜디오가 세계적인 수준이기 때문이다. 웨딩 촬영을 위하여 성형, 피부 관리 시술을 받고 쇼핑하는 것까지 감안하면 청담동은 패션 뷰티 산업의 메카로 부상할 잠재력이 크다.

　원래 1990년 중구, 종로구, 서대문구 등에 입지하던 웨딩업체들이 2010년경 대부분 강남구의 도산공원이나 학동사거리를 거쳐 청담동으로 이동하였다. 지역의 높은 인지도나 이미지에다 업체 간의 협력과 연계가 쉬웠기 때문이다(주경식·박영숙, 2011).

　웨딩 촬영을 하러 온 외국인들은 웨딩투어와 함께 청담동의 명품 거리에서 쇼핑을 하게 되는데 비록 그 규모와 숫자가 뉴욕의 5번가에는 미치지 못하지만, 명품 거리로서 한국인의 관심을 끌고는 있다. 갤러리아 백화점 앞의 한양아파트사거리에서 청담사거리를 거쳐 청담공원 앞으로 이어지는 1.5km의 대로변에는 해외 유명 브랜드의 플래그십 스토어 30여 곳이 즐비하고, 국내 유명 디자이너의 가게가 자리 잡고 있다. 유행을 선도하는 청담동 명품 거리에는 엠포리오아르마니, 카르티에, 페라가모, 프라다, 에스카다, 루이뷔통 등 해외 유명 브랜드의 가게가 본사의 강력한 지원을 받아 불황에도 명성을 유지하고 있다.

　명품에 관한 한국인의 관심은 일본과 함께 그 열기가 만만찮다. 수준 높은 부산국제영화제, 유럽에서 유명한 한국 영화감독, 이탈리아 밀라노에 있는 편집매장 '10 코르소 코모'의 서울 지점, 세련된 취향의 소비자, 국제적인 수준의 미술 전시를 하는 많은 갤러리와 미술관 등이 프라다 같은 명품 브랜드에 의한 트랜스포머 프로젝트가 열리게 하였다.

유럽인들은 아시아 지역에서 일본은 이미 많이 알려졌고 중국은 너무 넓어 산만하다고 인식한다. 서울은 현대와 미래가 뒤섞여 있는 데다가 한국의 문화 수준이 디자인과 창의성을 존중하고 있기 때문에, 유럽인들이 명품 브랜드를 통해 서울을 찾는 발길이 더욱 잦아질 가능성이 높아졌다. 특히 교육 수준이 높고 지식이 풍부한 한국의 젊은 세대가 예술과 스타일을 이해하기 시작했다는 점에서 청담동의 패션 거리는 아이디어와 미래가 교차하는 거리로 자리매김되어야 할 것이다. 두타, 밀리오레, 헬로 apm, 굿모닝시티, 케레스타 백화점 등 소매 패션타운으로 변신한 동대문에서 최근 '카피옷'보다는 디자이너 제품 판매가 늘고 있으며, 동대문 상가들이 '종합엔터테인먼트 쇼핑몰'로 변화하려는 모습은 청담동 패션 거리와 함께 한국 패션 산업의 또 다른 축을 이루고 있다.

이른바 동대문 패션타운 관광특구로 일컬어지는 '동대문 패션타운'의 전통 재래시장, 현대식 쇼핑몰, 디스코점프와 바이킹의 젊은 놀이문화, 첨단 의류기술 센터, 첨단 의류 등의 원스톱 기획·생산·판매 시스템과 함께 향후 완성될 디자인 플라자는 한국 패션 브랜드의 산실이 될 것이다.

05 몽골타운은 몽골인의 '솔롱고스'인가

몽골은 한국을 '솔롱고스(Solongos)', 즉 무지개나라라고 부를 만큼 한국 문화에 대한 강한 애착을 표현해왔다. 한–몽골 수교, 한류, 임금 격차, 이전 이주자들의 성공 경험이 전해지면서 한국은 몽골인 사이에서 '기회의 땅'으로 자리매김하였다. 몽골 등록인이 1998년 317명, 2003년 9,218명, 2008년 21,201명, 2011년 21,278명으로 증가하자 생존회로(survival circuit) 등 때문에 한국 내에서 서로 결집할 필요성을 느낀 몽골인들이 몽골인 엔클레이브(enclave, 소수의 이문화 집단 거주지)를 동대문에 이루게 되었다. 서울시 중구 광희1동 을지로 44길을 축으로 형성된 몽골타운이 그곳이다. 이곳에서는 백화점식 점포인 뉴금호타워와 카고(Cargo, 국제화물운송서비스), 금융 서비스, 음식점, 몽골 법당 등 몽골민족 경관이 확인된다.

동대문에는 '보따리장수'라고 할 수 있는 러시아인들이 먼저 정착하였는데, 한국어가 서툰 대신 러시아어를 사용하는 몽골 이주자들이 러시아인 밀집지역인 을지로 44길을 한국의 다른 어떤 공간보다도 편하게 여긴 것이다. 러시아인들이 이용하던 음식점, 무역사무실, 러시아어 통번역 서비스 초청장업체 등의 공간을 공유하던 몽골 이주자들이 나중에는 러시아인을 대신하게 되었다. 1970년대에 의류제조업의 메카로 불리던 동대문은 제조업의 공동화와 동대문 의류업체의 중국 진출에 따라 쇼핑과 패션타운으로 변신해 많은 외국인을 끌어모으고 있었다. 그곳에 몽골인의 정서적 교류와 위안, 몽골인 서비스에 대한 필요 때문에 몽골타운이 형성된 것이다. 몽골인의 이주는 연쇄이주(migration chain) 특징이 강하고 장소친숙감이 강해 동대문 몽골타운은 이주자들의 전수공간으로 발전하였다(이영민·이종희, 2013).

오늘날의 몽골타운은 이주 초창기 임시 거주지나 몽골인 다락방으로서의 의미를 뛰어넘어 동대문의 로컬리티와 상호 보완되면서 경계를 확장하고 몽골 현지와 연결가능한 장소로 거듭났다. 이러한 변화는 동대문 의류타운이 종합엔터테인먼트 공간으로서 점차 고급화되고 젊은 층의 수요를 충족하는 위락공간으로 자리 잡는 데 한몫을 하였다. 이제 몽골타운은 동대문의 소비공간에서 서비스를 보완·충족하면서 로컬리티의 한 축을 구성하고 있다. 동대문 로컬리티와 상호 재구성된 몽골타운은 몽골 초국적 이주민이 한국적 맥락에서 거듭나게 하고 발전시킨 장소인 셈이다. 이러한 점에서 결혼이주자의 지역 및 문화적 정체성도 그들의 것을 포기하게 만듦으로써 무력감과 소수자 인식을 갖게 하기보다는 긍정적이고 조화로운 자아 이미지를 갖게 하는 것이 중요하다고 할 수 있다. 많은 베트남, 필리핀, 중국, 한국계 중국 등의 결혼이주민이 자기 확장 과정에서 한국 문화를 획득해나가야 하는 것이다(류주현, 2012).

[미래 한국지리 포럼]
진정한 다문화주의를 위한 다문화정책의 방향과 목표

국내 체류 외국인 주민의 수가 2012년 120만 명을 넘어섬에 따라 이질적인 문화와 생활방식, 그리고 인종적 차이가 이주민의 삶의 공간인 지역사회에 전이되어 나타나게 되므로 이에 대한 성찰이 요구된다. 다문화인의 이주가 증가하는 요인은 출산율 감소와 농촌 등에서의 결혼 여성 부족을 해소하고, 저렴한 노동력을 제공한다는 점이다. 이제 다문화주의는 가부장적 단일민족 문화전통을 유지해온 한국사회에 사회통합의 기조로 재정립될 필요성이 있다. 한국사회에 통합되도록 하기 위하여 다문화가정은 기초수급자 우선 지원, 유아교육비 100% 지원, 문화바우처 발급, 병원비 지원, 임대아파트 입주 우선, 대학특별전형 등 다양한 혜택을 받게 되었다. 그럼에도 불구하고 다문화범죄는 증가하고 있으며, 영국, 프랑스, 독일 등 유럽의 여러 국가에서는 다문화인의 폭력과 시위로 인하여 비판의 목소리가 높아지고 있어 우리에게도 경각심을 일깨우고 있다.

- 이번 포럼에서 논의될 소주제는 다음과 같이 정리할 수 있다.
1. 한국의 다문화 이주민의 특성은 무엇이며, 유럽과 비교하면 어떤 차이가 있는가?
2. 무분별한 지원의 중단을 고려한 철저한 관리 시스템의 구축은 어떻게 이루어져야 하는가?
3. 출산율 증가를 초국적 이주에만 의존할 것이 아니라, 한국 여성의 출산을 늘리고 근무환경을 개선하며 남편의 역할을 증대시킬 방안은 무엇인가?

04 수원-인천 대도시지역은 세계화를 주도할 수 있을까

지역의 미래

수원-인천 대도시지역은 행정구역상 경기도 일대이다. 세계도시 서울과의 연계에 의하여 발달한 한국 최대의 공업지역인 동시에 최대의 인구 밀집지역이다. 세계도시 서울과 함께 외국과의 정보나 기술 교환이 쉽게 이루어지고 있기 때문에 새로운 정보나 기술을 쉽게 접할 수 있다. 전국에서 차지하는 면적이 10%에 불과하지만 인구, 제조업 출하액, 서비스업 종사자 수, 대형마트 수, 외국인 수, 문화공간, 노인복지 시설 수 등 모두가 25%에 이르거나 상회한다. 주변이 녹지로 둘러싸여 있어 도시 공원면적의 비율은 낮다. 외국인 집중도는 높으며 외국인 수가 인천, 안산, 수원 등의 순으로 많다. 전국의 인구를 흡인하는 블랙홀로서의 이 지역은 강원 도농통합지역, 천안-당진 도농통합지역과 인접하여 영향력이 더 이상 확장되지 않도록 하는 범위 내에서의 발전이 필요하다.

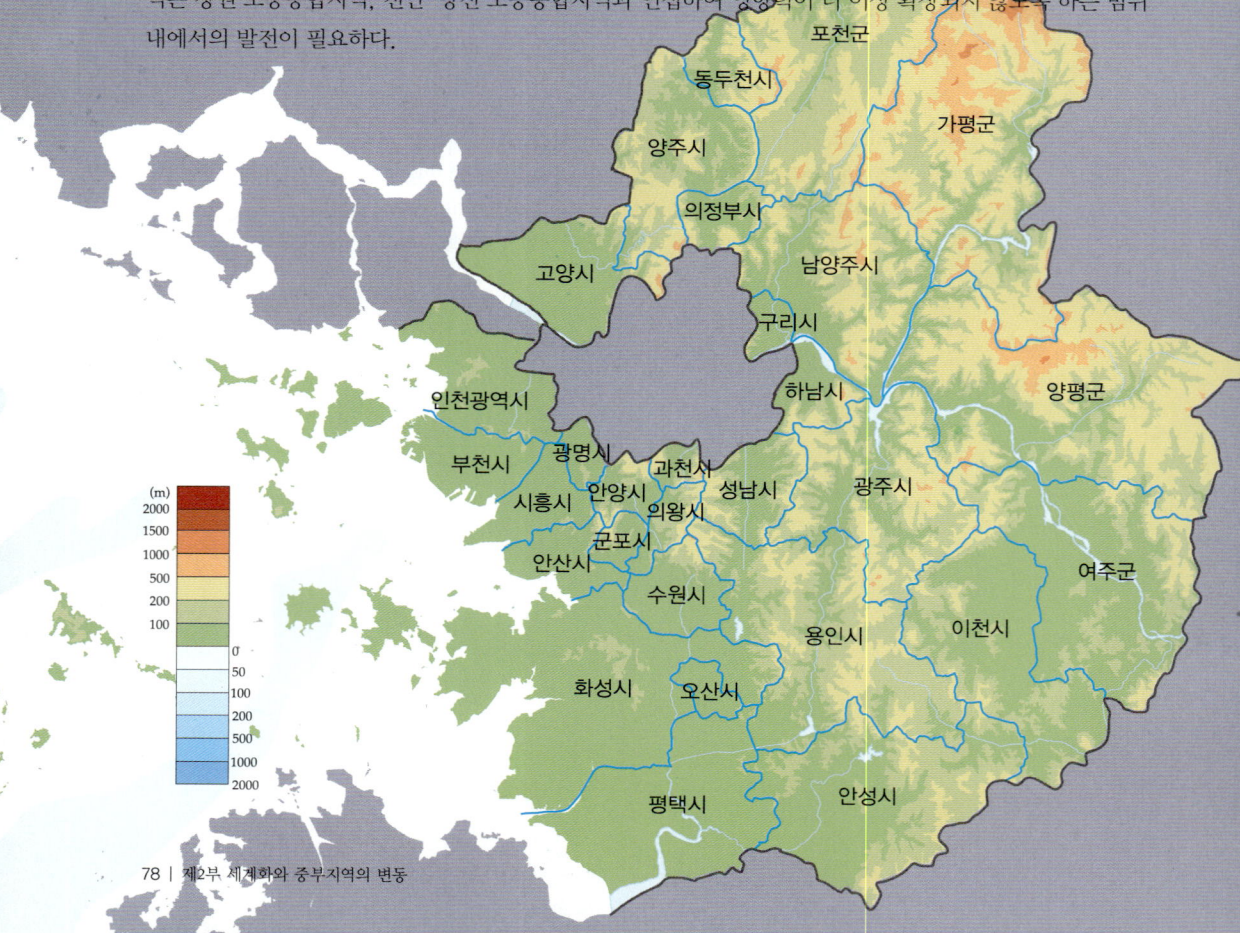

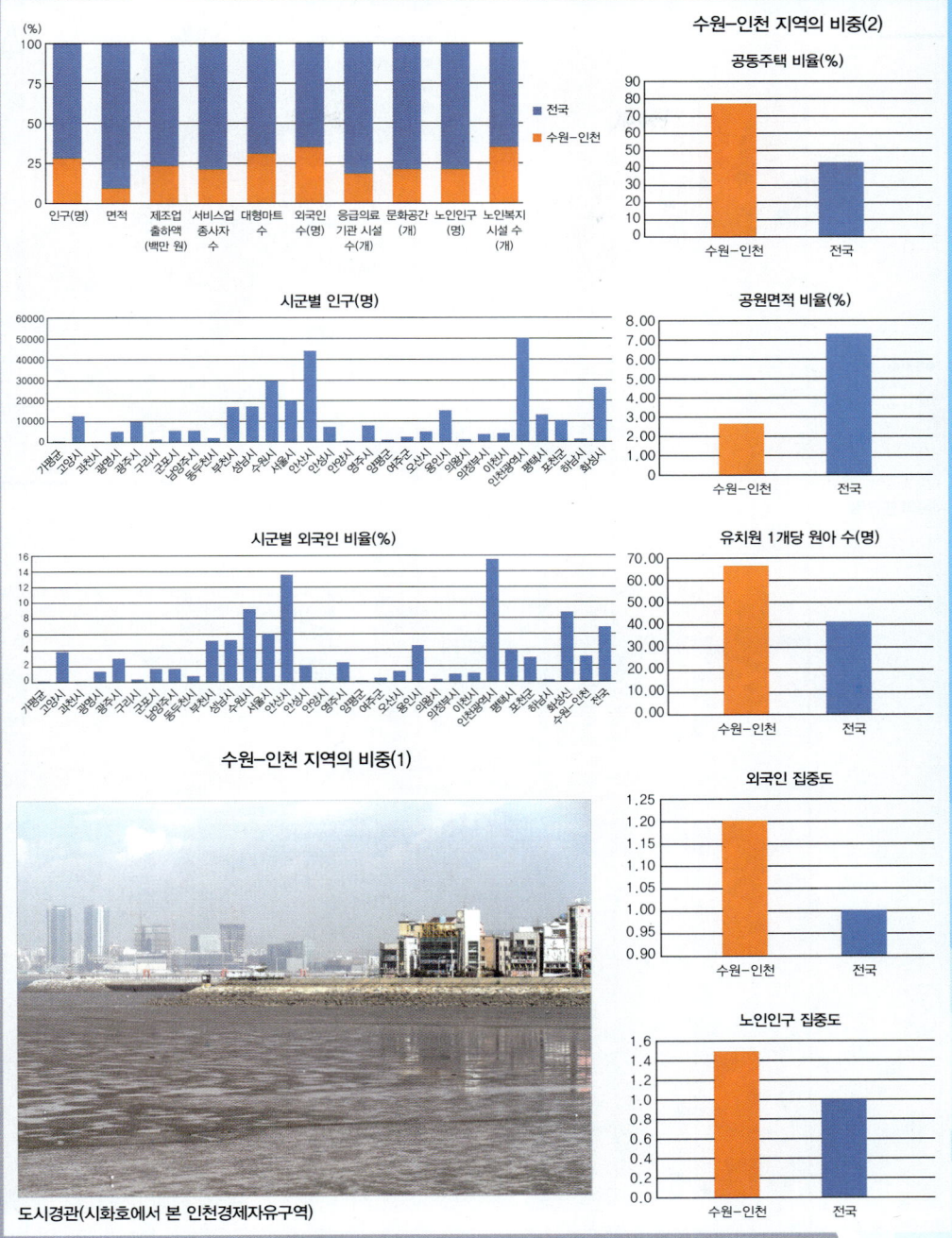

도시경관(시화호에서 본 인천경제자유구역)

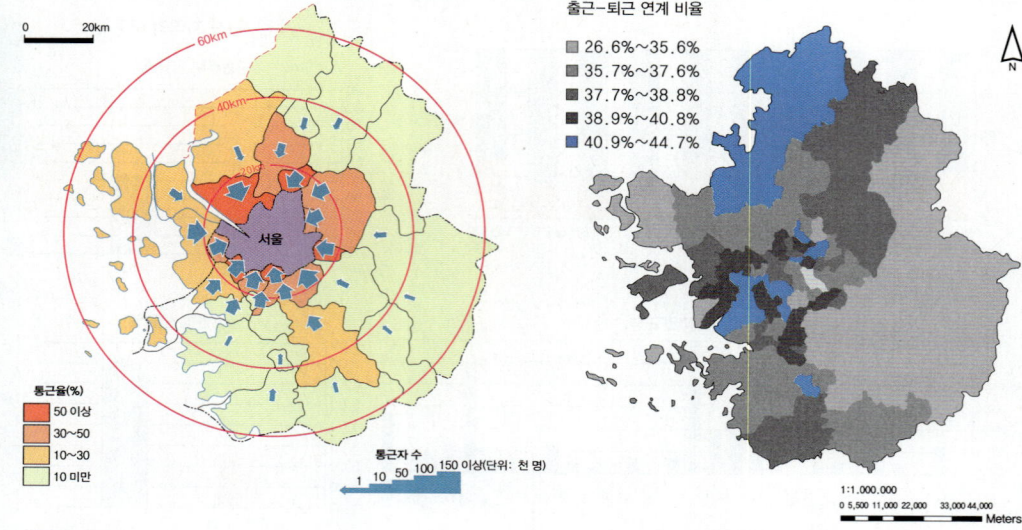

서울의 통근권

출퇴근 통행 연계(박운호·이원도·조창현)

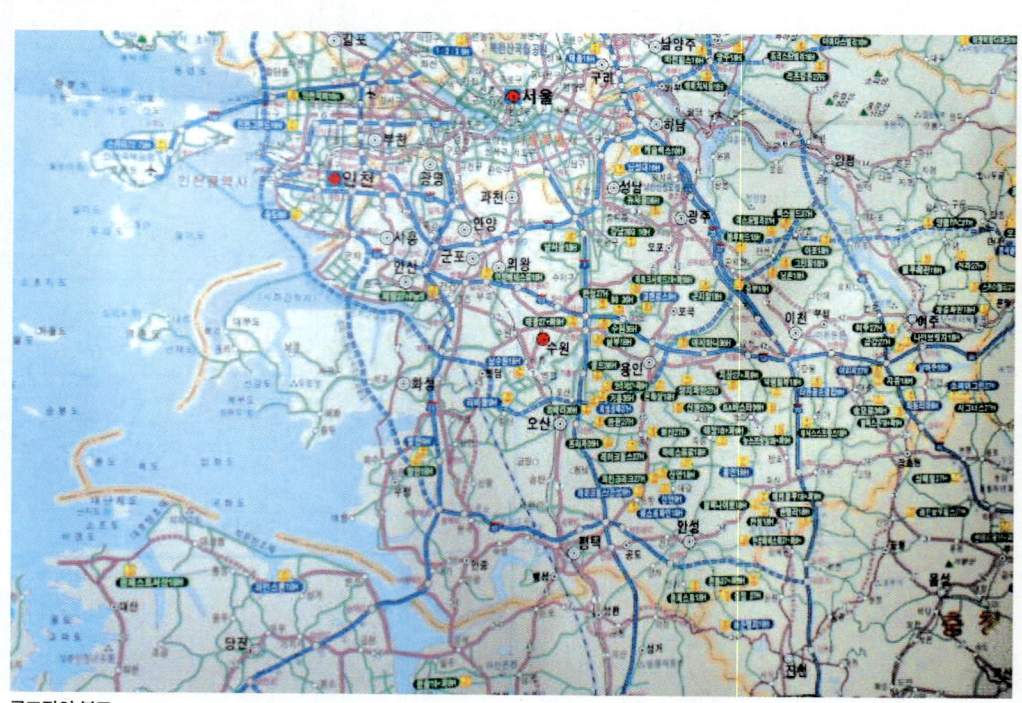

골프장의 분포

경관의 이해

신도시, 위성도시 등의 입지로 인하여 서울 도심과의 통근·통학인구가 많으며, 제품 및 판매에 유리한 시장이 형성되어 있고, 도로·철도·항공 등 각종 교통이 편리하다. 통근율 10%를 기준으로 하여 서울로부터 반경 60km 정도가 통근권이다. 이 지역에는 쇼핑·여가·오락·레저·문화시설이 집중하며 특색 있는 경관이 나타난다. 일부 지역에는 서울 도성의 역사와 함께하는 성곽, 왕릉 등의 역사경관이 나타난다. 한강과 임진강이 만들어놓은 충적평야나 선상지 혹은 하천경관이 탁월하다.

도시경관(파주출판도시)

자연경관(포천 선상지)

인문경관(김포운하)

관광어촌경관(소래포구)

04

위치와 행정구역

수원-인천 대도시지역은 서울을 둘러싼 경기도와 인천광역시를 포함하는 지역이다. 경기도는 한반도의 서부 중앙지역으로 동경 126도와 127도, 북위 36도와 38도 사이에 위치해 있다. 그 면적은 전 국토의 약 10%인 10,184km²이며, 북쪽으로는 휴전선, 서쪽으로는 332km의 해안선에 접해 있다. 행정구역상 동쪽으로는 강원도, 남쪽으로는 충청남·북도와 접하며 그 중앙에는 서울특별시가 위치하고 있다. 경기도의 행정구역은 2008년 현재 27시 4군으로 구성되어 있다. 시로는 수원시, 성남시, 고양시, 부천시, 용인시, 안산시, 안양시, 남양주시, 의정부시, 평택시, 시흥시, 화성시, 광명시, 파주시, 군포시, 광주시, 김포시, 이천시, 구리시, 양주시, 안성시, 포천시, 오산시, 하남시, 의왕시, 동두천시, 과천시로 총 27개의 시가 있으며, 군으로는 여주군, 양평군, 가평군, 연천군으로 총 4개의 군이 있다.

인천광역시의 수리적 위치는 동경 126도 37분, 북위 37도 28분에 해당되며, 서해안의 경기만에 위치한다. 북쪽으로는 한강 하류 유역과 황해도 옹진반도의 장연군에 접하며, 동쪽으로는 서울시 강서구 및 경기도 김포군 고천면과 접하고, 남쪽으로는 충청남도 서산군, 당진군과 접하고 있다. 인천광역시는 전국 최대의 행정구역 면적을 가진 광역시로서, 강화·옹진군을 포함한 전체 면적이 2006년 기준 994.1km²에 이른다. 인천항과 인천국제공항을 갖춘 국제물류중심도시인 인천광역시의 행정구역은 8구 2군으로 구성되어 있다. 군에는 강화군, 옹진군이 있다.

지형과 기후

추가령구조곡이 경기도 북부의 대체적인 경계가 되며, 남쪽으로는 차령산맥의 저기복성 산지가 충청남·북도와 경계를 이루고 있다. 주요 하천으로는 한강, 임진강, 안성천 등이 있으며 주요 하천의 지류를 따라서 충적평야가 발달되어 있고, 내륙지방에는 침식평야가 나타난다. 대표적인 충적평야로는 한강 하류의 김포평야가 있는데 하천의 범람원 또는 충적지에 형성된 지형이다. 주변 도서는 모두 219개(유인도는 65개)가 있고, 대표적인 섬은 강화도, 교동도, 백령도, 영종도, 석모도 등이다. 또한 해안을 따라 넓은 간석지가 잘 발달되어 있으며, 해안선에 임박해 있는 구릉성 산지들과 불규칙한 만입부는 간척에 좋은 조건을 제공하고 있어, 역사시대부터 소규모의 간척사업이 꾸준히 이루어져왔다. 화산지형으로는 경기도 연천군의 임진강 지류인 한탄강을 따라서 현무암의 용암대지가 펼쳐져 있다. 이 용암대지는 강원도 평강군·철원군 일대에 걸쳐 분포하며, 넓이 590km², 평균높이 340m이다.

한국의 다른 지방과 같이 중위도의 기후 특성이 나타난다. 연평균 기온은 10~13℃이다. 동부 내륙지방은 기온이 낮은 편으로, 특히 양평의 연평균 기온이 10.8℃로 가장 낮고 인천, 수원 등의 도시지역은 도시열섬 현상으로 이보다 높다. 임진강과 한강의 중상류지방은 한국 3대 다우지의 하나이며, 집중호우로 수해가 빈번한 편이다. 이러한 강수는 거의가 지형성 강우이다.

01 수원-인천 대도시지역의 서울 통근권은 그 범위가 어느 정도인가

 1960년대 이후 한국은 수도권을 중심으로 하여 이전의 소비재 위주 공업과 달리 서울의 구로국가공단, 인천의 남동공단, 경기도의 반월국가공단(현재는 시화공단) 등에 의한 제조업 성장이 이루어졌다. 이에 수도권의 산업구조는 급속하게 제조업 중심으로 재편되었다. 그러나 산업고도화와 환경오염 때문에 서울을 벗어나 경기도로 대부분의 공장이 이전됨으로써 공간구조 변화는 산업구조 변동과 함께 이루어지게 되었다. 그것은 바로 서울을 중심으로 한 대도시지역의 형성이었다.

 중추관리 기능의 수도 서울은 정치·경제·사회·문화 등 모든 분야에서 성장과 집중을 거듭하였고, 새로운 기회를 찾아온 전입인구의 증가로 급속히 증가한 인구는 주거와 서비스시설을 필요로 하게 되었다. 그 결과 서울은 개발제한구역(그린벨트)으로 둘러싸인 내부지역의 82% 이상이 시가지화되었으며, 산이나 구릉지에 있는 녹지를 제외하고는 더 이상 개발할 수 있는 공간이 없어졌다. 개발제한구역으로 둘러싸인 서울시의 토지이용이 포화상태에 이르게 됨으로써 개발제한구역을 넘어선 외곽의 경기도로 시가지 확산과 인구 분산이 이루어지고, 1970년대부터는 본격적으로 인구 분산이 이루어졌다.

 1980년대 들어서 인천광역시와 경기도의 산업성장은 더욱 가속화되었다. 1980년대 이후 전국에서 이주해온 농촌 주민이 공장이 밀집한 경기도로 집중하였고, 이로 인해 주택 부족, 난개발, 환경오염, 사회간접시설 부족 등 많은 문제가 발생하였다. 이에 경기도는 도시 계획안을 마련하고, 새로운 그린벨트를 설치하여 무질서한 도시팽창과 환경문제를 해결하려고 하였다. 부족한 주택문제를 해결하기 위해서 1980년대 말부터 1990년대 중반까지 주택 200만 호 공급을 목적으로 하는 신도시가 개발되었는데 분당·일산·평촌·산본·중동 등의 제1기 신도시 건설에는 주거뿐 아니라 사무기능·교육·문화·의료기능 등이 추가되었다. 1973년 안양·부천·성남 등이 위성도시로 성장하고, 1981년에는 동두천·송탄·광명이, 1986년에는 구리·평택·과천·안산이, 1987년에는 미금·시흥·의왕 등이 시로 승격했다.

이러한 과정은 교외화 과정으로 이해해도 충분하다. 서울 시민이 수원-인천 대도시지역으로 이주하는 인구 교외화 현상은 서울과의 편도 통행시간이 1시간 내외로 소요되는 지역으로서 서울로부터 경기도·인천광역시에 이르는 간선도로 주변 지역에서 나타나며, 이곳에서는 거주 교외화와 주택 도시화 현상이 펼쳐진다. 1990년대 이후 주요 대도시의 인구는 감소하고 대도시 주변지역의 인구는 증가하는 새로운 국면으로 진입하고 있는데, 이러한 일반적인 경향이 수도권에서는 서울특별시의 절대인구 감소와 경기도·인천광역시의 인구 증가로 나타나고 있다. 동시에 경기도 내의 여러 도시들 간의 인구 이동이 활발해졌다

이제 인천을 포함한 경기도를 수도권, 혹은 수원-인천 대도시지역이라고 부르게 되었다. 교외화 현상은 산업부분에서의 새로운 변화를 수반했는데, 경영관리기능과 생산기능이 전문화되면서 본사와 공장이 분리되는 공간적 분화 현상이 그것이다. 즉, 기업의 본사는 서울에 위치하고 공장은 경기·인천지역에 두게 되었다. 이제 수원-인천 대도시지역은 전국의 인구를 끌어들이는 블랙홀이며, 서울특별시·인천광역시·경기도가 하나의 유기체로 연계되어 한국의 공간적 구심점이 되었다.

한국 주요 대도시지역에서의 인구 유출·유입 특성을 비교해보면, 서울은 다른 여러 대도시로부터 유입된 인구가 수도권으로 유출되도록 하는 교외화의 진원지인 반면, 부산은 다른 대도시지역과 상호 작용이 강하고, 광주·대구는 수도권으로의 상향적 유출이 편향적으로 나타나(권상철, 2010) 이를 반증한다.

또한 수원-인천 대도시지역은 이른바 주거지의 광역화와 함께 전통적인 제조업 입지 및 정보·통신·기술·산업을 중심으로 한 첨단산업단지의 조성이 이루어지면서 연구 개발 기능이 강화되었다. 2000년대에 들어와 제조업체의 중국 이전으로 공동화 현상이 일부 나타나기도 했지만 이의 공백을 연구 개발 기능이 담당하게 된 것이다. 이에 수원-인천 대도시지역은 대도시지역(metropolitan area)이라고 일컬어도 손색이 없게 되었다.

최근 대도시지역의 신도시 등 위성도시들은 자족기능이 강화되어 서울과의 연결패턴이 약해지고 경기도, 서울, 인천 각 지역 내부에서의 연결성이 강화되고 있다. 서울이 가지는 도시기능에 대한 의존도가 감소되어 통근·통학·업무 목적의 통행이 줄어들고 있는 것이다(조일환 외, 2011).

> **직강화**
>
> 곡류하는 하천을 곧게 펴는 것을 말한다. 직강공사는 경지 정리 및 농경지 침식과 홍수 피해 방지를 목적으로 이루어졌지만, 시간이 지나면서 하상에 퇴적물이 쌓이면 오히려 홍수 때 더 큰 피해를 초래한다.

02 서해안과 한강을 연결하는 경인운하는 실용성이 있는가

수원-인천 대도시지역의 평야지형은 두 가지 유형으로 구분되는데, 첫째는 내륙지방에 나타나는 침식평야이며, 둘째는 주요 하천과 그 지류를 따라 발달하는 충적평야이다. 이들 평야는 도시 발달과 교통로로 이용되어왔다.

내륙의 침식평야는 화강암의 차별침식에 의해 이루어진 평야이다. 주변을 둘러싸고 있는 편마암에 비해 풍화에 약한 화강암은 일단 풍화가 되면 입자가 굵은 풍화토가 형성되고 쉽게 침식된다. 그 결과 경기도의 다수의 분지와 평야는 화강암을 기반으로 하여 만들어져 있다. 그 대표적인 평야가 여주시, 이천시, 수원시, 안성시, 서울의 북동부, 경기도 양주군 등에 나타난다.

한강 하류의 김포평야와 일산평야, 안성천 하류의 평택평야는 하천의 범람원 또는 충적지에 형성된 지형이다. 이러한 충적평야들은 마지막 빙하기 이후 상승된 해수면이 침식기준면의 역할을 하면서 빙하기 동안 파인 골짜기들을 메우는 과정에서 형성되었다. 지금은 하천 직강화와 하천 퇴적물의 준설로 강폭이 넓어졌지만, 경기도 대부분의 하천은 정해진 유로 내에서 곡류 혹은 망류를 형성하며 흘렀으며, 이 과정에서 현재의 하천 바닥보다 높은 곳에 충적단구가 만들어졌다. 대부분의 충적단구는 논이나 기타 농경지로 이용되고 있으며, 그 고도차가 크지 않아 육안으로 확인하기 어려운 경우가 많다.

이 중에서 김포평야는 한반도 중심부를 차지하고 있는 경기도의 북서부에 위치하고 있으며, 경기도 파주시, 고양시, 김포시 등에 걸쳐 있다. 김포평야는 일산평야와 더불어 한강 최하류의 넓은 충적평야로 면적이 약 6,300ha에 달하며, 구릉지를 경계로 토사 퇴적에 의한 굴포천 유역의 충적평야, 호상편마암을 기반암으로 하며 충적층이 얇게 덮인 걸포천 유역의 저기복성 산지로 나눌 수 있다.

　구릉지를 경계로 서쪽에 나타난 굴포천 유역의 충적평야는 대부분 하천의 범람원이며, 자연제방과 배후습지와 같은 지형이 발달한다. 김포평야의 동부지역인 걸포천 유역의 평야는 호상편마암이 침식된 평야이며, 걸포천의 본류인 한강에 의해 형성된 자연제방이 비교적 넓게 나타난다. 김포평야에 나타나는 다양한 지형은 굴포천과 걸포천 하도의 특성 차이에서 비롯한다. 충적평야를 곡류하는 굴포천의 경우 유로가 자연스러웠지만 인위적으로 직강화시켰다. 침식평야를 흐르는 걸포천의 경우 자연적인 유로보다는 인위적인 유로가 특징적이다. 걸포천의 지류인 나진포천의 하도를 U자형으로 변화시켰는데, 이것은 나진포천 주위보다 넓은 면적의 논에 용수를 효율적으로 공급하기 위한 것이다. 하천의 인위적인 하도 변경은 홍수 조절을 용이하게 하고 농업용수 공급에 유리한 면도 있다.

　최근 착공된 경인운하 개발은 강화도 쪽의 굴포천과 한강 하류의 지류인 걸포천을 인공적으로 잇는 사업이다. 선박에 의한 새로운 교통수단을 개발하고 경인운하 주변의 육상 교통망을 확충하여, 한강 하류 일대를 국제적인 여객 물류 중심지로 만든다는 이 사업은 2012년 완공되었다. 수로를 개통하여 황해에서 서울로의 접근을 보다 쉽게 하려는 이러한 계획은 김포평야의 낮은 구릉지를 절단하여 개석하는 일이다. 이러한 일이 조선 중기부터 논의되어왔지만 기술이 발달하지 못하여 과거에는 완성되지 못했다.

　경인운하 개발을 둘러싼 비용·편익 계산의 이견들은 둘째로 치고 인위적인 수로 개통에 따른 바닷물의 한강 하류 유입이 염류성 어족 등 생태계의 변화를 초래할 위험이 있으므로 향후 이에 대한 대책이 필요하다.

03 수원-인천 대도시지역에 주민을 위한 스포츠와 여가오락 시설은 충분한가

전통사회와 달리 후기산업사회에는 생산력의 증대와 사회보장 시스템의 발전에 따라 일(노동, work)과 여가(휴식과 놀이, leisure)로 구분되는 생활시간 중 일하는 시간이 줄어들면서 여가시간이 늘어났다. 즉, 노동시간이 감소하면 필연적으로 여가시간이 늘어나게 되므로 오늘날의 인간 생활에서는 여가 및 오락 활동이 중요하다.

수원-인천 대도시지역은 한국 인구의 절반 이상이 거주하는 공간이다. 따라서 이 지역의 주민을 위한 다양한 스포츠와 여가오락 시설의 입지가 요구된다. 여가 활동이 행해지는 참여 장소인 여가 공간은 여가 시간의 증대와 여가 활동의 다양화 및 여가관광산업의 중요성이 높아짐에 따라서 새롭게 조성되고 다양하게 발전되어왔다.

여가 공간은 체육 공간, 자연·생태 공간, 위락 공간, 휴양 공간, 문화예술 공간 등 5개 유형으로 구분될 수 있다. 이 중에서 체육 공간은 건강 증진에 기여하므로 수원-인천 대도시지역의 주민들이 끊임없이 관심을 가지는 공간이다. 공공체육시설과 스포츠레저시설로 구분될 수 있는 체육 공간 중에서 공공체육시설은 실내체육관과 종합경기장으로, 스포츠레저시설은 크게 등록체육시설과 신고체육시설로 구분된다. 등록체육시설에는 골프장, 스키장 등이 있고, 신고체육시설에는 수영장, 체육도장 등이 있다. 이 중 관광 목적으로 이용되거나 관광코스의 일부로 기능하는 스포츠레저시설에는 골프장, 스키장, 자동차 경주장, 승마장 등이 있다.

수원-인천 대도시지역에 입지한 공공체육시설 중 실내체육관은 경기 남부지역에 46개, 경기 북부지역에 22개로 모두 68개가 있다. 종합경기장은 경기 남부지역에 18개, 경기 북부지역에 10개가 있다. 이들 공공체육시설은 사람들이 가까운 곳에서 자주 찾는 시설이니 만큼 각시·군에 고루 분포하고 있다.

　관광을 목적으로 이용되거나 관광코스의 일부로 기능하는 스포츠레저시설 중 골프장은 인천광역시에 4개, 경기도에 105개가 있다. 이 골프장들은 주로 경기도의 동남부지역에 집중적으로 분포하고 있으며, 용인 26개소, 여주 17개소, 안성 9개소, 광주 8개소, 포천 및 가평 각 7개소, 화성 6개소, 남양주에 5개소 등이 입지하고, 골프장 이용 수요 증가로 인해 아직 개발 수요가 높다.

　또 다른 스포츠레저시설인 스키장은 대표적인 겨울 스포츠레저 활동 공간으로, 숙박시설 등과 연계되어 경제적 파급효과가 크다. 수도권 내 경기도에 파인리조트(용인), 스타힐리조트(남양주), 서울스키리조트(남양주), 베어스타운(포천), 지산리조트(이천)까지 총 5개소가 운영 중이며 계획 중인 곳이 4개소이다. 스키장은 지형적인 특성상 동부 및 동남부지역에 집중되어 있다. 최근 관람형 레저스포츠로 부상하고 있는 자동차 경주장은 수도권에는 경기도 용인시(용인에버랜드)에 1개소가 운영 중이고, 안산(안산스피드웨이)에 국제 규모의 경기장을 건설 중이다. 승마장은 수도권 내 경기도에 용인, 화성, 김포, 일산, 고양, 파주 등 총 16개가 운영되고 있으며, 이러한 스포츠레저시설은 생활수준의 향상과 여가활용의 다양화 경향에 따라 증가하고 있다.

　최근 급변하는 사회 변화 속에서 가치관이나 소비패턴의 욕망을 충족시킬 수 있는 복합여가 공간에 대한 수요가 빠르게 증가하여, 음악과 미술 등의 문화여가 활동과 결합되거나 쇼핑과 엔터테인먼트가 결합된 다양한 테마별 복합 여가 공간으로 여가 공간이 진화되고 있다. 학습형 여가 공간, 옥외 여가 공간, 일상 속 제3의 여가 공간 등도 이러한 예의 하나이다. 일산시의 호수공원, 여주의 프리미엄 아웃렛 등이 그것이다.

04 강화섬은 문화접변지로서 개신교의 수용에 앞장서 왔다

　강화도는 한국에서 네 번째로 큰 섬으로 제주도, 거제도, 진도 등과 같이 지리적 고립성에 의하여 유배지와 피난지로 관심을 받아왔다. 그러나 강화도는 예성강, 임진강, 한강의 입구에 위치하여 한국 문화의 유입과 전파에 한몫을 해왔다. 강화 10경의 하나로 절경을 이루는 곳에 입지한 '연미정(燕尾亭)'이라는 정자는 한강과 임진강의 교차지점으로서 강화도의 중요성을 알게 해준다. 또한 강화도에 산재한 선사시대의 고인돌은 문화 유입에 관해서 말해준다. 오늘날에는 이를 찾아 즐기는 시민들을 위한 고인돌문화답사반이 운영되고 있을 정도로 강화도의 고인돌은 지적 호기심을 불러일으킨다. 이곳의 고인돌은 덮개돌이 지표면에 노출되는 북방식과 지하에 묻혀 볼 수 없는 남방식이 혼재되어 있는 것으로 보아 강화도가 남북 문화의 접변지였음이 분명하다. 고인돌이 서해안을 따라 한반도 일대에 집중하고 있는 특이점을 놓고 문화의 원류에 대한 여러 가지 의견이 나오고 있으며, 강화섬은 문화교류의 장에 서 있다.

　마니산 산신제나 전등사의 불교 전래, 대몽항쟁 등도 문화교류의 장에서 설명해볼 여지가 많지만 기록이 분명치 않아 추측에 머무르고 있다. 하지만 기독교의 전래는 강화섬이 교류와 접변의 장임을 구체적으로 살펴볼 수 있는 하나의 근거이다. 아직 연구가 불충분하지만, 1893년 제물포에서 주막을 운영하던 강화 출신 이승환이 아메리카에서 파송되어 온 인천 내리교회 감리교 선교사 존스로부터 복음을 듣고 선상 세례를 받은 후 자기 집 강화 시루미에서 감리교 신앙공동체를 만들고, 그 다음해인 1894년 같은 마을 교항의 유학자 김상임이 회심하여 교산교회가 출범하게 된 일은 감리교와 하곡학파 유학의 문화접변(acculturation)이었다고 본다.

1850년에 태어난 김상임이 11세 때 김포에서 강화로 이주한 후 동몽과에 1등으로 합격하고 38세에 강화부 승부초시에 합격했으나, 벼슬에 나가지 않고 후학 양성과 지역사회 계몽에 힘쓰던 중 개종했다는 것은 시사하는 바가 크다. 그는 개종하자마자 가신과 사당을 불사르고 성경 공부에 전념하는 동시에 지역 유학자들에게 영향을 주었고, 이로 인해 강화도의 개신교 전파는 세 방향으로 급속히 이루어졌다. 첫 번째는 교항동에서 홍의를 거쳐 강화읍으로, 두 번째는 남쪽의 내가면 고천리를 거쳐 중서부로, 세 번째는 서쪽으로 바다를 건너 삼산, 교동 등의 섬지역으로 전파된 후 1901년 이래 1930년대에 30여 교회 3,000여 명의 신도가 생겼다. 홍의교회는 김상임의 제자 박능일의 개종에 따른 것이었다.

감리교가 활발히 교세를 뻗어가던 중 1900년 영국의 성공회로부터 한국인이 세례를 받은 일을 계기로 건립된 강화 성공회 성당은 건축 양식에서 문화접변이 이루어진 대표적인 경우이다. 즉, 성당 입구에 일주문과 사천왕상을 본뜬 공간이 있으며 정면 4칸, 측면 10층의 바실리카양식이 그것이다. 한옥 교회에서 예배를 보던 초기 감리교회당은 건축양식상의 특이점은 없지만 지행합일의 사상적 기초가 특징인 하곡학파의 기독교와의 문화접변에 주목하지 않을 수 없다.

하곡학파는 1709년 하곡 정제두가 가까이 지내던 소론이 정치적 박해를 받게 되자 이를 피해 강화도로 물러나 은거하면서 소론학자 중심으로 형성되었던 학맥으로 200여 년 동안 지속되었다. 심즉리(心卽理), 치양지(致良知)의 양명학설을 따른 하곡학파는 비록 이기론을 사상적 기초로 삼았지만 '공평의 원칙'과 시세에 얽매이지 않는 '자주적인 실사구시'의 이론적 기초를 마련해 한말 민족주의 학자들에게 영향을 주었을 뿐 아니라 강화 3·1운동의 근거가 되었다.

개신교에 대하여 반감을 가지게 된 전통 유교사회에서 강화 개신교는 적극적으로 한국 민족이 처한 상황을 탈피하고자 민족교회로서의 방향을 설정하여 성과를 거두었던 것에 주목할 필요가 있다. 강화의 3·1운동은 길상면 지역의 감리교인이 중심이 되어 계획이 수립되었으며 치밀하고 조직적으로 전개되었다고 한다(이은용, 2002). 6·25전쟁의 수난을 겪은 후 1967년 강화도의 감리교 교구는 동, 서로 나뉘었고 교회 54개소, 신도 수 8,693명이었으며 늘어난 신도 수를 감안하여 2006년 동, 서, 남, 북의 4교구로 다시 분리되어 총계 교회 121개소, 신도 수 10,576명이 되었다.

    강화도의 토산물이 된 인삼, 화문석, 순무 등에 관한 문화지리적 탐구와 함께 가장 핵심적인 연구 주제가 되어온 '강화 간척사'를 바탕으로 강화의 감리교 전래와 하곡학파와의 관련성이 보다 집중적으로 조명될 필요가 있다. 정제두의 양명학을 '하곡학파'로 지칭하여 세계화에 힘쓰는 지역 지식인 중 다수가 기독교인임을 생각할 때 강화의 문화지형은 감리교가 중요한 축을 담당하고 있음을 간과해서는 안 될 것이다.

05 인천은 도심 개발의 불균형을 감내하면서도 경제자유구역 개발에 집중할 것인가

　수원-인천 대도시지역의 중추도시인 인천은 최근 경제자유구역으로 지정됨에 따라 토지이용이 급변하고 있다. 서울의 관문 기능을 수행하던 인천은 인천국제공항이 입지하면서 세계화 물결의 전면에 나서게 되었으며, 이에 따른 도시공간의 재편이 수도권 전체에 끼칠 영향이 만만찮게 되었다. 그동안 인천은 주거지와 산업의 교외화에 따라 신규 주택 및 공업단지가 형성되었고, 이에 따라 기존 항만 중심의 구도심이 쇠퇴하고 내륙 등에 신도심이 형성되면서 도시 특성이 변화될 전망이다.

　2006년을 기준으로 수도권 전철1호선으로 연결되는 영등포구 및 중구와의 연계보다는 강남구와의 연계가 강화되면서 인천 시내에서 통행량의 분포가 변화하였다. 새로운 중심업무구역으로 구월1동, 학익1동, 계양2동 등지가 발생통행의 중심지로 성장하였다. 구도심에서의 흡수통행량이 크게 감소하면서 논현고잔동, 부평1동, 구월1동, 검단1동, 청천동, 국제공항이 입지한 영종동 등이 새로운 흡수통행의 중심지가 되었다. 이는 항만 부근의 인접 구도심이 약화되면서 신규 중심지와 인구 밀집지역, 그리고 국제항공물류중심지가 기능이 강화되고 있음을 보여준다. 2006년에 들어와 지난 10년간과 비교해 통행권이 세분화되었는데 부평권, 검단권, 연수권의 등장이 이를 말해준다. 이러한 도시공간의 재편은 수도권광역도시 계획에 영향을 미칠 것으로 본다(손승호, 2011).

　향후 인천은 세계화된 자본과 노동력의 이동이 활발해진 가운데 '서울의 그늘'에 머물 것인지 아니면 벗어나야 할 것인지 하는 기로에 서게 된다. 경제적 여건이 성숙되지 못한 상태에서 공간적 인프라를 조급하게 구축하려는 시도가 그것이다. 송도신도시, 청라지구, 영종지구 등의 장밋빛 개발 계획이 실행되면 후기 산업도시로서의 변신이 이루어지는데 이를 불안감 속에 기대 어린 시선으로 바라보고 있다.

그렇게 후기 산업도시로 변모될 때 산업화 시대의 공장, 창고, 철도 등이 흉물스럽게 남을 텐데, 이것들이 과거의 뒤안길로 사라져야 할 구시대의 쓰레기가 될 것인지 아니면 보존·재생되어 장소마케팅의 한 요소가 될 것인지는(이영민, 2011) 앞으로 인천 시민이 선택할 몫이다.

[미래 한국지리 포럼]
한국 대형교회의 성장과 개신교회의 분열

충청북도 제천의 옹기용 토굴 속에서 은거하다 발각되어 체포된 황사영의 백서(帛書)가 담고 있는 '탈(脫)민족 함(咸)교회'의 가치관은 민족공동체와 상충되었고, 뒤이어 전개되는 개신교(프로테스탄트교회)의 수용 과정에도 부정적인 영향을 주었다. 비록 개신교가 가톨릭과 다르다는 '이체선언'을 하였음에도 불구하고 이러한 갈등은 구한말의 개신교 선교 방향이 교육과 의료에 치중하게 만들었다. 신흥종교 세력인 크리스천이 3·1운동에 참여함에 따라 가장 뚜렷하게 민족교회로서의 기능을 담당하게 된 이후 한국 교회는 성장을 거듭하였다. 한국의 기독교 세력은 전체 인구의 30% 이상에 이르고 불교신도의 비율을 능가하고 있다는 점에서(www.cia.gov.) 주목하지 않을 수 없다. 그럼에도 한국 기독교는 분열하고 있으며, 최근 대형화됨에 따라 세속화 경향을 보이게 되었다. 따라서 한국의 기독교가 유럽 교회사에서 보는 것처럼 점차 쇠락할 것인가 아닌가 하는 점을 짚어볼 필요가 있다. 콘스탄티누스 대제에 의한 로마의 가톨릭 공인과 샤를마뉴 대제의 가톨릭 개종에 따른 정교일치로 교회가 세속화의 길을 걷게 되었음을 부인하기 어려우며, 한국 기독교가 민족의 가치와 일치해야 하는가 하는 점도 논의되어야 할 것이다.

- 이번 포럼에서 논의될 소주제는 다음과 같이 정리할 수 있다.
1. 한국 교회의 분열은 선교 과정에서의 다양한 교파의 세력 경쟁과 관계있는가?
2. 민족교회로서의 개신교는 일제 압제 및 6·25전쟁 과정을 거치면서 분열의 심도가 깊어졌는가?
3. 대도시 중심의 대형교회는 세속화의 길을 의미하는가?

05 DMZ 지역의 활용 가능성은 어느 정도인가

지역의 미래

휴전선과 접하고 있는 지역이며 일부가 군사작전지역에 속해 있으므로 현재로는 인구와 물자의 이동에 많은 제약이 따른다. 노년인구의 비율이 상대적으로 높게 나타나며, 주민들은 군 주둔지와 관련된 서비스업이나 1차 산업 위주로 생활하고 일부 제조업이 나타난다. 문화·사회복지·편의시설의 부족이 두드러진다. 외국인의 집중도가 높은 것은 인구규모에 비해 특정 시군에 제조업체에 고용된 외국인이 많기 때문이다. 평화통일을 위한 완충지로 이용될 경우 전쟁의 공포와 위협을 억제할 가장 희망찬 지역이 될 것이다.

자연경관(임진강 하류)

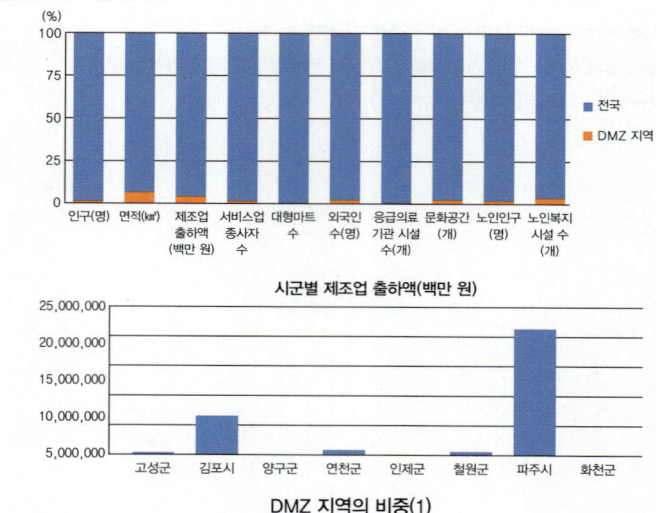

DMZ 지역의 비중(1)

연천군
철원군
화천군
양구군
인제군
고성군
(m)
2000
1500
1000
500
200
100
0
50
100
200
500
1000
2000

유치원 1개당 원아 수(명)
42.00
40.00
38.00
36.00
34.00
32.00
30.00
DMZ 지역
전국
노인인구 집중도
1.02
1.00
0.98
0.96
0.94
0.90
0.88
0.86
0.84
DMZ 지역
전국
공동주택 비율(%)
45
44
43
42
41
40
DMZ 지역
전국
외국인 집중도
1.80
1.60
1.40
1.20
1.00
0.80
0.60
0.40
0.20
0.00
DMZ 지역
전국
DMZ 지역의 비중(2)

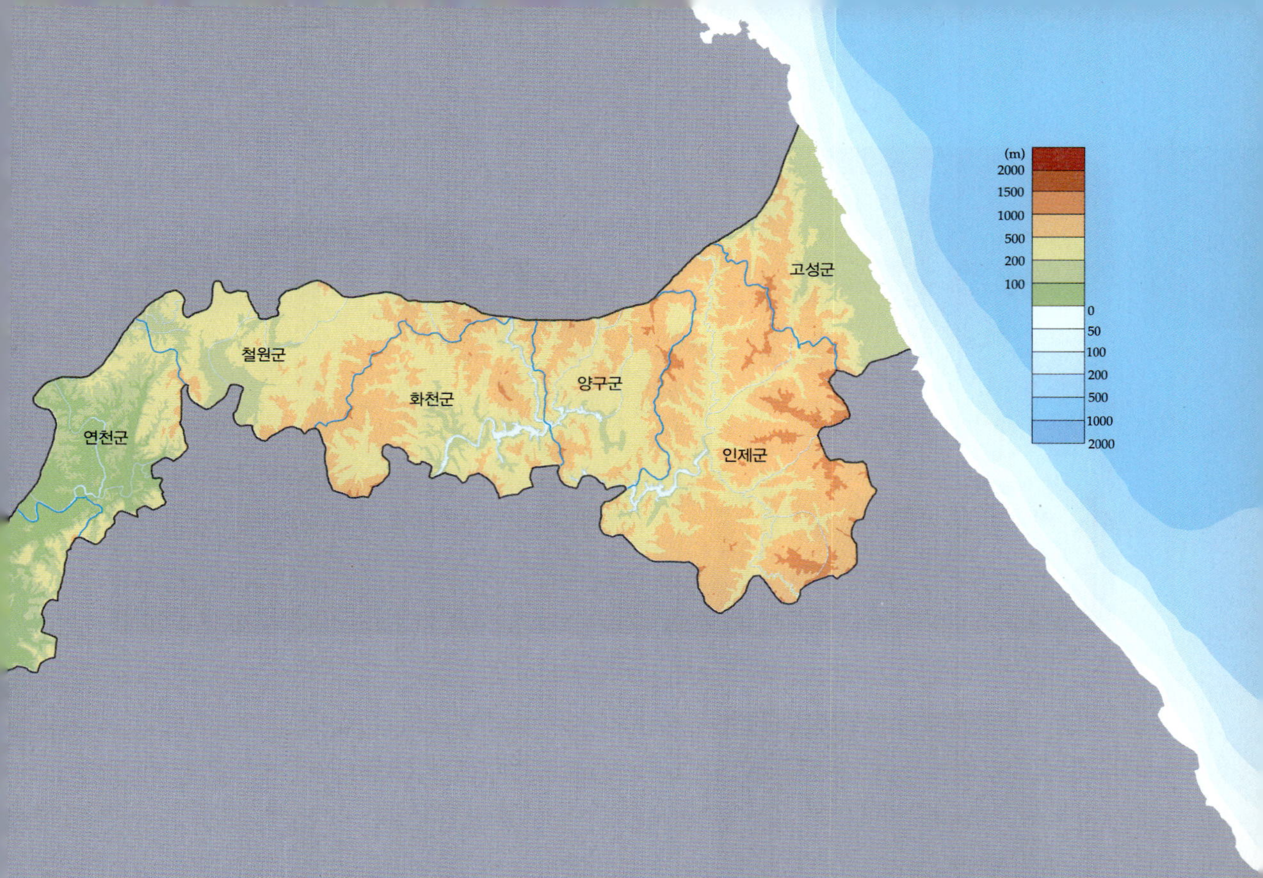

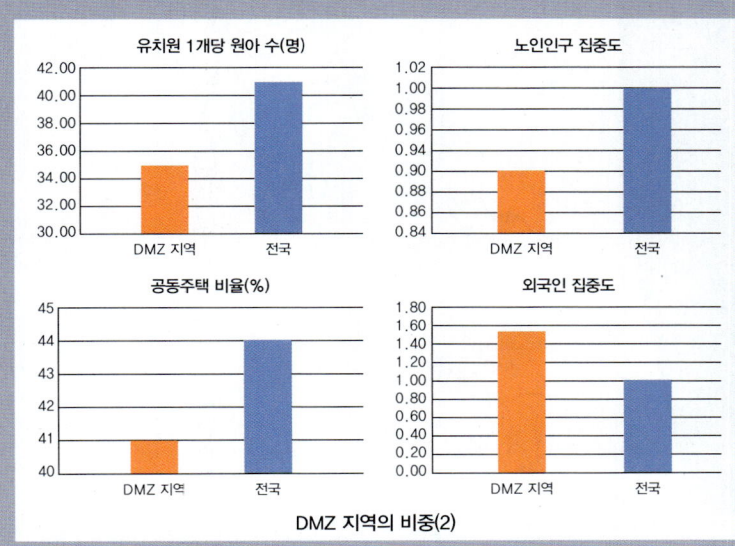

05

자연경관(직탕폭포)

역사경관(철원의 노동당사)

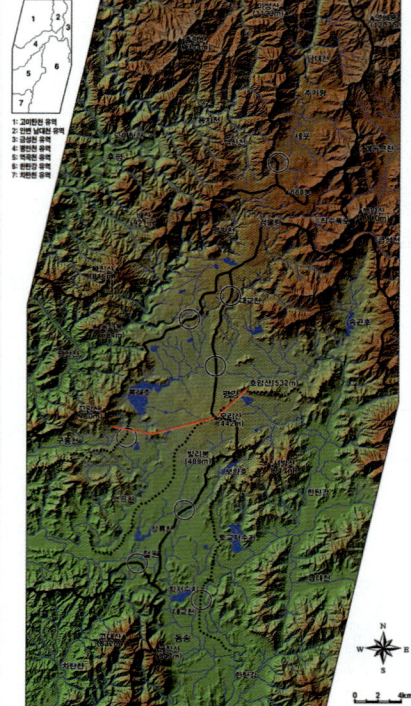
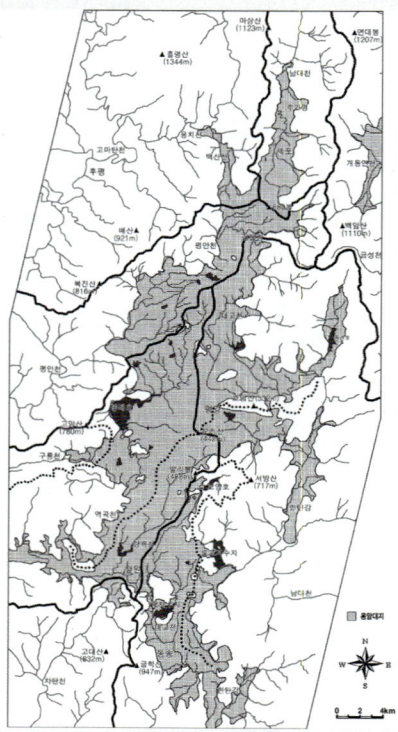
사진과 지도로 본 추가령구조곡

98 | 제2부 세계화와 중부지역의 변동

경관의 이해

산지, 해안 등 다양한 지형이 나타나지만 추가령구조곡과 화산지형이 특징적인 것을 빼놓을 수 없다. 비무장지대를 가로지르는 철책선을 중심으로 한 경관과 과거의 철도, 그리고 38도선 이북에 위치하기 때문에 한때 북한에 점령되었던 경관이 일부 남아 있다.

역사경관(월정리역, 김창환)

인문경관(군사분계선을 보여주는 철조망, 김창환)

위치와 행정구역

DMZ 지역은 북위 38도 5분~37도 5분, 동경 126도~129도에 위치한다. 서해안의 임진강 하구에서 동해안의 강원도 고성에 이르는 248km(155마일)의 군사분계선(휴전선)을 중심으로 남북 각각 2km씩 분할된 공간이다. DMZ는 군대의 주둔이나 무기의 배치를 금지하도록 한 구역으로 6,400만 평(21,157.12ha)의 광대한 구역이다. DMZ, 이른바 비무장지대는 군사적 목적에 의해 그 인접 지역까지 출입과 개발에 대한 강한 통제가 오랜 기간 동안 행해져온 지역이다. 이에 비무장지대는 정전협정에 명기한 폭 4km의 지역으로 한정할 것이 아니라 남북의 접경지역인 민통선지역(5~20km의 두 배)을 포함한 총 30~40km의 완충지역 전체로 확대해 이해하는 것이 타당하다. 서쪽의 예성강과 한강 어귀의 교동도로부터 개성 남쪽의 판문점, 그리고 중부지방 철원·금화를 거쳐 동해안 고성의 명호리에 이르는 띠 형태로 한반도를 가로지르며 6개의 강, 1개의 평야, 2개의 산맥에 걸쳐 있다. DMZ 지역은 행정구역상 7군, 2시, 이른바 고성군, 김포시, 양구군, 연천군, 인제군, 철원군, 파주시, 화천군, 강화군의 일부가 포함된다. 그 안에 70여 개의 마을이 있다.

지형과 기후

DMZ 지역의 지형은 동고서저의 지형을 따라 태백산맥을 경계로 동부는 급사면, 서부는 완경사면을 이뤄 동서 단면은 비대칭으로 나타나고 있다. 동부는 향로봉에서 벋어나온 줄기가 해안까지 뻗어 있으며 서부는 마식령산맥, 추가령열곡, 광주산맥의 일부에 속한다. 서부는 다시 북서부 평야지역과 남동부 산지로 구분된다. 북서부의 연천·전곡 등지는 평강 부근에서 분출한 현무암질 용암이 한탄강과 임진강의 유로로 흘러들어 소규모 용암대지를 형성하고 있으며, 하천 변은 낭떠러지를 이루고 있다. 그 두께는 200~500m 정도이다. 추가령열곡의 비교적 넓은 凹형 계곡에 이어 1,000m 내외의 광주산맥 준령이 남동쪽으로 연속된다. 서해안 연안에 표고 100m 내외의 구릉이 펼쳐진다.

DMZ 지역 내 철원의 기온과 강수량을 보면 1월 기준 연평균 최저기온이 −5℃, 8월 기준 연평균 최고기온이 25℃ 정도, 파주지역은 1월 기준 연평균 최저기온이 −4℃, 8월 기준 연평균 최고기온이 25℃ 정도로 한국 평균 기온 분포보다 한랭하다. 한국의 연평균 강수량은 1,274mm이며 파주 지역은 그에 조금 못 미치고, 철원 지역은 지형성 강수의 영향으로 강수의 연도별 차이가 있다.

01 DMZ 지역은 전 세계의 주목을 받을 만한가

　DMZ 지역의 인구는 한국 전체 인구의 약 1.5%를 차지한다. 인구밀도 또한 전국 평균 480인/km²에 비해 115인/km²로 매우 낮다. DMZ 지역 내에서도 경기도의 파주·김포·연천 등은 인구밀도가 높고 강원도의 고성·양구·인제·철원·화천 등은 매우 낮은데, DMZ 지역 내에서도 수도권과 가까운 지역인 경기도에 인구가 더 많이 몰려 있는 것을 알 수 있다. 면적은 전국의 6%를 차지한다. 제조업 출하액은 전국의 2%를 차지하며 대부분이 김포시나 파주시, 연천군과 같은 경기도에 속한 지역에서 출하한 것이다. 파주의 출판단지, 김포의 양촌 산업단지 등과는 대조적으로 강원도의 철원이나 양구, 고성 등의 지역에서는 농업 생산이 대부분을 차지한다. 서비스업 종사자 수는 1%를 차지하는 등 매우 낮은 수치로 이 지역은 3차 산업이 미미하다. 이 수치 역시 경기도에 속한 파주, 김포가 높고, 강원도 지역의 고성, 양구, 인제 등의 지역은 매우 낮은 현상을 보인다.

　이러한 현상은 경제적인 지표나 문화, 행정구역상의 특징에 의해서가 아니라 휴전선이라는 특정한 정치적 결과물을 가지고 그 근접지역을 묶은 것이기 때문에 DMZ 지역 내에서도 지역들의 차이가 존재할 수밖에 없다(김창환, 2007).

　DMZ는 원래 Demilitarized Zone의 약자로 군사적 비무장지대를 뜻한다. 한반도에서의 DMZ는 1950~1953년 진행된 6·25전쟁의 정전협정에 의해 성립되었다. DMZ는 전쟁 중지선에 불과하다. 그러나 내적으로는 두 개의 정치이념이 반세기가량 맞닿고 있는 오래된 전선이란 점에서 전쟁 중지선 이상의 독특한 환경이 빚어지고 있다. 남북한의 공간적 관할권의 범위가 선명하게 구획되는 선이란 점에서 DMZ는 명백한 국경(國境)이다. 국경선은 일반적으로 쌍방의 문화가 충돌하거나 두 문화가 교차하는 곳이다. 때론 삼투막 같은 기능으로 문화적 욕구가 강한 쪽이 상대의 문화를 흡수해 장기적으로 문화의 평형을 유지시키는 매개와 전달의 역할을 수행하기도 한다. 그러나 한국의 DMZ에서는 이러한 기능이 전혀 일어나지 않고 있다. 전쟁의 주역이었던 할아버지 세대가 거쳐간 지금 그들의 손자세대가 DMZ를 맡고 있지만, 문화의 교류 측면에서 변한 것은 아무것도 없다. 오히려 그 긴장감은 갈수록 고조되고 있으며, 경직성은 갈수록 공고해지고 있다. 고도의 정치적 기교로 위장된 선전장인 판문점을 제외한다면 DMZ를 통해 남북이 교류할 수 있는 것은 아무것도 없다. DMZ는 바로 이 같은 불완전한 국경의 주체이며, 그 속에 묻혀 있는 수많은 마을들은 극도로 폐쇄되어 불완전한 국경이 담고 있는 내용물이라고 볼 수 있다.

정식 평화협정이 없는 한반도에서 아직 끝나지 않는 전쟁을 상징하는 DMZ 지역의 평화적 이용은 남북한 중앙정부의 남북 관계 개선과 비정부기구의 참여에 의하여 실현될 수 있는 과제이다. 강원도와 경기도 등과 같은 지방정부의 참여는 제한적일 수밖에 없지만, DMZ의 어느 곳에 평화와 기록과 역사에 관한 박물관이나 평화공원을 조성하는 계획은 국제 관광 자유지대로의 이행을 가능하게 한다. 또 임진강·한탄강 공동개발 및 철도·도로의 연결과 함께 신산업지대의 조성은 한반도 중앙의 물류기지, 교통의 핵심지역으로 탈바꿈하게 하여 녹색성장의 축으로 활용될 수 있는 가능성이 높아졌다.

DMZ 지역은 6·25전쟁의 종전 이후 군사적인 이유로 오랜 기간 동안 출입제한과 개발억제 등이 이루어졌고 그러는 사이에 자연생태계가 자연스럽게 다시 회복되어, 개발의 몸살을 앓고 있는 국내의 다른 지역과는 달리 귀중한 생태자원을 간직할 수 있었다. 그 결과 접경지역은 국내뿐만 아니라 세계적인 자연생태계의 보고로 불릴 만큼 생태적 가치가 높은 지역으로 평가받고 있다. 세계 유일의 냉전체제로 인한 분단 상징물로서의 가치와 생태적 가치 때문에 전 세계적으로 관심을 끄는 지역이 된 것이다. 그리고 앞으로 도래할 남북교류협력의 시대,

나아가 국토통일의 시대에 남북통일의 교류기지, 생태계의 보고 및 관광과 역사의 교육장으로 그 가치가 새롭게 조명되고 있다.

DMZ 지역을 세계문화유산으로 등재하기 위한 시도가 2005년부터 시행되고 있지만 생태적 보고로서의 가치 여부에 대한 논란이 많다. 이 지역은 6·25전쟁 때 최대의 격전지였기 때문에 환경이 많이 파괴되었고 무기의 잔여물도 많아서 생태계의 보고로 볼 수 없다는 의견이 있다. 그러나 종전 이후 50여 년간 인간의 간섭이 적어 지금은 한국 최대의 생태계의 보고로 볼 수 있다. 향로봉의 금강초롱, 대암산 용늪의 끈끈이주걱 등 희귀식물의 서식지가 있으며, 국가 및 지방 지정 문화재가 다수 분포하지만 지역특성상 발굴되지 않거나 정비되지 않은 역사문화재가 많다. 6·25전쟁과 관련된 각종 전적지와 비무장지대의 전망대 등 풍부한 안보관광 자원도 많아 DMZ 지역 개발, 관리 계획이 추진되고 있다.

'통일국토의 일체성 회복'을 위한 종합적인 접경지역 관리계획 안, 정주여건 개선을 통한 접경지역 주민의 삶의 질 향상 안, 평화통일 기반조성을 위한 교류협력지구의 육성 및 기반시설 확충 안 등이 수립될 수 있다. 안보관광, 생태학적 관광을 테마로 한 판문점 관광, DMZ 관광 등이 인기 있다. 관광코스에는 통일대교, 판문점, 남북총리회담건물, 땅굴 등의 견학, 영화 〈공동경비구역 JSA〉나 비무장지대의 영상 관람 등이 들어 있다. 이러한 관광사업은 외국인 관광객들에게도 매우 큰 호응을 얻고 있다.

강원도 인제군 서화면 가전리 일원에는 'DMZ 평화생명마을'이 조성되고 있다. 이것은 DMZ 인접지역 특유의 생태환경을 연구·보전하면서 세계의 평화를 기념하고 상징하는 기념비적인 장소로 인식될 수 있도록 하며, 남북 간의 제반 교류활동을 위한 공동의 장소로 개발하는 것이 목적이다. '평화생명마을'은 '모든 생명체가 조화로운 완전한 평화의 세상이다'라는 것을 기본 이념으로 하여 마을 전체가 하나의 커다란 생명체이며 자연생태공원으로 조성된다. 자연생태공원은 현재 DMZ 지역의 환경을 있는 그대로 보존하고, 그의 생태적 천이과정의 교란을 일으키지 않는 범위 내 최소한의 접점장소를 제공하는 철저한 자연 우선의 공원으로 꾸려나가려는 계획이다. 최근 논의되고 있는 DMZ 세계평화공원이나 CCZ(Civilian Control Zone, 민간인통제구역) 세계평화도시 건설 구상은 관광 차원이 아니라 평화통일 전략의 하나로 평가받고 있다.

02 백마고지가 6·25전쟁 시 격전지가 된 이유는 무엇일까

DMZ 지역에는 다양한 지형이 전개된다. 서해안의 해안지형에서부터 중부지방의 산지, 분지, 그리고 동해안의 석호 등 해안지형에 이르기까지 전형적인 지형들이 나타난다. 그러나 경기도와 강원도의 접경인 철원군 일대에는 추가령구조곡이라고 하는 넓고 긴 계곡이 펼쳐져 있어 이 지역을 이해하는 데 필수적 지형이 되었다. 한반도의 지체구조를 이해하는 데 빼놓을 수 없는 추가령구조곡은 지반이 비교적 안정되어 있어 한국에서는 일찍부터 관심을 끌었다. 단층지형의 발달이 미약하지만 지질구조선을 따라서 형성된 직선상의 골짜기는 형산강지구대 등 비교적 많이 관찰되는 편이다. 이 중에서 추가령구조곡은 복합단층곡인 동시에 더 넓은 의미에서 지질구조선에 발달한 구조곡으로 밝혀졌다(이민부·이광률·김남신, 2004).

추가령구조곡은 긴 골짜기이기 때문에 옛날부터 교통로로 이용되었고, 근대에는 일찍이 서울에서 원산에 이르는 경원선 철도가 골짜기를 따라 개설되었을 뿐 아니라 중간지점에 해당하는 월정리역에서 험준한 동쪽의 광주산맥을 넘어 금강산에 이르는 노선도 개발되었다.

추가령구조곡은 이러한 넓은 골짜기로 인하여 교통로로 중요하였을 뿐 아니라 6·25전쟁 시에는 남북한의 최대 격전지가 되었다. 남북한의 접점이기도 하지만 넓고 비옥한 평야지대로서 식량생산 기지의 하나가 되었다. 골짜기가 하나의 넓은 평야로 불리게 된 데에는 이유가 있다. 화산 분출물이 골짜기를 뒤덮은 추가령구조곡은 철원용암대지가 되고, 화산지형이 가지는 약점을 극복하여 비옥한 평야가 된 것이다. 철원용암대지는 현재 북한의 평강과 연결되는 용암대지로서 한탄강과 임진강을 중심으로 하면 길이 약 95km, 면적 약 125km^{2}에 이른다. DMZ 내의 오리산에서 분출한 용암이 북쪽의 평강, 남쪽의 철원

추가령구조곡

함경남도 안변군과 강원도 평강군과의 도계(현 강원도 세포군)에 있는 높이 586m의 추가령을 중심으로 원산의 영흥만에서 시작하여 서울을 거쳐 서해안까지 이르는 남서방향으로 뻗어내린 골짜기로 추가령열곡(裂谷)이라고도 한다. 고생대와 중생대의 지각변동 또는 조산운동에 의해 생긴 지질구조선을 따라 형성되었다.

철원용암대지

강원도 철원군과 평강군을 중심으로 이천·김화·회양의 5개 군에 걸친 용암대지로 철원평야라고도 한다. 추가령구조곡에서 플라이스토세에 유동성이 강한 현무암이 열하(fissure)를 따라 분출했다. 이 용암의 흐름은 추가령과 전곡·고랑포 사이의 낮은 골짜기를 메워 철원·평강 용암대지를 형성했다.

일대로 흘러내려 평강에서 약 330m, 철원의 민통선 안에서 220m, 전곡에서 약 60m로 전곡 남쪽으로 갈수록 점점 고도가 낮아지는 기복선이 이루어진다.

　강수에 의한 곡저와 달리 철원용암대지는 저평한 곡지를 덮은 용암에 의하여 퇴적형 평원분수계가 되면서 대지의 지표면이 풍화층으로 덮였다. 원래 현무암층의 특성상 배수가 잘되어 지표면에 물 공급과 수분 유지가 불리하지만, 원지형이 저습지인 경우 지표면의 수분 유지가 상대적으로 양호한 편이다. 이러한 지형적 조건 때문에 용암대지와 기존 지형 간의 경계 부분에는 인공저수지가 많이 건설되었다. 용암대지의 평탄성 때문에 저수지의 깊이는 비교적 얕다. 철원평야는 오랫동안의 농경지 개간에 의해 비록 풍화층은 얇지만 농업에 유리한 주요 지역이 되었다.

　교통의 요지이면서도 비옥한 평야지라는 이유 때문에 추가령구조곡 내의 작은 구릉, 일명 백마고지는 6·25전쟁 시 최대 격전지의 하나가 되었다. 철원읍 북서쪽 약 12km 지점인 휴전선 북쪽에 위치한 군사고지로 395고지라고도 불렸던 백마고지는 서울에 이르는 교통상의 요지이며 철원평야를 지킬 수 있는 요지이기 때문에 쌍방의 포격으로 온통 파괴되어 백마(白馬)가 쓰러져 누운 것처럼 되었다고 해서 붙여진 이름이다. 당시 고지를 지키고 있던 한국군을 중공군이 1개 군단 병력으로 공격하였으나 24번의 맞물린 고지 점령 끝에 한국군이 사수하여 휴전회담 시 UN군이 유리한 입장을 지킬 수 있게 한 명소가 되었다.

03 DMZ는 자연·인문 지리에 어떠한 영향을 주었을까

DMZ는 자유주의와 공산주의 두 개 이념이 충돌하는 전선으로 약 반세기를 지나왔다. 최근 이러한 정치적·지리적 산물의 반사적 효과에 대한 관심이 제고되고 있다. DMZ가 상호 견제와 대치의 수단이었지만 결국 DMZ가 자연에 대한 인간 간섭을 배제시킴으로써 이 일대는 자연생태계의 보고가 되었다. 철새 도래지와 들고양이 떼, 까마귀 떼 등은 DMZ의 특수성이 생산한 자연생태계이다.

1995년 광복절을 전후해 대북(對北) 제의 형식으로 검토됐던 '남북 공동체 구상'은 비교적 DMZ의 자연자산 보존과 응용에 접근했다는 점에서 설득력이 있다. 이 구상은 DMZ를 세계적 자연생태계 보전지역으로 지정하는 것을 골자로 한다. 즉, 남북 분단으로 변형된 자연생태계의 복원을 위하여 세계적인 생물권 보전지역(Biosphere Reserve)으로 지정하는 한편, 생태관광(ecotourism) 개념을 도입해 개발하겠다는 것이다. 또한 민통선 북방지역을 세계적인 자연생태계 보전지역으로 지정하려는 계획도 주목되고 있다. 자연생태계 보전지역 후보지는 강원도 고성군과 인제군에 걸쳐 있는 향로봉 산맥 일대, 양구군 동면 대암산, 방산면·두타연 일대 및 철원평야 등 3개 지역 총 613km²이다.

이와 함께 DMZ 지역의 독특한 문화도 중요하다. DMZ를 자연 보존이라는 잣대로 재고 있는 동안 다양하고 개성적인 문화도 간섭 없이 구축되어 DMZ의 사회학적·인류학적 탐구가 강조되고 있다. '군인경제'로 굴러가는 산촌, 토박이가 없는 마을, 개척민과 원지주 간의 대를 잇는 토지 분쟁 등 DMZ는 독특한 성격의 사회상을 이룩하였다. DMZ는 반세기 전 우리가 살던 집, 가꾸던 농경지, 닦아놓았던 길, 감상하던 명승, 고유하던 공공시설, 선조들이 남겨놓은 슬기, 그때 쓰던 언어와 풍습까지 고스란히 묻혀 있는 문화의 유적지이다. DMZ가 갖고 있

생물권 보전지역

국제연합교육과학문화기구가 보전의 가치가 있는 지역에 지속가능한 발전을 기하기 위해, 국제적으로 인정한 육상 및 연안 생태계 지역을 말한다.

생태관광

천연의 자연환경 요소를 인간 생존에 필수불가결한 것으로 보며, 동시에 인간 삶의 질을 높일 수 있는 향유의 대상으로 보는 인식이 결합하여 등장한 새로운 형태의 관광 문화를 말한다.

는 폐쇄성이 '유적지'로서의 보존을 가능하게 하였다.

이제 DMZ는 1950년대 한국 중부지방의 농경, 사회, 관습 등이 묻혀 있는 '문화의 보존지'가 되었다. 그곳엔 철도와 도로, 교회와 사찰과 도성, 역사적 자료, 고고학적 유물 등이 남아 있다. 방치된 논과 밭은 토종 농작물들을 재배하던 곳이다. 그래서 DMZ의 문화의 유적지 또는 생물다양성보존지구로서의 잠재성이 새롭게 평가되어야 할 필요성이 있다. '민통선 북방마을', '출입영농', '군인마을' 등은 DMZ가 이루어놓은 또 다른 문화이다. '버무려지고 걸러져서 만들어진' 독창적 문화이다. DMZ 지역은 군사문화와 민간문화의 충돌과 상호 보완, 절충된 관습 등 과거에는 없었으며 다른 지역에서도 찾아볼 수 없는 전혀 새로운 문화의 발상지이자 생산지이다.

DMZ 지역 문화의 사회학적 발견으로는 언어가 중요하다. 강원도 화천지방의 언어는 중부 방언인 동시에 강원도 영서지방 방언으로 고어형(古語形)의 어휘가 남아 있는 언어이다. 자음이 첨가되거나 음절의 축약, 구개음화, 경음화 현상 등 대부분 영서지방의 방언과 다를 게 없다. 그러나 고어형 어휘의 잔존은 눈여겨볼 부분이다. 이들 말을 굳이 화천의 언어라고 지칭할 수는 없지만 강원도 영서지방 대부분 지역에서 비슷하게 통용되고 있기 때문이다. 이들 언어가 화천의 언어이면서도 유독 그 지방에서 빠른 속도로 소멸됐다는 점이다.

화천지방에서 촌로들이 사용하는 언어, 즉 '타작'을 '마뎅이'로 부른다든가 '수제빗국'을 '뜨데기국'이라고 부르는 경우는 이제 좀처럼 대하기 어렵다. 더욱이 일명 군인마을이 된 사창리나 사방거리 일대에서는 이러한 말을 채집조차 하기 어려울 정도로 자취가 없어졌다. 방언이 사라지는 것은 교육인구가 늘어나거나 표준어권 인구가 증가하는 데 기인한다. 그 지방 말이 사라진 빈자리엔 어떤 언어권 말이든 대체되고 있어야 한다. 사창리나 사방거리의 말이 사라진 빈자리에는 표준어도 경상도 말도 전라도 말도 아닌 불분명한 말이 메워지고 있다.

사방거리에서 사용되는 말이 대표적인 예이다. 사방거리는 그 옛날 장꾼들이 김화·양구·화천·금성 등 사방에서 몰려들어 큰 장이 서던 곳이다. 이 마을의 토박이는 13%에 불과하다. 주민 다수가 경상도 억양과 전라도 억양에 동화되었으며 여기에 군사문화권 언어까지 가세했다. 사방거리는 독특한 'DMZ 지역 언어'를 생산하고 있다. 하나의 예로 '반찬'을 '부식'으로, '전화연락'을 '유선 상'으로, '음식배달'을 '음식추진'으로, '면사무소 볼 일'을 '면사무소 용무'로, '틀림없이'를 '확실하게'로, '잠자리'를 '취침'으로, '샘물터'를 '식수터'로, '소금'을 '식염'으로, '달리기'를 '구보'로, '밤'을 '야간'으로, '서열순'을 '군번순'으로, '가까운 거리'를 '근착거리'로, '관심 없다'는 말을 '해당 밖이다'로, '산'을 '고지'로, '이해가 된다'를 '감이 잡힌다'로, '방문'을 '면담'으로, '왼쪽'을 '9시 방향'으로, '오른쪽'을 '3시 방향'으로, '잔반(殘飯)'을 '짬빵'으로 부르는 예에서 보듯이 군 내무반 용어가 그대로 민간인 사이에서 통용되고 있다. 심지어 '545고지 8부 능선까지 올라가 화목을 해오라', '마을 공동작업장에 부인회가 취사를 할 수 있도록 남자들은 부식과 식수를 좀 추진해 달라'는 이장의 말투조차 사방거리에서는 이상하게 들리지 않는다.

이와 같은 언어현상은 상당수의 하사관들이 전역 후 주둔지 부근에서 살며 군대 시절에 몸에 밴 언어를 그대로 쓰면서 토속어나 표준어와 혼용되었기 때문인 것으로 풀이된다. '사방거리' 식 언어를 경상도 억양이 지배하고 있다는 점도 흥미롭다. 강하고 힘이 있는 것으로 느껴지는 경상도 말은 군부대의 명령체계 유지와 직선적이고 강압적인 속성을 지키는 데 효과적일 수 있다. 군 요직과 장교집단을 경상도 출신들이 장악해온 과거 관행에 따른 언어 모방 심리가 경상도 언어의 지배에 영향을 미쳤을 가능성도 간과할 수 없다. 군 내무반의 이와 같은 언어의 지배, 피지배 현상이 바깥 세계에도 영향을 미쳐 나타난 '사방거리' 식 언어는 사방거리가 DMZ 지역 언어의 전시장이자 DMZ 지역 언어의 생산지임을 나타낸다.

04 양구의 정중앙은 지리적 자산이 될 수 있는가

양구는 한국의 정중앙으로 알려져 배꼽축제 등과 연계된 방문 인구가 많아졌다. 이미 양구에 설립된 백토체험관, 양구선사박물관, 방산자기박물관, 국토정중앙천문대, 산양증식 복원센터, 을지전망대 등의 관광 자원과 함께 양구의 정중앙은 세인의 관심을 끌고 하나의 지리적 자산이 되어가고 있다. 지리적 위치가 인간 생활에 미치는 영향이 크지만 위치라는 개념이 항상 수동적이거나 부수적인 것으로 작용되어 왔기 때문에 양구의 정중앙이라는 위치는 지리적 자산이 될 수 있는가 하는 점에서 의문의 여지가 많다.

국토의 정중앙을 설정하는 기준은 다양하다. 국토의 정중앙은 국가 영토의 4극 지점을 양분하거나, X자 교차지점으로 하거나, 무게중심의 개념 혹은 해안선의 복잡성을 고려한 곡률도에 의하거나, 인구·수도의 위치 등 경제·사회·문화 등을 복합적으로 고려해서 정한다. 양구의 경우는 한국의 4극 지점을 기준으로 계측한 결과인데, 한국의 극동인 경상북도 울릉군 독도 동단(동경 131도 51분 20초), 극서인 평안북도 용천군 마안도 서단(동경 124도 11분 45초), 극남인 제주도 남제주군 마라도 남단(북위 33도 06분 40초), 극북인 함경북도 온성군 유포면 북단(북위 43도 00분 35초)의 중앙점은 동경 128도 02분 02.5초, 북위 38도 03분 37.5초로서 강원도 양구군 남면 도촌리 산48번지 일대이다(김창환, 2008).

그렇다면 과연 국토 정중앙이라는 지리적 개념이 장소 자산으로서 가치가 있는 것일까? 지리적 정중앙에 대한 논의는 1775년 폴란드의 소비엘라스키에 의해 비롯되었다. 유럽 변방에 위치한 나라들이 지리적 중앙이라는 개념을 통하여 민족국가의 자긍심을 고취하자 1987년 프랑스국립지리원은 유럽공동체 12개국의 중앙점을 프랑스라고 하였다. 중앙의 개념은 변방의 피해 의식을 해소시키면서 주민의 심리적 결속을 강화하는 구심점으로 이용되어왔고, 오늘날에는 국가와 지역의 정체성을 확립하여 경제적 가치를 창출하는 자산으로 발전했다.

한국의 경우 양구군은 국토 정중앙이라는 장소 자산을 통하여 지역의 새로운 장소성 형성 및 지역정체성 확립과 산업 발전에 기여하고자 하고 있다. 이러한 시도는 수긍이 갈 만도 하지만 한편으로는 양구의 경우 '중앙 환상' 증후군의 병을 지역주민이 앓을 위험에 노출된다. 지리상의 발견 이후 중앙과 변방이라는 이분법적인 개념은 근대적인 문화에 지나지 않으며, 이제 세계화 시대의 '승자 대 패자'의 새로운 사회 구도에서 중앙에 대한 새로운 접근이 필요하다. 다시 말해 중심적 위치와 문화에 대한 정치경제학적인 새로운 해석이 필요하다.

위치에 대한 정중앙만으로는 주민의 자산이 될 수 없다. 양구를 방문할 관광객들에게 판매하여 수익을 올릴 수 있는 '정중앙' 지리적 표시제가 가능한 농산물을 지속적으로 생산·판매·홍보할 때 위치에 따른 정중앙은 그 가치가 존속될 수 있다. 양구의 백토가 지식 기반형 첨단산업의 소재가 될 수 있고, 오염되지 않고 깨끗한 자연환경이 의료 관광과 접목되는 서비스업과의 융합 등이 필요하다.

지리적 표시제

지리적 표시제는 상품의 품질이나 맛이 생산지의 기후나 풍토 등 지리적 특성과 밀접하게 연계되어 높은 명성을 지닌 경우 지리적 명칭을 지적재산권으로 인정해주는 제도이다.

의료 관광

의료 관광은 의료 서비스와 휴양, 레저, 문화, 활동 등 관광 활동이 결합된 새로운 관광 형태를 말하며, 주로 비용이 저렴하면서 선진국 수준의 의료 서비스와 휴양시설을 갖춘 지역에서 활발히 이루어지고 있다.

05 DMZ 지질공원인가 DMZ 지오파크인가

DMZ 지역은 산지, 하천, 해안지역의 우수한 자연환경 및 지역 고유의 희귀 생태자원 등 관광 활용 여건이 매우 뛰어나 '지오파크'로 지정하려는 노력이 이루어지고 있다. 하지만 '지질공원'인가 '지오파크'인가 하는 명칭 부여 문제 때문에 주춤거리게 되었다. '지오파크'라는 말은 2010년 10월 제주도가 세계지오파크네트워크(The Global Geoparks Network: GGN)에 가입하면서 세간에 알려지기 시작했는데, 제주도의 경우 '세계지오파크'가 아닌 '세계지질공원'이란 이름으로 등장하였다. 그런데 지오파크가 많이 지정되어 있는 중국에서는 국제지질공원(國際地質公園)이라는 이름으로 번역되어 사용되어 원래의 의미를 퇴색시키는 결과를 가져왔다. '지오파크'라고 하지 않고 '지질공원'이라고 지칭함에 따라 지오파크의 핵심 부분인 '지오투어리즘'과 지역주민의 네트워크 연계 등에 대한 지원 프로그램이 누락되고, 제주지질공원의 경우 지질교육과정의 도입, 지질교재 개발, 전문가 모임인 국제 및 국내 워크숍 유치에 치중하는 난센스를 낳았기 때문이다.

유네스코 가이드라인에 따르면 '지오파크'는 지구유산(geoheritage), 다시 말해 지형·지질 등의 대지의 유산이 여러 개 포함된 지역의 보전과 이의 연구·교육·보급 및 지오투어리즘을 통한 지속가능한 발전 등에 활용하는 것을 그 목적으로 한다. 다양하고도 우수한 지형 및 자원이 나타나는 지역을 대상으로 관광사업이 이루어지는 지오투어리즘이 지오파크의 개념에 포함되므로 지오파크를 지질공원으로 한정하는 것은 원래의 취지에서 벗어나는 일이다. 두드러진 관광자원이 없는 지역에서 새로운 관광 대상을 만들어낸다는 생각이 바로 지오파크이며, 그래서 생태관광과 달리 계절적 제약이 없을 뿐 아니라 탐방객에게 지형 및 지질에 대한 체계적 교육에 의한 환경보전에 기여하게 됨을 잊어서는 안 될 것이다(김창환, 2011).

세계지오파크네트워크는 유네스코의 후원을 받기 때문에 인증 후 국가 또는 해당 지역의 브랜드 가치가 제고되는 효과가 있다. 지속가능한 발전의 주요 기재로 삼고 있는 유네스코의 활동이 글로벌 기준이므로 이제 지질공원이라는 명칭을 버리고 지속가능한 전문가 집단이 참여할 수 있는 명칭으로 개칭되어야 할 것이다.

DMZ 지질공원이 아닌 **DMZ** 지오파크라고 명명된다면 주민들의 참여 아래 지형과 지질 경관에 관한 자연관찰로(geo-trail)가 정비되며, 그곳에 안내지도나 안내책자 등이 구비되어 해설사가 동반된 투어가 기획·실행되는 것이다. 해설에는 '스토리텔링'이 필수적이므로 지형학자, 지질학자 이외 인문지리학자 등이 참여하여 유네스코가 제시한 지구과학(Geoscience) 분야의 활성화가 도모될 수 있다. 2013년 제주도에서 '세계지질공원대회'가 개최되었는데 지역주민은 전혀 참가하지 않은 해프닝은 그 명칭 자체가 지오파크라고 명명되어야 함을 역설적으로 보여준다.

06 강원 도농통합지역은 녹색성장의 축이 될 수 있는가

지역의 미래

강원 도농통합지역은 태백산맥을 경계로 동쪽의 영동지방과 서쪽의 영서지방으로 나누어진다. 면적에 비하여 인구는 적으며 서비스업 종사자 수 등 모든 분야에서 취약하다. 전국 평균에 비하여 공동주택의 비율이 높은 편이다. 춘천, 원주, 강릉이 이 지역의 전통적인 핵심도시로서 도시별 인구규모가 비슷하다. 이 지역은 영동고속국도, 중앙고속국도, 경춘고속국도 등의 건설로 전국 각지와 빠르게 연결되고 있어 앞으로의 발전 가능성이 높다. 서울과 속초를 잇는 고속화철도가 건설된다면 장래 북한의 동해안을 경유, 시베리아 횡단철도와 이어져 공항, 연안항로 등과 함께 동북아시아 경제개발의 핵심축이 될 수 있다.

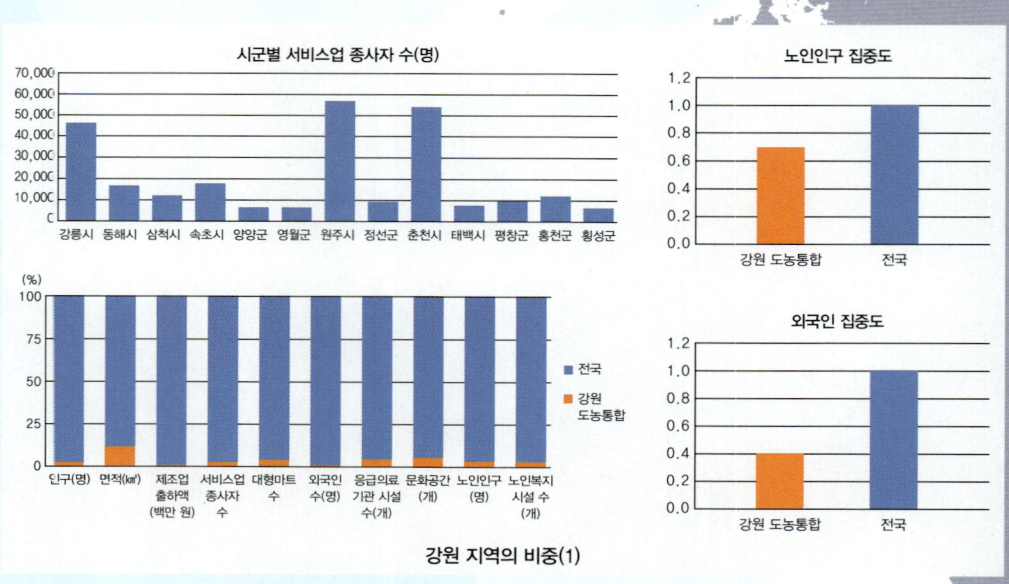

강원 지역의 비중(1)

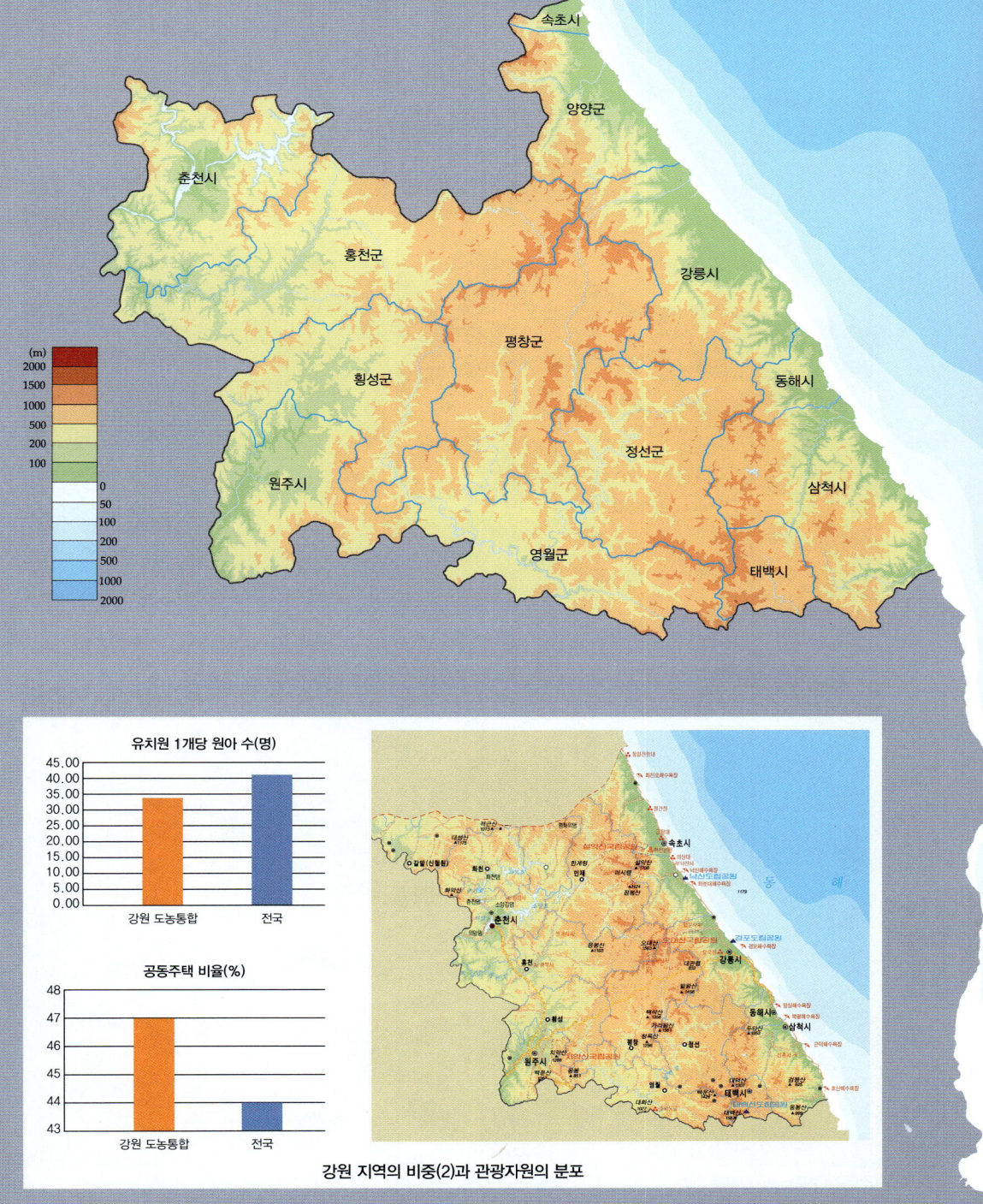

강원 지역의 비중(2)과 관광자원의 분포

06

자연경관(대관령 고위평탄면, 백도움)

자연경관(구문소 하천 쟁탈)

경관의 이해

이 지역의 고위평탄면은 식생활 개선에 따른 수요의 증가, 영동고속국도의 건설 등으로 말미암아 고랭지 농업과 목축업이 더욱 발전하고 있다. 한때 지하자원이 풍부하여 남한 최대의 광업 지대였지만, 소비지에서 멀리 떨어져 있고 높은 산지가 많아 교통이 불편하여 공업 발달에 불리하다. 설악산, 오대산, 치악산 등의 국립공원과 함께 곳곳에 호수, 바다, 스키장, 석회 동굴 등 관광자원이 풍부하다.

자연경관(추암의 라피에)

도시경관(사북의 카지노 부근, 김강민)

촌락경관(신리의 너와집)

촌락경관(속초 아바이마을)

위치와 행정구역

휴전선 이남 강원도에 해당하는 강원 도농통합지역은 한반도 중앙부의 동측에 위치한다. 강원도는 위도상으로는 북위 37도 2분에서 38도 37분에, 경도상으로는 동경 127도 5분에서 129도 22분에 걸쳐 있으며 총면적은 20,569km², 남한 면적의 16.7%에 해당한다. 전체 면적 중 81.1%가 임야이며, 농경지는 10%로 1,696.57km²에 불과할 정도로 산지가 압도적이다. 동서의 길이는 약 150km, 남북으로는 약 243km에 달하며, 동쪽으로는 약 212km에 걸쳐 해안선이 나타난다. 서쪽은 황해도, 경기도 가평 등 여러 군과 경계를 이루고 남쪽은 충청북도 충주, 제천, 단양군 그리고 경상북도의 영주시, 봉화군, 울진군 등, 북쪽은 함경남도 및 황해도와 접한다. 이 지역은 DMZ 지역을 제외하고 7시 6군으로 이루어져 있다.

지형과 기후

한반도 동쪽의 태백산맥에 걸쳐 있어 높은 산, 깊은 골짜기가 겹겹이 나타나며 산지가 대부분이다. 태백산, 설악산, 오대산, 치악산 등 유명한 산들이 이 지역에 위치하고 있다. 한반도의 큰 강 가운데 한강과 낙동강이 강원지역에서 발원한다. 이 지역은 한반도의 척추인 태백산맥을 분수령으로 동쪽은 영동, 서쪽은 영서지방으로 구분된다. 태백산맥 동쪽은 경사가 급하여 해안평야의 발달이 취약하고, 태백산맥 서쪽은 경사가 완만하여 남·북한 간 대하천이 발달하고 산지가 여러 곳에 분포되어 있다. 영동은 가파른 산자락이 동해와 맞닿아 평지가 협소하지만 대관령·미시령·진부령·한계령 등 많은 고개와 계곡이 산재하고 있어 경관이 빼어나다. 영서는 산악과 분지가 완만하게 서쪽으로 퍼져 있어 서울·경기지방까지 흘러내리고 논보다 밭이 많은 것이 특징이다. 고위평탄면에서의 고랭지 채소와 감자 재배로 유명하다. 지질은 주로 고생대 조선계 석회암과 평안계가 분포하며, 오랜 지질시대의 지각운동을 받아 지질구조가 매우 복잡하다.

이 지역은 대륙성 온대 기후대에 위치한다. 영동지방은 해양성 기후 특성이 나타나며, 영서지방은 한반도의 중앙 내륙에 위치해 있어 대륙성 기후에 가까운 특성이 뚜렷하다. 영동지방은 위도에 비하여 산간지방을 제외하고 대체로 겨울철은 온난하고 여름철은 비교적 시원한 편이어서 연간 기온의 교차가 적은 편에 속한다. 영동지방은 겨울에 북서풍을 태백산맥이 가로막아 푄(Föhn) 현상이 일어나고 북상하는 따뜻한 해류의 영향을 받는다. 따라서 기온은 영동지방이 영서지방보다 2℃가량 높은 분포를 나타내며, 강수량은 영동이 영서보다 약 370mm 많은 편이다. 영동지방은 동해안에서 유입되는 수분에 의해 영서지방이나 서해안 지방보다 1, 2월에 많은 눈이 내리고, 북동기류 유입 시 더욱 많은 눈이 내린다. 태백산지에는 겨울철에 차가운 북서풍이 산지와 부딪치면서 많은 눈이 내리는데, 대관령은 연평균 강수량이 1,581mm이며 한국의 최대 다우지 가운데 하나이다.

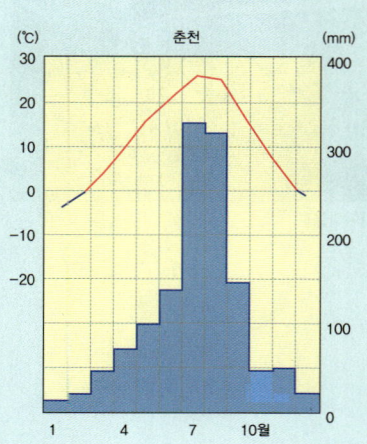

01 관광의 균형적 발전과 함께 녹색 관광산업으로의 변화를 모색해야 할 때이다

강원 도농통합지역은 비수도권의 다른 지역과 마찬가지로 인구 유출과 함께 인구 감소세가 지속되어 대표적인 인구 과소지역의 하나이다. 향후 인구는 계속 감소될 것으로 예상되며 2024년경에는 130만 명도 유지하기 어려울 것으로 전망된다. 이런 인구 감소 현상은 교육과 의료환경 등 기초 생활 조건이 다른 지역에 비하여 현저히 뒤떨어져 인구 이출 현상이 계속되고 있기 때문이다. 원주, 춘천 등은 수도권과의 접근성이 개선되어 최근 인구가 다소 증가하고 있다. 강원도 지역 총생산액은 42조 7,575억 원으로 전국 생산액의 2.5%를 차지하고 있지만 광업부문은 전국 생산액의 32.6%로 가장 높다. 제조업은 0.7%, 서비스업은 2.9% 등 미미하다. 총생산액 중 제조업 비중은 13.2%로 전국에서 가장 낮은 반면 서비스업 비중은 62.6%로 가장 높다. 따라서 강원지역은 소비재·내수 중심의 제조업 비중이 높은 산업구조를 보인다.

제조업 생산 기반이 취약한 가운데 지역민의 수요를 위해 타 지역으로부터 구입하는 공산품 비율이 전국 평균인 37.9%에 비해 두 배 가량 높은 67.5%에 달하며, 제조업 상품의 역내 자급률도 낮아 전라도 40.7%, 경기도 39.9%, 경상남도 39.5%, 경상북도 31.7%, 충청도 27.3%보다 훨씬 낮은 16.6%로 전국 최저 수준이다.

이 지역의 도로교통은 영동과 영서를 연결하는 고개들을 따라서 주요 간선망이 만들어져 있다. 즉, 진부령(인제~간성)·미시령(인제~속초)·한계령(인제~양양)·구룡령(홍천~양양)·진고개(진부~연곡)·대관령(횡계~강릉) 및 백봉령(임계~동해) 등과 고개들은 전통적으로 중요 교통로가 되었다. 고속국도는 영동고속국도와 동해고속국도의 일부인 강릉~동해 간이 개통됨으로써 영동과 영서는 1일 생활권이 되었다. 2001년 말에는 중앙고속국도(춘천~대구)가 완공되면서 경상도와의 교통이 더욱 편리해졌다. 철도는 서울~춘천 간 경춘선이 있고, 남서부에 중앙선이 있으며, 영동과는 중앙선의 영주에서 분기한 영동선이 강릉까지 통하고, 동해에서 삼척까지의 삼척선이 놓여 있으며, 분단으로 일부만 연결되는 경원선이 있다. 그리고 제천에서 갈라져 나온 태백선이 영동선과 연결되고, 증산에서 갈라지는 정선선 등의 철도가 있다.

해상교통은 속초·주문진·옥계·묵호·북평·삼척·임원항 등지의 주요 항구를 통해 이루어지고, 소양호를 이용한 춘천~양구~인제(신남) 간의 내륙수운도 이용되고 있다. 북한의 금강산 관광을 위하여 동해항에서 북한의 장전항까지 선박이 왕래한다. 국내선의 속초, 강릉공항 등이 통합되어 양양국제공항이 개설되고 최근 활성화되고 있다. 이 지역은 경춘선 복선화와 서울~춘천~양양을 잇는 동서고속국도 일부의 개통 예정 등 육상교통의 발달로 수도권의 대도시지역과의 접근성은 날로 향상되고 있다.

이 지역의 산업별 종사자 수를 비교해보면 관광산업 종사자 수는 94,180명으로 전체 종사자 수의 23.1%를 차지하고 있어, 전국 평균 15.6%보다 7.5% 높은 것으로 나타난다. 즉, 관광산업은 강원도의 고용구조에서 높은 비중을 차지한다고 할 수 있다. 관광산업 비중이 전국의 경우 정체현상을 보이고 있는 반면, 강원지역은 1990년 28.6%에서 2002년 35.6%로 지속적인 증가현상을 보여 관광 관련 산업이 지역에서 차지하는 비중이 점차 증가하고 있음을 보인다. 또한 강원지역 관광객 지출액으로 인한 총생산 유발효과는 2,581,513백만 원이고, 지역 내 총생산의 비교지표가 될 수 있는 부가가치 유발효과의 강원지역 경제기여도는 약 11.3%이며, 고용 유발효과는 81,855명으로 강원도 전체 취업자의 20.1%이다.

이 지역의 관광객은 여름철, 특정 지역에 집중되고 있다. 관광객이 특정 지역에 편중될 경우 생태적·사회적 수용력 초과로 말미암아 환경 파괴가 야기될 수 있다. 더구나 경제적 효과가 특정 지역에 편중되면 빈익빈 부익부 현상이 발생, 지역 경제 불균형이 심화되는 요인으로 작용할 수 있다. 사회 및 기타 서비스, 농림수산품 등과 연계한 관광 산업 발달이 요구되며, 관광 인프라의 지속적 확충, 변화하는 관광 수요에 대응한 관광 상품 및 자원 개발, 적극적인 홍보·마케팅 전개, 관광사업 종사자 및 지역주민 교육 등을 통한 강원지역 관광객의 계절별·지역별 집중현상 해소가 주요 과제이다. 즉, 관광산업의 경제 파급 효과가 이 지역에 균형적으로 발생할 수 있도록 해야 한다.

관광 패턴도 환경 파괴 억제, 자연 상태 그대로의 관찰 및 체험의 녹색관광(Green Tour) 패턴으로 변화되어야 하므로 녹색 문화 관광 확산, 생태문화도시 개발, 재생에너지 생산지의 관광 자원화, 콘텐츠 산업의 신성장 동력화 등이 이 지역 발전의 화두가 되어야 할 것이다.

> **녹색관광**
>
> 농촌의 자연과 문화, 평화로움과 안온함을 느낄 수 있도록 하는 농촌 관광을 말한다. 농가에서 숙박시설을 제공하고, 특산물·음식 등 상품을 개발하며, 여기에 이벤트와 농사 체험 등의 프로그램을 추가함으로써 농촌지역의 농업 외 소득을 증대시키려는 농촌 관광 전략이다.

02 양양국제공항의 활성화 방안은 없는가

 2001년에 문을 연 양양국제공항은 기존의 강릉공항을 확충하지 않고 대규모 국책사업으로 건설하여 우여곡절을 겪은 대표적인 사례이다. 양양에 국제공항이 건설된 배경은 일본, 중국, 타이완, 러시아 등지로부터의 강원도 및 북한 방문을 용이하게 하자는 것이었다. 그러나 국제선 여객기의 취항 횟수가 줄어들어 폐쇄되었다가 최근 활성화되고 있다. 한때 속초항을 중심으로 하여 대러시아 중고 자동차 수출이 활기를 띠고, 삼척이 LNG 기지로 지정됨에 따라 강원도는 동해안의 러시아·일본·중국의 중계지로서의 가능성을 보여주고 있다. 이에 양양국제공항의 활성화 방안이 체계적으로 이루어져야 한다.

 먼저 양양의 국제적 교통 결절지로서의 이점을 살려 바다와 내륙을 잇는 관광 상품 개발을 생각할 수도 있다. 동해안의 여러 호수들을 양양국제공항과 연계한 관광자원으로 활용해볼 수 있다. 오스트레일리아의 시드니 오페라하우스의 건립처럼 젊은이용 대중음악 공연장을 기념비적으로 건설하여 양양국제공항 이용객 증가가 이루어질 수 있는 방안도 중요하다.

 강릉과의 접경에 위치한 양양국제공항 주위에는 매호, 향호, 경호, 풍호 등 이름난 자연호수가 분포한다. 이들 호수는 후빙기 해면 상승이후 고도가 낮은 하곡이 만의 형태를 이루며 침수된 상태에서 만의 전면에 연안사주나 사취가 발달하여 만입된 연안이 폐쇄되면서 형성된 일종의 석호이다.

 한반도의 지체구조상 북서–남동 방향의 태백산맥과 북동–남서 방향의 함경산맥의 영향을 받은 해안선에서 연안사주가 헤드랜드와 헤드랜드 사이를 연결하여, 그리고 동해안의 연안류가 북서–남동 방향으로 흐르면서 북서 또는 북북서에서 남동 또는 남남동 방향의 해안선을 가진 곳에서 상대적으로 퇴적물의 이동이 활발하여 사취가 형성되고 석호가 발달하게 된 것으로 볼 수 있다. 석호 주변의 지형적인 조건도 석호의 발달과 관련이 깊다. 산지 및 구릉지 해안에 발달한 석호는 연안류에 의한 퇴적물의 이동으로 만입부가 막혀서 발달하고, 넓은 해안에 발달한 석호는 연안류와의 직접적인 관계뿐 아니라 해안의 사구나 하천으로부터의 2차적인 퇴적물 이동에 의해서도 이루어졌다.

동해안의 석호는 경관이 뛰어나서 예로부터 관광지로 각광을 받아왔으며, 최근에는 개발로 인하여 축소·매립·변형되면서 훼손되고 있다. 특히 이 호수들은 그 면적이 대부분 축소되고 있으며, 이는 하천과 사구로부터의 퇴적물 유입에 따른 건륙화와 호안의 인위적인 매립 등 자연적·인위적 요인이 동시적으로 간여하고 있기 때문이다.

내륙을 잇는 관광자원으로 대광령국제음악제가 있다. 용평리조트 눈꽃마을이 주무대인 대관령국제음악제는 대형 화면으로 음악회가 생중계되므로 잔디밭에서 주민이나 관광객이 감상할 수 있다. 미국 동부의 애팔래치아 산맥 정상에서 개최되는 탱글우드 음악회에 필적하는 대관령음악제는 '1일 음악학교', 이름난 연주가의 열린 강의와 함께 무더운 여름철 피서지로 각광을 받을 만하다. 이것이 가능한 이유는 무엇일까. 그것은 고위평탄면이라는 지형적 조건 때문이다.

고위평탄면이란 오랜 침식작용을 받은 평탄면이 융기하여 높은 고도에 위치하게 된 지형이다. 한국의 고위평탄면은 신생대 제3기 중신세에 요곡(warping)운동에 의하여 융기되어 현재의 지형을 형성했다. 한반도의 등줄기인 태백산맥의 오대산~육백산~태백산 사이에서는 한반도가 요곡운동을 받기 이전의 지형 면을 찾아볼 수 있다. 이 지형 면에 소기복의 잔구 상 산지들이 1,000m 내외의 동일한 고도에서 발견된다. 고위평탄면은 요곡 이전의 한반도의 침식 잔유물로 생각되는 산지라는 점에서 지형학적으로 큰 의미가 있다. 조선시대 이중환의『택리지』에도 고위평탄면에 관한 내용이 묘사되어 있다.

고위평탄면에 위치한 지역인 평창군 일대는 고랭지 채소 재배로 유

> **고랭지 채소**
>
> 기온이 낮은 고지대에서 비교적 평탄한 지형을 중심으로 서늘한 기후를 이용하여 재배하는 채소를 말한다. 고지에서 재배되고 평지보다 촉성재배가 가능하기 때문에 출하 시기가 평지와 달라 유리한 점이 있다.

명하다. 해발 고도가 높아 여름철에는 기온이 서늘해서 이곳에서는 고랭지 농업으로 배추·무·감자 등의 작물을 재배한다. 높은 고도에 위치해 겨울철에 눈이 많이 내리며, 봄철에도 토양의 수분을 유지시켜 주고 여름에는 기온이 낮아 수분증발량 또한 적다. 이러한 조건을 이용해서 초지를 조성하여 목장으로 이용되며, 겨울에 많은 눈이 내린다는 동계 스포츠의 적지로서의 이점을 살리려고 몇 차례 동계올림픽 유치가 시도되었다.

서울-동홍천 고속국도가 속초까지 연장되어 양양국제공항의 수도권 접근성이 개선된다면 서울의 강남권까지 1시간 30분 이내에 도달할 수 있게 되므로, 장래 포화 상태가 예상되는 인천국제공항의 대안이 될 수 있다.

03 폐광촌의 활성화 방안으로 설립된 카지노산업은 전략적으로 올바른 선택인가

1980년대 후반 이후의 에너지 정책은 석탄에서 석유·가스로 급속히 전환되었다. 1988년에는 전체 가구 중 78%가 연탄을 사용했으나 1994년에는 18%로 감소되었을 정도로 국내 석탄 수요는 급격히 감소했다. 이와 동시에 석탄 산업은 원가 상승으로 경쟁력을 상실함으로써 사양 산업이 되었다. 1989년부터 시행된 정부의 석탄합리화 정책으로 인하여 광구가 집중되어 있던 강원도 정선 지역은 급속도로 피폐하고 지역 경제가 활력을 잃었다.

이에 탄광지역 주민, 특히 고한·사북 주민들은 1995년 생존권 확보 및 폐광지역의 경제 회생 대책을 요구했다. 정부 또한 국가적인 차원에서 폐광지역의 경제 활성화와 정주 기반 조성을 위한 대응책 수립의 필요성이 절실했다. 그 결과 1995년 3월 3일 정부와 폐광지역 4개 시·군·주민 간에 5개 항의 폐광지역 정부 대책 안이 합의됐고, 그 일환으로 1995년 12월 폐광지역을 고원 관광지로 개발하기 위한 「폐광지역 개발 지원에 관한 특별법」이 제정됐다. 특별법에 따라 1998년 6월 29일 공공 지분과 민간 지분에 의하여 (주)강원랜드가 내국인 카지노 사업의 추진 주체로 설립됐다. 공공 지분 51%, 민간 지분 49%의 자본총액 2,323억 원으로 설립된 (주)강원랜드는 2000년 10월에 강원도 정선군 고한읍 백운산 일대에 국내 처음으로 내국인이 출입할 수 있는 스몰 카지노를 개장했다. 그 후 2003년 4월 정선군 사북읍에 메인 카지노를 개장했고, 이어 메인 호텔, 카지노, 테마파크가 공식 개관해 멀티 리조트 시설로 운영되고 있다.

폐광지역의 지역 경제 활성화를 위해 개장된 (주)강원랜드가 지역 경제에 미친 영향은 고용 창출에 따른 인구 증가이다. 2007년 고용 인원은 (주)강원랜드 직원과 용역직원 총 3,193명이며, 이러한 숫자는 태백

석탄합리화 정책

1980년 이후의 채산성 악화, 임금 상승, 석탄 수요 감소로 인하여 1989년 정부에서 경제성이 없는 탄전을 폐광한 정책이다. 이후 태백산 지역은 인구가 격감하면서 지역 경제가 위기에 빠졌다.

강원랜드

강원도 정선군 사북읍 사북리에 있는 복합 리조트 시설로 폐광지역 발전과 국가경쟁력 제고를 위해 정부와 강원도가 주도하는 '탄광지역개발 촉진지구 개발계획'의 일환으로 조성되었다.

> **스위치백(switchback)**
>
> 급경사 산지를 운행하기 위한 특수 철도 시설로 선로를 지그재그형으로 여러 층 부설하여 열차가 톱질하는 식으로 전진과 후진을 반복하며 오르게 하는 방식이다. 한국에서는 강원도 도계의 흥전역(상부역)과 나한정역(하부역) 간에 운영 중이다.

시, 사북·고한읍 지역 총인구 68,706명의 4.6%에 해당된다. 또한 태백시, 사북읍, 고한읍 전체 총 종업원 수 5,202명의 61.4%로 (주)강원랜드 전체 고용이 지역의 고용에 미친 영향은 대단히 크다는 것을 알 수 있다. 또한 카지노 영업을 시작한 뒤 2007년 말까지 총 903만여 명이 카지노를 이용했으며, 이로 인해 그동안 총 4조 1,868억 원의 매출액을 올린 것으로 집계됐다. 또한 1,510억 원 상당의 아웃소싱을 실시하고 강원지역 내 건설업체 공동 도급액 2,408억 원, 카지노호텔 및 식당의 식자재 납품액 961억 원 등의 지역경기 부양효과를 거둔 것으로 나타났다.

이러한 경제적인 효과의 이면에는 일확천금을 꿈꾸는 사람들의 도박중독, 사망 사건 이외에 사기로 인한 가계의 파산, 경제력·생산성 악화, 1년에 70~80건에 이르는 카지노 내 절도 사건, 불법 사채업자, 전당포 사업자 증가 등의 현상이 있다. 물론 이러한 현상은 이 지역에만 국한된 사실은 아니다. 하지만 카지노가 가족 오락이나 모임의 장소로 이용되는 등 카지노 산업의 건전한 발전 방안이 모색되어야 한다.

(주)강원랜드의 카지노 사업은 이제 지역연계사업을 시도하여 지역발전을 이룰 수 있는 노력이 더욱 절실하다. 태백시 문곡동 일대의 게임 애니메이션 사업, 영월군 상동읍의 모터스포츠 패밀리 리조트, 삼척시 심포리 일대의 스위치백 리조트, 동원탄좌 사북영업소 시설을 활용한 탄광문화 관광촌의 조성 등이 폐광지역 관광 클러스터의 주요 내용이다.

04 세계적 축제로 발전하는 강릉 단오제는 한류 열풍 및 그린투어와의 연계가 필요하다

강릉 단오제는 매년 음력 4월 5일부터 5월 7일까지 1개월 동안 진행되는 영동지방의 대표적인 축제이다. 오랜 전통의 지역적 특성과 현대 문화적 성격이 혼합된 지역축제로서 강릉 단오제는 타 지역의 축제와는 상당히 차별화되어 있다. 특히 2000년 '유네스코 무형문화유산'에 등록되면서 세계인의 주목을 받게 되었다. 2008년 강릉 단오제를 찾은 관람 인파 57만 명 중에 외국인 관광객 수가 1,500여 명이나 되어 명실공히 국내 최대의 축제 및 세계적인 축제로 발전하고 있다. 이제 단오제의 성공에만 그치지 말고, 강원 도농통합지역의 한류 열풍 장소나 녹색성장 산업과의 연계에 의한 복합화와 확산이 필요하다.

조선 중기 허균의 《임영지》에 나타나 있는 단오제의 기록은 현재의 강릉 단오제와 가장 유사하다. 단오제에서 농사의 번영과 마을의 평안을 기원하며 마을 주민 모두 한마음이 되어 5일간 아침과 저녁에 굿을 하며 제를 올리는 의례가 중심 테마이다. 이 밖에 양반과 소매각시, 장자머리, 시시딱딱이가 가면을 쓰고 말없이 관노가면놀이를 하거나 그네타기, 씨름, 농악경연대회 등 다양한 행사가 개최된다.

강릉 단오제는 설화적 요소, 불교적 요소, 유교적 요소, 민중의 신앙적 요소 모두가 포함된 '적층(積層) 문화'로 발전되어왔다. 단오제 행사의 내용은 크게 셋으로 분류할 수 있다. 첫째는 유교적 제사와 무당굿으로 이어지는 종교 의례, 둘째는 탈놀이, 농악놀이, 그네, 씨름, 활쏘기 등의 민속놀이, 셋째는 수십만의 구경꾼을 대상으로 벌어지는 거대한 난장판이다. 이 세 가지 행사는 서로 뗄 수 없는 긴밀한 관계 속에서 축제마당을 형성하고 있다. 이렇게 다양하고도 포괄적인 문화적 수용력이 있기 때문에 강릉 단오제는 모든 계층의 사람들이 함께하는 해방공간으로서의 기능을 수행해왔다. 이러한 고유성과 객관성이 인정되어 1967년 1월 16일에는 강릉 단오제가 중요무형문화제 제13호로 지정됐으며, 제례, 굿, 관노가면극 세 부분은 예능보유자로 인정됐다.

이제 강릉 단오제는 한류 열풍과의 연계가 필요하다. 속초의 아바이 마을은 드라마 〈가을동화〉, 남애항은 영화 〈고래사냥〉, 드라마 〈호텔리어〉와 〈그 여자〉의 촬영지로 유명하다. 방파제 끝에 등대가 보이고 항구에는 크고 작은 어선들이 바람에 흔들리며 밤바다에서 파도가 반짝이는 해변은 〈모래시계〉 촬영지로 알려진 정동진의 해돋이 풍경과 함께 동해안이 갖는 경관요소이다. 중국과 동남아 등지에서 이들 드라마와 영화에 매료되어 촬영지를 찾는 이들이 단오제에 참여한다면 유무형의 자산이 연계된 장소마케팅이 될 것이다.

동해안의 7번 국도를 따라 분포하는 한류 영화와 드라마의 촬영지에서 내륙 계곡으로 향하는 루트는 매우 다양한데, 그 중 삼척의 불영계곡 등이 해안과 내륙의 특성을 살린 휴가의 적지가 될 수 있다. 산간계곡의 군데군데에 자리 잡은 민박촌은 정보화와 체험마을로 지정된 경우가 많아 피서 및 휴양지로 각광을 받고 있다. 양양군 서면 서림리 해담마을의 경우에는 은어 잡이, 뗏목 타기 등 체험 프로그램을 운영하면서 여름철에는 매일 방문객이 1,000명에 이른다. 주차장, 방갈로, 텐트장 등의 시설이 보잘것없지만 조용하고 다양한 체험 활동을 할 수 있는 곳으로서는 손색이 없다.

이렇게 자연환경과 연계된 관광은 궁극적으로 그린투어로 귀결돼야 할 것이다. 강원도의 산림 내 산소 발생량은 1ha당 900만 톤으로 전국의 22%에 달하여 강원도는 좋은 공기의 주요 공급처이다. 강원도는 생태보전이 잘되어 있고 도보와 자전거 이용이 쉬우며, 역사와 문화가 어우러지며 스토리텔링이 접목될 수 있는 5가지 조건에 따라 산소길 5노선이 선정되었다. 이들 산소길은 강릉 단오제, 한류 드라마, 녹색관광과의 결합 매개체로서 세계적인 명소로서의 가능성을 열어준다.

[미래 한국지리 포럼]
주변 4국이 공감하는 남북통일의 방안

1991년 구소련의 공산주의 체제가 무너진 후 20년 동안 북한이 채택한 고립주의는 인구 감소와 유아 영양 결핍으로 이어져 체제 그 자체가 와해될 위험성이 높다. 장래 북한 체제의 붕괴는 한반도를 둘러싼 중국, 러시아, 일본, 미국의 서로 다른 미묘한 이해관계로 인하여 통일로 이어질지 아니면 또 다른 형태의 분단이 될지 예측하기 어렵다. 북한의 핵무기 보유는 독배를 든 형세이므로 북한에게 이롭게 작용한다고는 결코 볼 수 없다. 핵무기 제거와 북한의 급작스러운 자멸 방지를 위하여 한국은 주변 4국과 남북통일에 관한 공동의 청사진을 마련하는 데 힘써야 할 것이다. 독일의 통일 방식이나 연방제 체제 혹은 홍콩의 1국 2체제 등 통일 방안에 관한 심도 있는 논의가 이루어져야 하며, 이에 대하여 주변 4국과 공감대를 이루어야 할 막중한 책무가 우리에게 주어져 있다. 지난 60년 동안 설정되어 유지되어온 DMZ는 전 세계에서 희귀한 잠정적 국경선이기 때문에 통일 방안을 논의할 때 빼놓을 수 없다. DMZ(비무장지대) 세계평화공원이나 CCZ(민간인통제구역) 세계평화도시 건설 구상 등은 주변 4국과의 통일 방안에 대한 합의를 기초로 실행되어야 할 것이다. 통일 논의가 동북아 경제개발에 순기능으로 작용할 수 있도록 하는 방안이 모색되어야 하며, 최근 동북아시아 낙후지역 개발을 위한 '광역두만강개발계획(GTI) 수출입은행협의체'에 러시아 수출입은행이 가입한 호재를 활용하여 한국, 북한, 중국, 일본, 러시아, 몽골 6개국의 무역 총액을 늘리는 기회로 남북통일이 실현된다면 통일의 청사진이 보다 뚜렷해지리라고 본다.

- 이번 포럼에서 논의될 소주제는 다음과 같이 정리할 수 있다.

1. 북한 체제는 얼마나 유지될 것인가?
2. 독일의 통일 방식이나 연방제 체제 혹은 홍콩의 1국 2체제 등의 논의는 북한과 주변 4국에 어떤 영향의 차이가 있을까?
3. DMZ 세계평화공원이나 CCZ 세계평화도시 건설 구상 등은 통일 방식과 관련이 있는가?
4. 어떤 통일 방식이 동북아 경제개발에 도움이 될 것인가?

07 대전-청주 대도시지역은 수원-인천 대도시지역에 편입될 것인가

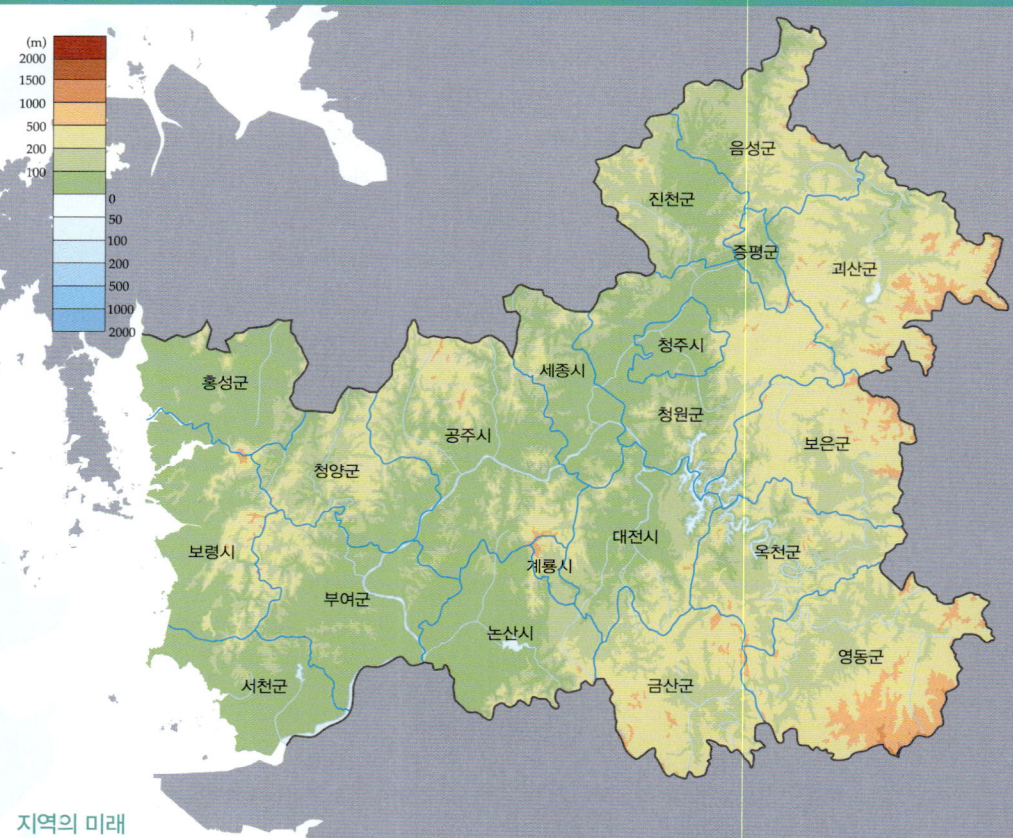

지역의 미래

이 지역은 중부지방 교통의 요지로서 수원-인천 대도시지역과 고속국도에 의하여 연담도시화(conurbation)될 가능성이 크다. 경부선 철도, 호남선 철도, 경부고속국도, 호남고속국도, 경부고속전철 등이 지나감에 따른 교통의 발달이 도시 발전에 큰 영향을 끼쳐 수원-인천 대도시지역과 마찬가지로 인구 유입에 따른 대도시지역으로서의 세력권이 확장되고 있다. 전국에서 차지하는 면적에 비하여 전 분야에서 골고루 발달해 있으며, 단지 대형마트의 수가 적다. 공동주택, 노인인구, 외국인 집중도 등은 다소 떨어진다. 세종시의 입지는 미래 한국지리에 미칠 파장이 만만찮다. 평양, 서울, 세종시의 삼각축은 미래의 위험이 될 수 있으므로 지혜로운 기능 선택이 요구된다.

보령 머드 축제 포스터

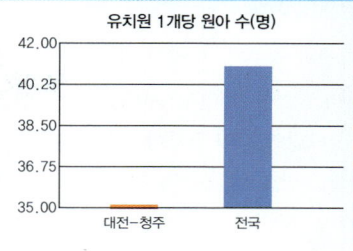

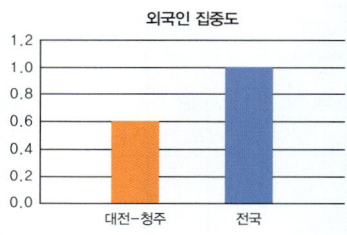

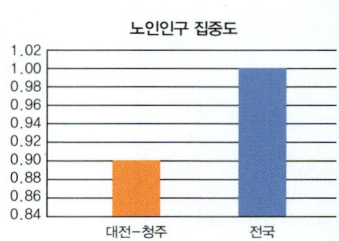

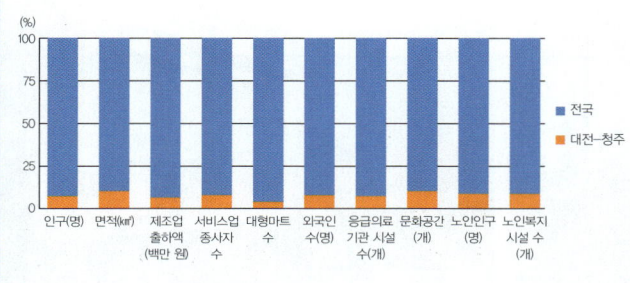

대전-청주 지역의 비중(1)

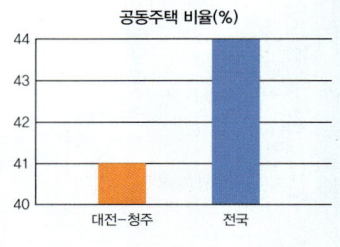

대전-청주 지역의 비중(2)

경관의 이해

대전과 청주가 이 지역 발전의 축을 이루면서 과학기술, 산업, 유통, 교통 분야의 경관이 나타난다. 국토의 균형발전을 위하여 2005년 등장한 행정중심복합도시는 2012년 7월 1일 세종특별자치시로 출범하여 현재 인구 12만여 명이 거주하는 도시가 되었다. 건설이 완료되면 환상형 도로 등 특색 있는 도시경관이 될 전망이다. 농산물 생산과 가공을 중심으로 한 전통경관과 재래시장, 그리고 속리산 법주사에 전형적인 가람 배치가 이루어진 사찰경관이 나타난다. 서해안을 따라서는 넓은 갯벌과 수산물 가공의 전통경관이 산재하며, 금강수운로의 역사경관을 더듬어볼 수 있다. 소백산맥 기슭에 위치한 곳에는 포도농원이 계곡과 어우러진 경관이 볼만하다.

		상류, 중상류	중하류	하류
배후지역	배후산지	생태자연도, 식생 밀도 높다	생태자연도, 식생 밀도 낮다	
	토지이용	도안들-농경지, 산지	둔산들-시가지	관평들, 문평들-산업단지
	샛강	자연복원	하도정비, 복개	
하도	경관			
	제방	농사용 이동로, 나무와 수풀	자동차 도로, 콘크리트 블록	
	둔치	종경지, 자연 식생	인공구조물, 잔디	
	물길	유로 곡류, 여울과 소사력퇴적지 발달 물고기는 하천형·다양	유로 고정, 하상 평탄화 사력퇴적지 제거 물고기는 호소형·단순형	
도시개발		시작 서남부지구	완료 둔산	과정 대전 3, 4공단 대덕밸리

갑천의 유역별 생태환경 및 인위적 간섭 특징(김두일)

촌락경관(광천토굴젓갈거리)

촌락경관(금산 인삼타운)

종교경관(보은의 법주사)

도시경관(건설 중이었던 세종시, 이은송)

제7장 대전-청주 대도시지역은 수원-인천 대도시지역에 편입될 것인가 | 133

위치와 행정구역

이 지역은 남한의 중앙부에 위치하고 있다. 서쪽으로는 황해, 북쪽으로는 천안-당진 도농통합지역과 충주 내륙 도농통합지역, 동쪽으로는 대구-구미 대도시지역, 남쪽으로는 전주 도농통합지역과 접한다. 행정구역상으로는 음성군, 진천군, 괴산군, 증평군, 청주시, 세종특별자치시, 청원군, 보은군, 옥천군, 영동군, 금산군, 대전광역시, 계룡시, 보령시, 홍성군, 청양군, 부여군, 서천군, 논산시, 공주시 등 1개 특별자치시, 1개 광역시, 5개시, 13개 군으로 이루어져 있다.

지형과 기후

이 지역은 대부분 저평한 평야로 이루어져 있어 평균 해발 고도가 100m에 불과하다. 차령산맥의 남쪽 금강 지류인 금천이 이루어놓은 부여 부근의 구룡평야, 논산천의 논산평야 등이 넓게 펼쳐진다. 금강과 남한강의 유역을 따라 수많은 분지가 발달해 있으며 대전 부근에는 진천분지, 보은분지, 옥천분지, 영동분지, 괴산분지 등이 있다. 이들 분지지형은 서천-충주를 연결하는 구조선을 따라 발달하는 절단형 분지, 화강암의 차별 침식과 구조선이 복합적으로 교차하는 원형 분지, 해안이나 평야를 향해 열려 있는 개방형 분지 등으로 나누어진다. 홍성군, 보령시, 서천군을 따라 펼쳐진 서해안에는 넓은 간석지가 발달해 있다.

대전 지역은 한반도의 중앙부에 위치해 있어 전반적으로 대륙성 기후를 보이며, 남부지방과 중부지방의 점이적 성격을 갖는다. 내륙은 전형적인 대륙성 기후를 보이지만 해안은 서해안의 영향으로 기온의 분포에 동서의 차이가 나타난다. 대전 지역의 연평균 기온은 17~18℃로 나타나며, 연평균 강수량은 1,230mm로 한국의 평균 강수량에 약간 못 미친다.

01 대전-청주 대도시지역은 교통중심지로서의 지리적 이점을 살려 과학·생명산업의 중심지가 되기에 충분하다

 1900년대 초 경부선과 호남선의 개통으로 한국의 철도시대가 도래했다. 두 철도의 분기점에 의하여 도시가 형성된 대전은 1970년대에 경부고속국도와 호남고속국도가 개통되면서 교통이 더욱 편리해졌다. 1980년대 이후에는 중부고속국도(대전-하남), 중앙고속국도(춘천-대구), 서해안고속국도(목포-서울), 대전-통영 간 고속국도, 천안-논산 간 고속국도, 중부내륙고속국도가 개통되어 이들 고속국도로부터 직·간접적인 영향을 받게 되었다. 대전 대도시지역은 고속도로 밀도가 전국에서 가장 높은 지역이 되었으며, 천안-대전 간 고속국도 교통량이 제일 많다. 일반국도 중에서는 국도 21호선(서천~천안~진천 경유)의 통행량이 가장 많고, 국도 32호선(태안~공주~대전 경유)이 그다음이며, 대전을 중심으로 한 공주, 조치원, 청주를 경유하는 나머지 일반국도의 통행량도 많다.

 철도 또한 경부고속철도(아산역~대전역)와 경부선(성환역~추풍령역), 호남선(서대전역~강경역)의 일부와 충북선(조치원~봉양역), 장항선(천안역~장항역), 서천화력선(서천역~발전소역), 남포선(남포역~옥마역), 강경선(강경역~연무대역)이 경유하여 철도교통의 요지이다. 철도시대 이전에는 금강의 수운이 국가의 주요 교통로 구실을 담당했다.

 금강은 총길이 401km(지류 미호천의 길이는 163km)이며, 유역 면적은 9,885.7km²이다. 금강의 내륙수로는 하류의 호남평야, 중·상류의 내포평야를 연결해 근세 이전의 수로 중 금강의 내륙수로만큼 중요한 수로도 없었다. 부강은 금강 내륙수로의 가항 종점으로 내륙지방과의 왕래가 많았던 전국 8대 포구 중의 하나였다. 그러나 경부선의 개통과 함께 금강 수운은 쇠퇴했다. 1990년에는 주변 지역의 홍수를 방지하고 농업·공업용수를 공급하기 위해 금강의 하류에 금강하굿둑을 건설했다. 이에 수운의 기능은 정지되고 하굿둑이 군산과 장항을 잇는 교통로로 등장했다.

육로에 의한 대전으로부터의 접근성을 살펴보면, 서울과는 철도 167km, 고속국도 153km, 대전-대구 간은 철도 160km, 고속국도 147km, 대전-광주 간은 철도 180km, 고속국도 179km 정도가 떨어져 있다. 기차의 소요시간은 대전-서울이 1시간 40분 정도이고, 대전-대구는 1시간 37분, 대전-광주 간은 2시간 정도 걸리므로 대전을 기점으로 2시간 이내에 한국의 주요 대도시들이 자리 잡고 있다. 고속철도로 서울-대전은 1시간 정도 거리이다. 대전-청주 대도시지역은 한국 최대의 교통 결절지로서 전국 사방으로부터 사람과 물자가 모이고 통과하는 교통의 요지로 발달했다. 교통의 발달에 힘입어 대전은 도매업이 번창하는 유통도시로 성장했다.

이 지역에는 물류시설 기지가 많이 분포하고 있는데, 특히 경부고속국도의 천안~대전~옥천~나들목 주변이 주요 물류시설 기지이다. 이는 수도권과 시간 거리로 1~2시간대이고, 영남과 호남지방의 갈림길로 물류비용을 절감할 수 있는 지리적 이점이 있기 때문이다. 장래 중부권 내륙화물기지가 충북 청원군 부용면 등에 건설될 예정이어서 이 지역의 물류시설의 입지는 더욱 증가할 전망이다.

대전-청주 대도시지역은 물류시설 기지로서뿐만 아니라 수도권과 가깝다는 이점 때문에 대규모 산업단지가 입지해 있다. 계획입지와 개별입지로 이루어지는 한국의 산업단지 중 계획에 의한 국가공단이 많다. 계획입지란 국가나 공공단체 등이 공장을 집단화하기 위하여 일정 지역을 선정하여 개발한 일단의 공업 용지를 의미하며, 개별입지는 계획입지가 아닌 지역에서 기업이 임의로 선정하여 정부의 허가를 받아 개발한 공업 용지이다.

그동안 수도권의 규제정책에 의하여 상대적으로 교통이 편리한 대전 대도시지역, 특히 음성, 진천, 청원지역 일대에 대규모 산업단지가 조성되었다. 2001년 대전시·(주)한화·한국산업은행은 (주)대덕테크노밸리를 설립하고 사업기간을 2001~2007년으로 정하여 '대전과학산업단지'를 완공했다. 또한 산업단지 개발사업뿐만 아니라 첨단산업 육성을 위해 '오창과학산업단지'와 '오송생명과학단지'를 조성했다. 이들 이외에 94개의 산업단지와 농공단지가 있다.

대전-청주 대도시지역의 청주국제공항은 충북 청원군 내수읍 입상리에 입지하며, 그 규모는 부지가 6,532,551m², 활주로가 2본(2,475m), 계류장이 3면(32,740m²), 주차장이 16,610m²로 연간 여객수송 250만 명, 화물 20만 톤을 처리할 수 있다. 청주국제공항의 인가노선으로 국제선 3개 노선(오사카, 괌, 사이판), 국내선 2개 노선(제주, 부산)이 개설되었고, 2001년 항공수송은 여객이 약 57만 명으로 이 가운데 국내선이 90.3%를, 화물은 국내선이 84.8%를 차지한다. 청주국제공항으로 말미암아 '대전과학산업단지', '오창과학산업단지'로의 항공 접근성이 높아졌다.

한편, 2005년 5월 18일 행정중심복합도시 건설을 위한 특별법으로 등장한 일명 행복도시는 2010년 12월 27일 세종시 설치 등에 관한 특별법에 의하여 세종특별자치시로 2012년 7월 1일 출범하였다. 그 행정구역은 한솔동, 소정면, 전의면, 연서면, 연기면, 장군면, 전동면, 연동면, 부강면, 금남면, 조치원읍 등으로 이루어지게 되었으며 2013년 8월 기준 총인구는 120,375명(외국인 2,436명 포함)이다. 세종특별자치시가 장래 제대로 자리 잡으면 대전-청주 대도시지역은 일부 중추관리기능의 확보로 지역발전이 일신될 전망이다.

> **오송생명과학단지**
>
> 국내 최초로 2008년 기업체(산), 대학(학), 연구소(연), 국책기관(관)이 집적된 생명공학 클러스터로 조성되었다. 또한 단지에는 아파트 4,233세대를 비롯해 단독주택, 초·중·고교, 공공시설까지 들어서 주거형 첨단 복합단지로 형성되었다.

02 대전 도시화과정에서의 갑천에 대한 인위적인 간섭은 주민생활에 어떤 영향을 주었는가

　대전-청주 대도시지역에는 금강과 남한강의 유역을 따라 대전분지, 진천분지, 보은분지, 옥천분지, 영동분지, 괴산분지 등 수많은 분지가 발달해 있다. 대전(大田)이란 지명은 밭이 많은 지역이라는 뜻이다. 대전분지는 금강의 지류인 갑천이 이루어놓은 넓고 저평한 지형으로 도시 개발의 적지이다. 그러나 도시 개발 과정에서 갑천과 그곳으로 흘러드는 대동천, 대전천, 유등천 등에 대한 인위적인 개발과 관리는 분지 지역에서의 도시 개발과 하천이 어떻게 이루어져야 하는지에 대해 고민하게 한다(김두일, 2008).

　도시 개발이 이루어지기 전 조선시대에는 대전분지의 중심 하천인 갑천의 배후지역인 회덕·진잠·유성 일대가 중심 거주 공간이었으며, 오늘날의 대전은 당시 중심지가 아니었다. 갑천은 농업용수와 생활용수로만 이용되어 상태가 자연스러웠다. 갑천의 작은 지류인 대전천과 대동천 및 유등천 유역은 경부선(1905년)·호남선(1914년)의 개통과 함께 도시로 개발되어 치수와 하수 공사를 집중적으로 받았다. 대전천(원동초등학교-신도극장 간) 제방 공사와 함께 대동천에는 범람을 막기 위한 새로운 수로가 조성되고, 도시 하수를 처리하기 위해 대전천 하류까지 하천 주변 지역이 복개되고 지하에는 배수구가 만들어졌다. 이 과정에서 매립지가 주택지와 상업 용지로 이용되고, 1932년 충남도청이 공주에서 대전으로 이전되어 1950년대 이후 대동천과 대전천 유역이 명실상부한 대전의 도심이 되었다. 이 무렵에 갑천 유역은 범람이 일어나는 곳에서만 소규모 제방 공사가 이루어졌고, 하천에 대한 인위적인 간섭이 없이 줄곧 농업과 생활용수로 이용됐다.

　대전은 광역도시로 발전하던 시기부터는 산지까지 구시가지가 확대되고, 이후에는 수평적 확대를 통해 급속한 시가지 확대를 가져왔다고 한다. 즉, 대전이 광역도시로 발전하던 1960~1980년대에는 분지 내 구릉지와 배후산지 경사 변환점까지 시가지가 확대되고, 배후지역의 저습지와 소하천은 매립에 의한 시가지로 개발됐다. 1974년에는 대전천의 목척교 구간이 복개되고, 대동천 및 대전천 도심 구간의 하도가 직강화되었으며 인공제방 축조 등이 동시에 이루어졌다. 1970년대 공업화·과학화로 인한 활발한 개발에 힘입어 대덕지역 구릉지에는 대덕연구단지(1974년), 유등천과 갑천이 만나는 대화동에는 대전산업단지가 들어섰다. 이에 갑천은 과거와 달리 생활 하수와 공장 폐수가 집중적으로 모이면서 수질 오염이 시작되었다.

저습지와 구릉지가 많은 갑천 유역 이외의 지역은 산지로 막혀 도시개발이 곤란하였으므로 1990년대 이후 생활 공간과 도시 개발이 구도심으로부터 갑천을 따라 서남부, 서부, 북부지역으로 이동했다. 이때 하류의 둔산지역, 중상류의 대덕테크노밸리가 갑천 유역의 중요 개발지였으며, 대동천·대전천·유등천 유역과 같은 지천의 둔치에는 도로와 주차장이 들어섰고 하상을 콘크리트로 포장하여 하천생태계가 파괴되었다. 이에 따라 더 이상 갑천의 물을 생활용수로 이용하기 어렵게 되면서 금강으로부터 강물을 끌어와 사용하게 되었다. 어느 정도 생활하수가 분리되면서 수질은 다소 개선되었지만 수량은 줄어들었으며 생태계는 단순하고 불안정해졌다.

1990년대 말부터 시작된 친환경적 개발의 영향으로, 하천 지형과 생태계는 조금씩 복원되기 시작했다(김두일, 2008). 갑천은 두 구간으로 나뉘어 환경 변화가 진행되고 있는데, 갑천 상류와 중상류 구간은 치수 중심의 하천 정비 이후 더 이상의 간섭이 없어 하천 지형과 생태계가 복원되고 있다. 그러나 중하류 구간은 배후지역 토지 이용과 하도 정비로 말미암아 배후 습지와 하천 생태계가 완전히 파괴된 상태로 오랫동안 유지되고 있다. 하류 구간은 자연 복원 과정에서 하천 정비에 따른 급격한 변화로 하천 지형과 생태계는 불안정한 상태에 놓여 있다.

하천에 대한 인간의 간섭이 어떤 결과를 가져왔는지를 갑천을 통해서 교훈을 얻을 수 있다. 인간과 자연을 모두 살리는 지속가능한 개발의 방향으로 관점의 변화가 요구된다. 즉, 하천을 보는 관점도 하도 중심의 선 개념에서 배후지역을 포함하는 면 개념으로 바뀌어야 할 뿐만 아니라, 분지 지형의 도시 개발은 배후지역의 자연환경 특성을 고려해 하천에 직접적인 영향을 주는 구릉지, 배후습지, 하도의 사력 퇴적지 및 습지는 보전하는 등 종합적인 자연시스템적 관점을 갖는 것이 중요하다.

03 오송생명과학단지는 한국 바이오산업의 중심지가 될 수 있을까

　오송생명과학단지는 행정구역상으로는 충청북도 청원군 강외면 일대에 조성된 국가산업단지이다. 오송생명과학단지에 입주하고 있는 기관 및 시설은 식품의약품안전청, 질병관리본부, 국립독성연구원, 한국보건산업진흥원, 국립보건원 등 5개 국책기관과 보건의료 관련 업체 및 국내외 민간 연구소, 생명과학(BT) 전문대학원, 창업보육센터 등이다. 이에 따라 식품, 의약품, 화장품, 의료기기 및 광학기기 제조업, 보건의료 및 BT산업 등 지식산업, BT산업 연관 IT, NT업종 및 첨단벤처업종 등이 들어서고 있으며, 이들을 지원하기 위한 도시기반 시설의 오송신도시 개발이 병행되고 있다.

　오송신도시는 오송생명과학단지 460ha(140만 평)를 포함해 2,645ha(800만 평) 규모로 3단계로 구분되어 조성된다. 2025년까지 2조 8,000억 원을 투입해 인구 10만 명이 거주하는 신도시로 개발하는 계획이다. 2005년부터 2007년까지 도시기본계획 및 관리계획을 결정하고, 2006년 이후 역세권 도시개발지구와 산업단지를 지정하며, 2007년 이후 단계별 개발계획과 실시계획을 수립한 뒤 본격적인 사업에 착수하는 계획이다. 1단계는 5대 국책기관과 보건의료기관, 연구개발생산업체가 협력해 도시 기반이 성립되고, 2단계는 산업단지를 지원하는 상업·행정·업무기능 담당 역세권이 개발되어 도시가 확장되는 계획이다. 3단계는 산·학·연·관이 협력하는 클러스터 구축에 의하여 산업이 발전되고 이를 지원하는 주문화·레저·기능을 분담하는 공간이 조성된다는 계획이다.

　오송신도시의 주요 공간을 차지할 생산연구용지는 오송생명과학단지 북측에 마련되고, 주민들의 쾌적한 주거활동과 교육문화활동을 할 수 있는 주거교육단지는 서측에 조성된다. 업무·상업기능을 분담할 중심 상업업무지역은 역 주변에 배치된다. 이와 같은 기본계획에 따라 오송신도시가 순조롭게 들어선다면 수준 높은 연구·주거·교육·레저·문화활동이 가능한 과학도시가 되고, 오송생명과학단지는 세종시, 이른바 행정중심복합도시와 연계된 특화기능을 맡게 된다. 인구 집중과 난개발만을 유발하는 기존의 신도시와 철저히 차별화되어야 한다는 게 오송신도시가 풀어야 할 과제이다.

오송생명과학단지와 오송신도시의 반경 8km 내에는 천안, 조치원, 세종시, 대전, 오창과학산업단지, 청주국제공항 등이 있고, 경부고속철도와 충북선, 호남고속철도, 국도 36번과 57번 도로, 지방도 508호선 등이 경유하므로 수도권과 대전, 부산과 같은 대도시권과의 접근성이 좋아 앞으로 바이오 보건 산업단지로서 발전할 가능성이 크다.

04 머드 축제의 성공으로 보령시는 세계적인 명소가 되었는가

　한국의 서해안은 조차가 크고 해안선이 복잡하며 많은 육상 퇴적물이 공급되어 갯벌이 잘 발달되어 있다. 한국의 갯벌은 캐나다 동부해안, 미국 동부해안, 유럽의 북해연안, 남아메리카의 아마존강 유역과 더불어 세계 5대 갯벌의 하나이다. 국토 면적이 좁은 한국은 일찍부터 갯벌을 간척하여 농경지, 공업단지, 도시 용지로 이용하거나 염전 및 수산 양식장 등으로 이용해왔다. 최근에는 갯벌이 오염물질을 분해하는 기능이 있다고 하여 관심이 높아지고 환경 보전을 위한 중요한 지형으로 인식되고 있다. 갯벌은 이제 환경, 생물, 인간 생활과 밀접한 관련을 가진 대표적인 지형이다.

　충청남도 보령시는 갯벌에서 생산되는 진흙을 이용한 머드 축제를 통해 세계적인 명소가 되었다(문건수, 2007). 보령시의 136km에 이르는 긴 해안선을 따라 고운 진흙이 펼쳐져 있는데, 진흙의 성분을 분석한 결과 원적외선이 다량 방출되고 미네랄·게르마늄·벤토나이트를 함유하고 있어 피부미용에 효과가 뛰어난 것으로 알려졌다. 이는 이스라엘의 사해 진흙보다 품질이 더 뛰어난 것으로 밝혀졌다. 석탄합리화 정책으로 대다수 광산이 문을 닫게 된 폐광도시 보령시의 이미지 개선을 위해, 1996년 대천해수욕장 인근의 갯벌에서 채취한 머드 제품 개발과 이를 알리려는 시도가 이루어졌다. 보령에서 생산되는 머드를 주제로 하여 축제 기간 내내 슬라이딩 멀리 하기, 미끄럼틀 오르기, 외나무다리 건너기 등 머드게임 경연, 머드 분장 콘테스트, 머드 마사지 체험, 머드 인간 마네킹 등 머드와 관련된 다채로운 이벤트가 많아 성공적이었다. 다양한 이벤트와 놀이를 즐기기 위하여 세계 여러 나라에서 수많은 관광객이 방문했다.

　보령시는 대천해수욕장에 머드 팩 하우스를 설치하고 해수욕장 개

보령 머드 축제
보령에서 생산되는 머드를 주제로 하는 관광객 체험형 이벤트로, 머드 마사지뿐 아니라 다양한 놀이를 즐길 수 있다. 1998년 7월 처음으로 축제를 개최한 이래 매년 7월 중순경에 시작되어 4일간 계속된다. 보령의 진흙은 품질이 뛰어난 것으로 밝혀져 국내 관광객뿐만 아니라 외국인들도 많이 찾는다.

장과 동시에 이 축제를 개최하고 있다. 1998년 제1회 보령 머드 축제가 열린 이후 제9회까지 꾸준히 내외국인 방문객 수가 증가했다. 이는 다양한 프로그램 개발과 적극적인 홍보에 기인하는 것으로 보인다. 2006년 방문객의 재방문 비율은 26.4%로 2005년에 비해 6.5% 증가했는데, 이는 축제에 대한 만족도가 높아졌기 때문이다. 2006년의 머드 축제 프로그램은 대형 머드탕, 머드 비누 만들기 등의 체험행사 19개, 관광보령 사진전시, 보령 머드 홍보관 등 기획전시행사 11개, 보령 머드 학술세미나·요트 퍼레이드와 같은 연계행사 16개, 머드왕 선발대회, 불꽃 판타지, 한여름 밤의 머드 콘서트 등의 야간행사 10개로 이루어져 있다. 방문객들이 보령 머드 축제를 방문해서 다양한 프로그램을 즐길 수 있고 야간에도 할 수 있는 프로그램이 많아 숙박형 관광으로 이어지고 있어 지역경제에도 긍정적인 영향을 미친다.

한편, 보령시 해안선의 조상대는 간척되어 염전이나 양어장으로 이용되며, 조간대에서는 상부에서 하부로 가면서 가무락, 동죽, 바지락, 새꼬막, 김과 같은 해조류가 순서대로 양식되거나 채취된다. 굴 양식은 방법에 따라 조간대와 조하대에서 이루어지며, 조류를 이용하여 벌레문치(장치) 치어, 숭어, 새우 등을 잡는 안강망 어업이 모래 갯벌에서 이루어지는데, 이러한 갯벌의 이용이 오늘날에는 서비스와 생산이 융합된 형태로 바뀌었다.

보령 머드 축제는 햇수를 거듭하면서 방문객이 급증하여 숙박업, 음식업, 유흥비 부분의 판매액이 지속적으로 증가하고 있다. 특히 숙박업의 판매액이 눈에 띄게 증가한 것으로 볼 때 보령의 머드 축제를 찾는 방문객들은 당일 방문보다 투숙 방문객이 많다고 볼 수 있다. 이처럼 보령시는 보령만이 가지고 있는 천혜의 갯벌을 이용하여 머드 제품을 만들고 축제를 열어 각지의 방문객들이 보령을 찾고 있고, 다양한 프로그램 개발과 적극적인 홍보로 지속적으로 내외국인 방문객 수가 증가하면서 보령시 지역경제에도 긍정적인 효과를 미치고 있다.

05 청주시의 도시발달이 가져온 경관파편화는 도시민의 웰빙에 악영향을 주므로 계획이 필요하다

지난 40년간 청주시의 도시인구는 급증하였으며 시가지도 확대되면서 도시의 기반시설이 마련되었다. 도심에서 외곽으로 뻗어 나가는 방사상 도로는 인구와 물자의 유통을 편리하게 하고, 서부의 남북 종주 고속도로는 중부지방의 교통축을 이루어 도시발달에 중요한 기능을 하게 되었다. 하지만 이러한 도시발달로 녹지가 파편화되고, 이는 다시 종 풍부성을 떨어뜨리는 결과를 낳았다.

청주 시가지를 둘러싸고 있는 환상 녹지에는 논, 밭, 산림, 취락이 혼재되어 있다. 이곳을 10개 지역으로 나누어 조류와 양서류 및 파충류를 조사해본 결과, 청주의 3종 순환도로와 방사상 주요 간선도로 및 서부 관통 고속도로에 의한 녹지의 파편화 정도에 따라 생물의 종 다양성과 개체수가 급격히 감소하는 현상이 밝혀졌다. 물론 일반적으로 녹지자연도가 높은 산림에서 동물의 종 풍부성이 높은 경향이 있으며, 조류의 경우 경관파편화보다는 하천이나 소류지의 중요성이 알려졌다.

서식환경이 악화되면 조류의 경우 즉각 이동으로 반응하지만 양서류와 파충류는 이동성이 낮아 개체수가 감소하는 형식으로 반응한다. 따라서 비오톱 중에서 방죽이나 저수지에서 종 풍부성이 가장 높게 나타나고 하천과 산림이 그다음이며, 소하천이나 산간 계류는 비교적 낮게 나타났다. 인간의 간섭 경중에 따라서도 종 풍부성이나 개체 풍부성에 차이가 나타났다고 한다. 즉, 청주를 둘러싸고 있는 취락 혹은 녹지의 경관파편화는 종 풍부성과의 관계에서 양서류와 파충류는 비례관계가 뚜렷하고 조류는 상당하다고 할 수 있다. 이러한 결과는 경관파편화는 생물군집이 고립되어 번식에 불리하게 하며, 패치 간 이동 시 로드킬(roadkill)이 빈번하게 발생해 생물들의 생존능력에 부정적인 영향을 준다는 세계적인 연구결과와 일치한다.

　경관파편화는 생물 다양성뿐 아니라 웰빙에 부정적인 영향을 미쳐 교육, 레크리에이션, 여가활동, 생태계 보전 등 다양한 기능을 수행하는 녹지에 대하여 주목해야 할 것이다. 도시에서의 생물 다양성 보전이 도시계획에 반영되어야 한다는 점에서 청주시의 도시계획이 앞으로 어떤 방향으로 진행될 것이지 관심을 가지지 않을 수 없다. 도시지역 경관파편화가 주로 도로에 의하여 발생한다는 점에 착안하여 도로망을 통합관리하고, 생태통로를 확보하기 위한 도로구조물 설계에 유의하는 것도 한 방법이다(김재한, 2012). 한국은 산줄기가 많아 이것이 녹지축 혹은 생태축을 제공한다는 의미에서(이양주, 2013) 파편화되면 자연생태계 보존에 나쁜 영향을 주게 되므로 청주의 산줄기와의 관련성도 생각해볼 문제이다.

[미래 한국지리 포럼]
산줄기가 생태축이 될 수 있다는 주장과 풍수지리의 과학성

평야보다는 산지지형이 잘 발달된 한국의 경우 산지체계나 산줄기 분류체계는 아직 공식적으로 정해져 있지 않은 가운데 산줄기가 생태축이 될 수 있다는 의견이 개진되고 있다. 제4차 국토종합계획 수정계획(2011~2020)에서는 산, 하천, 호수, 늪, 연안, 해양으로 이어지는 자연생태계를 통합적으로 관리·보전하는 종합적인 시책이 추진되고 있으며 개발축(성장축), 교통축, 생태축의 3대 축이 공간구조의 골격을 이루도록 하는 지침이 수립되었다. 산줄기가 녹지축 혹은 생태축을 제공한다는 의미에서 산줄기는 공간구조의 핵심적인 요소이다. 산줄기에 관한 가장 풍부한 자료를 제공하는 것은 신경준의 『산경표(山經表)』이며 1대간·1정간·13정맥 중 2008년 한남정맥 조사에서 생태통로와 안내시설을 설치·관리하는 정책 대안 등이 제안되었다. 산줄기 이름 짓기에 산경표의 명칭이 채택되는 일에 소극적인 태도를 보이는 배경에는 풍수지리가 부정적 요인으로 자리 잡고 있음을 부인할 수 없다. 『산경표』가 제시한 명칭의 채택 여부와 무관하게 '산줄기'란 용(龍)이라는 것과 풍수지리의 '사세팔용법(四勢八龍法)'에 대한 조금의 이해만 있다면 생태축으로서의 산줄기가 풍수지리적 개념과 관련지어질 수밖에 없는 사정에 처한다. 이에 산줄기, 생태축, 풍수지리에 대한 논의가 필요하다.

- 이번 포럼에서 논의될 소주제는 다음과 같이 정리할 수 있다.
1. 산줄기는 생태축의 기능이 있는가?
2. 산줄기가 풍수지리에서 차지하는 의미는 무엇인가?
3. 풍수지리의 '발복'이란 개념과 생태축을 아우르는 개념이 있는가?
4. 풍수지리가 생태축이라는 틀 속에서 논의되기 위해서는 어떤 새로운 해석이 필요한가?

08 천안-당진 도농통합지역은 서해안의 핵심지역이 될 것인가

지역의 미래

천안은 조선시대 이래 기호지방으로부터 영남지방과 호남지방으로 분지하는 '천안삼거리'로 유명했다. 경부선과 장항선이 통과하여 교통의 기능이 더욱 강화되었고, 1970년대에는 경부고속국도가 통과하게 되었으며, 경부고속전철의 완공과 더불어 교통 기능이 더욱 강화되고 있다. 서울 대도시지역, 부산-포항 대도시지역, 대구-구미 대도시지역 다음으로 제조업 출하액이 많아 한국 제조업의 새로운 중심지가 되었으며, 중국 진출의 전진 산업기지로서의 기능이 강화되었다. 산업도시에 걸맞는 인구 집중으로 공동주택의 비율이 높고 외국인도 집중하고 있다. 이에 반해 서비스업 종사자 수는 아주 적다. 전국에 비하여 유치원 1개당 원아 수가 많으며 노인 수도 많다. 천안이 서울과의 철도교통에 의한 접근성이 급속히 향상되어 수도권과의 상생발전전략이라는 점에서 남북 간보다는 동서 간의 축이 활용될 필요가 크다.

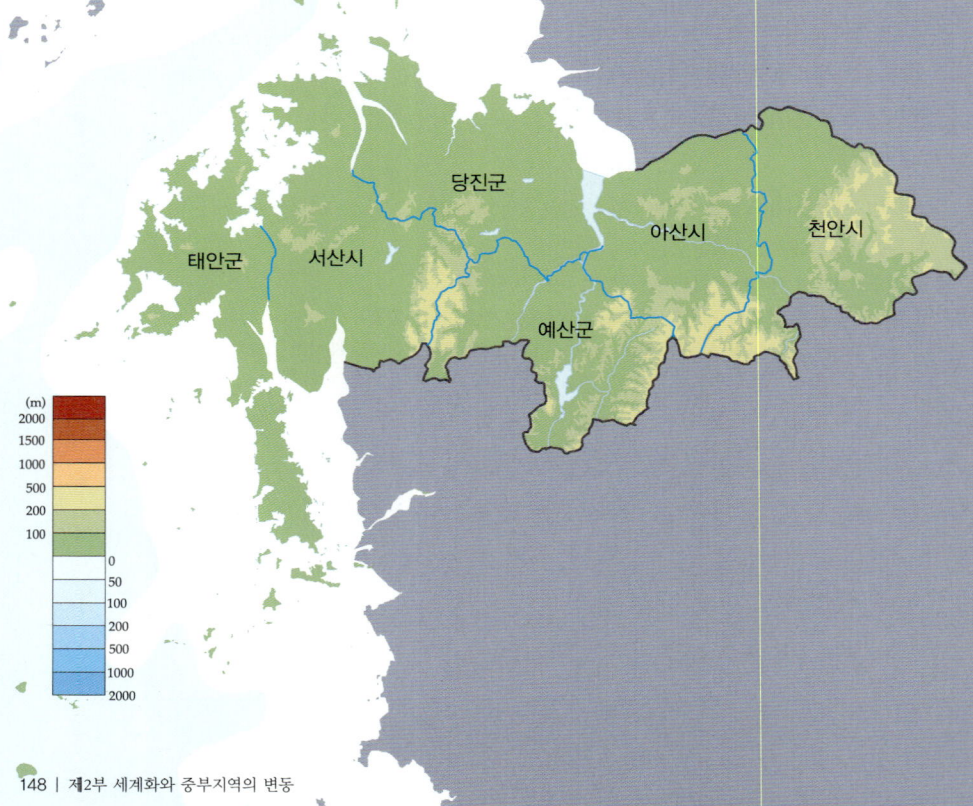

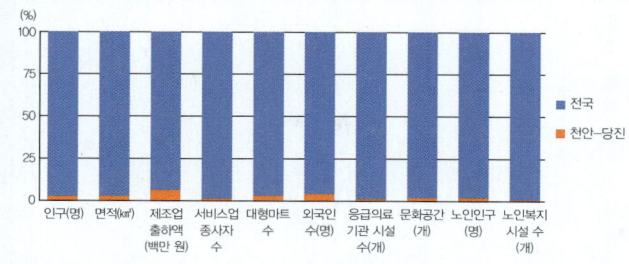

천안-당진 지역의 비중(1)

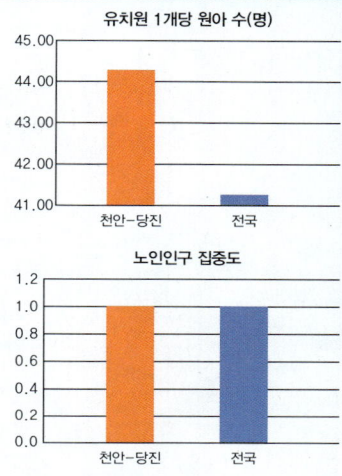

천안-당진 지역의 비중(2)

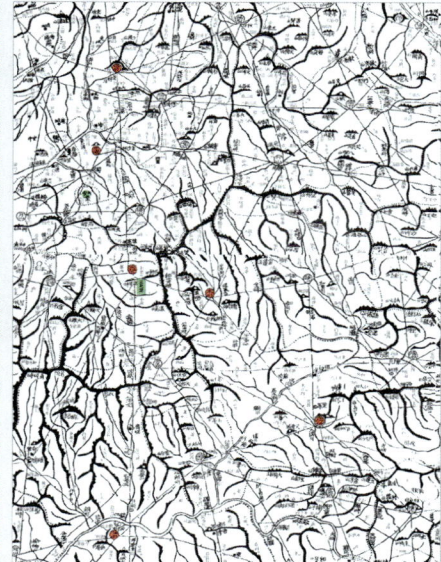

대동여지도 상의 천안

자연경관(신두리 해안사구, 권동희)

문화경관(예산 사과와인 농장)

추사와인 광고

제8장 천안-당진 도농통합지역은 서해안의 핵심지역이 될 것인가 | 149

08

인문경관(대산석유화학단지 부근의 염전, 신은형)

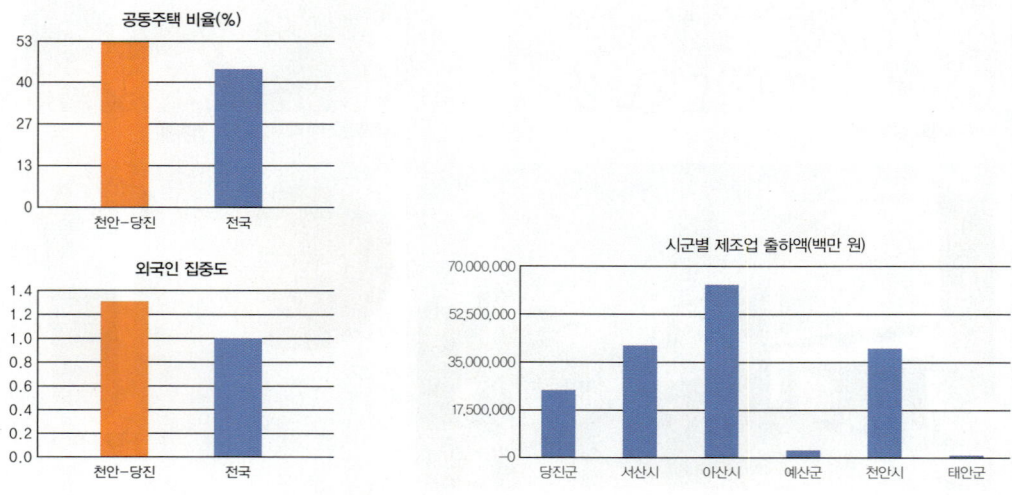

천안-당진 지역의 비중(3)

경관의 이해

이 지역의 해안에는 해안경관이 뚜렷하게 남아 있으며, 서산지구 간척사업 등 대규모 간척사업이 추진된 곳이 많다. 전통시대의 교통 역사경관의 흔적을 찾아볼 수 있으며, 최근 사과 원예작물을 이용하여 농산물 가공업을 발전시키려는 노력이 이루어지고 있다. 아산만 등 만입이 이루어진 곳에 항만, 산업경관이 전개된다.

역사경관(인공습지로 된 굴포운하지 부근, 권동희)

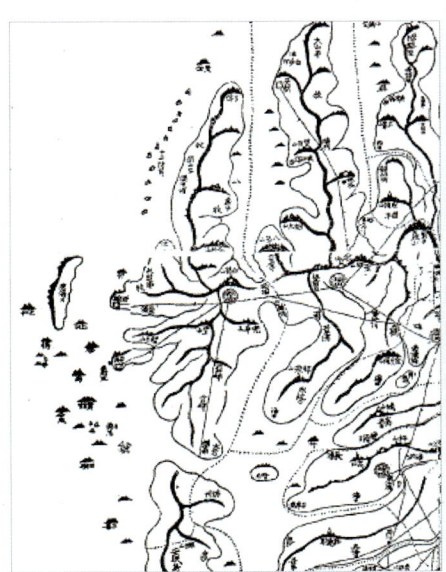

대동여지도 상의 굴포운하지

문화경관(천안흥타령춤축제)

08

❋ 위치와 행정구역

천안-당진 지역은 북위 36도 23분~37도 4분, 동경 126도 25분~127도 25분에 위치한다. 동단은 천안시 동면 화덕리, 서단은 태안군 근흥면 신진도리의 격렬비열도, 북단은 당진군 석문면 난지도리의 대난지도, 남단은 태안군 고남면 고남리이다. 충청남도의 서북부 지역에 해당되며 북쪽으로는 경기도 평택, 안성 등과, 동쪽으로는 충청북도의 청주, 진천 등과, 남쪽으로는 충청남도의 조치원, 연기, 예산, 홍성 등과 접한다. 이 지역은 3개 시, 3개 군으로 이루어져 있으며 서산시, 아산시, 천안시, 당진군, 예산군, 태안군 등이 그것이다.

❋ 지형과 기후

천안-당진 지역은 한국에서 가장 저평한 지역 중의 하나로 평야가 잘 발달되어 있다. 아산만과 삽교천 일대의 해안평야는 빙기 때 형성된 하곡이 간빙기가 되면서 충적평야로 변한 곳이다. 해안지형은 사빈해안과 간석지로 나눌 수 있는데, 안면도와 태안반도를 중심으로 꽃지의 사빈, 신두리 해안사구 등의 해안 퇴적지형이 발달해 있으며, 가로림만, 천수만, 아산만 일대에는 간석지 지형이 잘 발달해 있다.

이 지역은 전반적으로는 대륙성 기후를 보이며, 남부지방과 중부지방의 점이적 성격을 갖는다. 평균기온, 강수량에서 지역 간의 차이가 나타나지 않으나, 서해안의 영향으로 서산에는 풍속이 강한 바람(2.4m/s)이 자주 분다.

01 천안-당진 지역은 대중국 무역 전진기지가 될 수 있는 여건이 충분하다

중국은 1980년대부터 시작된 덩샤오핑의 개방정책으로 선전(深川), 주하이(珠海), 아모이(厦門) 등의 경제특구에 이어 상하이, 다롄(大連) 등의 황해 연안의 도시를 개발하는 등 수출 위주의 해안 성장거점개발 정책을 펴왔다. 중국 경제는 그동안 연평균 10%에 가까운 고도성장을 해왔으며, 산업구조는 지속적으로 고도화되어 한국 경제를 위협한 지 오래다. 중국과 한국과의 교류는 급속히 성장하여, 중국은 한국의 4대 수출국의 하나이며, 한국도 중국의 2대 수출국이어서 최대 투자 대상국으로 위상이 매우 높다. 1980년대 이후 개방정책으로 인한 중국 경제의 급부상으로 세계 최대시장이자 경쟁 상대국으로서의 중국에 대한 국가 전략적 차원의 대응방안이 필요해졌다. 이에 따라 한국은 대중국 서해안 중심 개발전략에 부응하여 1988년 이후 정부 주도하에 지리적으로 가깝고 물류비용을 절감할 수 있는 서해안 지역의 개발을 본격적으로 추진하고 있다.

1988년 '서해안개발추진위원회'는 대규모 산업단지 조성 및 항만·공항·도로 등 인프라 구축, 성장거점으로서 중추적 역할을 담당할 중심도시를 조성하였다. 제4차 국토종합계획에서는 서해안을 아산만권, 전주-군장권, 광주-목포권의 3개의 광역권으로 나누었는데, 아산만권의 개발방향과 전략은 ① 지역특화산업 육성과 임해형 신산업지대 조성, ② 삶의 질 향상을 위한 도시개발 및 정비, 복합신도시 개발, ③ 국토를 연계하는 통합적 교통 및 물류체계의 구축 등으로 삼았다.

이에 따라 조성된 아산신도시는 천안-당진 도농통합지역의 활성화, 경부고속철도 개통에 따른 급증화는 인구 수용 및 산업단지의 배후도시로서 주거 및 고차적 서비스 기능 제공의 과제를 안게 되었다. 특히 아산신도시는 천안시 불당동과 아산시 배방면, 탕정면 일원에 위치하여 아산만 광역권 배후의 중추도시 역할을 해야 한다. 아산항, 경부고속국도, 서해안고속국도 및 경부고속전철 등의 간선 도로망과 효율적으로 연결되는 교통망 구축이 요청되어 당진-천안, 아산-천안 구간 등 지역 내 고속화도로가 건설되고 있다. 또 지방도로를 국도로 승격시키고 4차선 이상으로 확장시키는 등 기존 도로에 대해서도 교통망 정비가 이루어지고 있다.

이 지역의 서산과 당진은 1980년대까지만 해도 반농 반어촌에 불과했으나 1980년대 후반 이후 아산만권 광역개발계획과 연계된 대단위 산업들이 점차 가시화되면서 산업화가 진행 중이다. 서산지역은 화학, 기계 등의 업종에 유리한 입지조건을 갖추어 1980년대부터 중국 등 동남아시아 시장 개척을 위한 석유화학제품 등의 제조업체가 입지했다. 특히 대산산업단지는 서해안 개발의 중핵지대이며, 석유화학, 석유정제제품 등을 생산하는 석유화학단지이다. 삼성석유화학, 현대석유화학, 현대정유, LG유화, 롯데유화 등의 석유화학 공장들이 집적되어 있다. 당진지역은 당진항 부두를 이용해 원료의 수급이 용이하고 서해안고속국도 개통으로 수도권과의 접근성이 향상되어 최근 수도권의 철강 관련 업체들이 활발히 이주해오고 있다. 한보철강 부도 이후로 지역경제가 침체되었으나, 2004년 현대제철의 한보철강 매입과 휴스틸, 동부제강, 유니온스틸 등이 입지하여 전형적인 철강벨트로 부상하고 있다. 최근 현대제철 협력업체인 대주중공업과 대한전선 등 100여 개 업체가 입주를 위해 공장을 신설했다. 또한 당진-대전 간(91.6km), 공주-서천(61.4km) 간 고속국도가 개통되어 천안흥타령춤축제, '밴댕이, 꼴깝, 회유!' 축제, '한산 모시 문화제' 등이 활성화되고 도시·농촌 간의 의료협력체계가 구축되었다.

02 신두리 해안사구가 관심을 끄는 이유가 무엇일까

해안사구는 사빈의 모래가 탁월풍에 의해 낮은 구릉 모양으로 쌓여서 형성된 지형이다. 해안사구는 모래의 공급이 풍부한 곳에서 잘 발달하는데, 주로 하천 하류의 충적지 전면에 연속적으로 발달한다. 동해안의 경우에는 하천의 길이가 짧고 배후산지에서 모래가 풍부하게 공급이 되나, 하천의 길이가 길고 조수간만의 차가 큰 서해안에서는 모래가 부족하여 사구가 침식을 받아 후퇴하고 있다. 또한 서해안에서는 북서계절풍을 정면으로 받아들이는 해안에서는 사빈과 사구가 두드러지게 나타나는 경향이 있다. 서해안의 사구들은 사빈의 규모에 비해 매우 큰 해안사구들이 발달하는 경우가 있는데, 이는 다량의 고운 모래가 공급되었기 때문이다. 최후 간빙기의 해안퇴적물로 쌓인 플라이오세의 고사구(古砂丘)가 많기 때문으로 해석된다.

모래가 쌓이고 바닷물의 영향을 받지 않게 되면 사초가 정착하기 시작하는데, 사초는 모래를 붙잡아두는 역할을 하여 사구가 더욱 크게 성장할 수 있다. 사구가 성장하면 사초는 나무로 대치된다. 한국에서는 인공적으로 해송을 심어 방풍림, 방사림을 조성하지만 해안사구는 사빈과 모래를 순환하는 역할을 한다. 해풍에 의해 사빈의 모래가 불려 사구에 쌓이고, 반대로 육풍이 불 때는 사구가 사빈의 모래를 보충해주는 것이다. 이 때문에 사구가 파괴된 곳에서는 사빈도 파괴되는데, 이는 사빈의 쓸려나간 모래를 사구에서 보충해주지 못하기 때문이다. 또한 사구는 지하수를 저장하여 해수가 육지 깊숙이 침투하는 것을 막고, 내륙과 해안의 생태계를 이어주는 교량적 기능과 완충적 기능을 하며, 폭풍과 해일로부터 해안선과 농작물, 주택 등을 보호하는 역할을 한다.

신두리 해안사구는 충남 태안군 원북면 신두리에 위치해 있다. 해안을 따라 약 3.4km의 해안사구 중 원형이 잘 보존된 북쪽의 일부가

해안사구(coastal dune)

사구는 모래언덕으로서 해안의 사빈이 건조할 때 바람이 불어 육지 쪽으로 이동하여 이루어진 것이다. 해안선이 바다 쪽으로 이동하면, 사구 앞에 새로운 사구가 만들어지면서 전면사구(fore dune)와 후면사구(back dune)로 구분된다. 사구는 그 형태가 안정되면 초지에서 삼림으로 천이한다. 사구와 사구 삼림은 방풍림 역할을 하므로 인문환경에도 매우 중요하다. 사구와 사구 사이의 사구저지에는 습지가 조성되기도 한다.

방풍림

농경지·과수원·목장·가옥 등을 강풍으로부터 보호하기 위하여 조성한 산림을 일컫는다. 수종은 크고 빨리 자라며 바람에 견디는 힘이 좋은 상록수, 특히 오래 사는 소나무와 같은 침엽수가 알맞다.

> **람사 습지**
>
> 동식물, 물새 서식처로서 국제적으로 중요한 습지를 보호하기 위한 국제협약인 람사협약에 등록된 습지로, 한국에는 강원도 대암산의 용늪과 창녕의 우포늪 등 11곳이 등록되어 있다.

천연기념물 제431호로 지정되었다. 신두리 해안의 사빈을 따라 분포하는 신두리 해안사구는 겨울철에 강한 북서계절풍을 받는 위치이며, 인근의 사빈과 모래 갯벌이 간조 때 넓게 드러나 바람에 날리어 사구가 형성되기에 좋은 조건을 갖추고 있다. 신두리 해안사구는 약 500~600년 전에 퇴적되기 시작한 후 하부는 안정 상태를 유지하고 있으며, 지난 1,000년간 상당한 양의 사구사가 퇴적되었거나 재이동되고 있다는 사실은 사구가 제4기 현세 동안 매우 역동적인 상태에 있음을 말해준다(강대균, 2003).

신두리 해안사구는 한국 최대 규모의 해안사구로서 독특한 지형과 식생들이 잘 보전되어 있다. 전사구, 바르한(Barchan), 사구 습지 등 다양한 지형이 잘 발달되어 있다. 해안사구 뒤에 나타나는 습지는 해안에 평행하게 사구가 발달하면서 석호가 매립되어 나타나기도 하며, 사구 뒤편에 취식와지가 생기면서 지하수가 스며 나와 형성되기도 한다. 신두리 해안사구의 습지는 민물로 유지되는데, 사구가 바닷물을 막아주며 사구에서 올라오는 지하수의 양이 많고 집수구역이 좁기 때문이다. 이곳 습지의 대표적인 예로는 두웅 습지를 들 수 있다. 두웅 습지는 람사 습지로 지정될 만큼 생태적으로 중요한 지형이다. 해안사구만이 갖고 있는 독특한 생태계가 조성되어 식물군으로는 전국 최대의 해당화 군락지, 통보리사초, 모래지치, 갯완두, 갯메꽃을 비롯하여 갯방풍과 같이 희귀식물들이 분포한다. 동물군으로는 표범장지뱀, 종다리, 맹꽁이, 쇠똥구리, 사구의 웅덩이에 산란하는 아무르산개구리, 금개구리 등이 서식하고 있다.

03 천안삼거리는 천안의 아이콘(icon)이 될 수 있을까

천안삼거리는 조선시대 한양에서 시작되는 육대로 중 남쪽으로 가는 대로들의 갈림길이었다. 즉, 삼남지방(충청도, 경상도, 전라도)을 연결하는 삼남대로의 갈림길이었는데, 천안을 기점으로 남으로는 논산, 강경, 전주, 광주로 통하는 호남대로가 이어지고, 동으로는 청주, 문경새재를 지나 상주, 영동, 김천, 대구로 통하는 영남대로가 이어진다. 천안은 소백산맥, 차령산맥과 같은 산지를 넘어 남북지방을 연결하였으므로 과거부터 교통의 요충지 역할을 하였으며, 현재도 도로교통의 요지이다. 경부선과 호남선이 천안을 통과하며, 장항선이 이곳에서 갈라져 나가고, 경부고속국도와 호남고속국도가 만나서 갈라진다. 일제강점기에는 철로가 마을과 멀리 떨어진 곳에 놓이는 경우가 많았는데, 이 때문에 기차역이 마을에 생기지 않아 구시가지는 쇠락하고 기차역을 중심으로 생긴 신시가지가 현재까지 중심지로 남아 있는 곳이 많다. 그런데 천안은 철도역이 읍치소(邑治所) 바로 옆에 설치되어 있어 현재까지도 그 중심지로 남았다.

한양과 삼남지방을 연결하는 갈림길이었던 천안삼거리는 고관대작부터 보부상에 이르기까지 많은 사람들이 오가던 길목이었다. 이 때문에 천안삼거리에는 삼거리마을이라는 자연마을이 형성되었으며, 길을 따라서는 주막거리가 조성되었다. 구한말 지도에는 신점(新店)이라고 표시되어 있어 천안 초입의 주막거리였음을 알려준다. 현재는 육상교통이 발달하고 천안이 도시화를 겪으면서 상대적으로 도시화의 영향을 받지 못한 삼거리 일대는 쇠퇴하여 주막거리는 사라졌다.

천안삼거리에는 박현수라는 인물과 능소의 전설이 전해진다. 박현수가 과거를 보기 위해 한양으로 올라가던 중 천안삼거리에서 능소라는 여인과 만나 헤어지고, 장원급제하여 다시 그곳에서 만나 사랑을 이

뤘다는 내용이다. 이 이야기는 길이 갈라지고 합해지는 삼거리의 특성에 만남과 헤어짐이라는 요소가 부여된 것이다. 박현수와 능소의 이야기는 「천안삼거리」라는 민요를 만들어냈다. '천안삼거리~ 흥~'으로 시작하는 민요에 나오는 버드나무는 능소의 아버지가 심은 것이라는데, 아직도 삼거리에 남아 있다. 천안 사람들이 모수(母樹)라 부르는 이 나무에는 능소의 이름이 접두사로 붙어 '능수버들'이라는 명칭이 생겨났다. 큰길은 1번 국도이며, 뒤에 보이는 마을이 삼거리 마을이다. 그 맞은편에 삼거리 공원이 조성되어 있다.

천안을 지나는 삼남대로 옛길을 따라가다 보면 1번 국도와 만나는데, 여기서 조금만 더 내려가다 보면 21번 국도와의 분기점이 나온다. 이곳에 천안삼거리라는 비석이 세워져 있다. 천안삼거리의 위치는 이곳에서 700m가량 떨어진 곳으로 비석이 세워진 곳은 삼남대로와는 아무런 관련이 없는 곳이다. 즉, 현대 사람들이 제대로 알지 못하고 비석을 세운 것이다. 옛 삼거리지점에 공원이 조성되어 있다. 삼남대로의 전라도길이 1번 국도와 일치하는 모습이 보인다.

천안삼거리는 천안을 상징하는 장소로서 천안시에서는 공원을 조성하고, 천안흥타령춤축제를 개최하고 있다. 천안흥타령춤축제는 천안삼거리에 얽힌 전설과 흥타령을 모티프로 하여 춤이라는 장르로 특화한 축제로, 경연방식의 개방형 축제이다. 경연에 참가하기 위해서는 반드시 음악에 「천안삼거리」의 한 소절이 들어가야만 하는 조건이 있다. '천안삼거리문화제'를 개편하여 2003년부터 시작한 흥타령춤축제는, 지역 이미지를 제고하고 천안의 문화를 반영한 테마형 축제라는 점에서 높이 평가받고 있다.

04 안면도 국제꽃박람회는 한국의 화훼산업에 어떤 영향을 줄 수 있을까

해양성 기후 지역인 태안군은 봄과 가을이 길기 때문에 작물의 생육 기간이 길고, 토질이 사질토와 점토로 되어 있어 꽃을 재배하기에 유리한 조건을 갖추고 있다. 태안, 남면, 근흥, 소원, 원북의 5개 면에서 화훼를 재배하고 있는데, 특히 태안과 남면에서 화훼 재배가 활발하다. 태안군의 화훼 재배농가는 충청남도의 41%인 300여 호이며, 가구당 연간 3,000만 원 정도의 소득이 생겨 태안군의 지역 성장산업으로 등장했다.

특히 2002년 화훼산업의 진흥, 지역 환경의 복원, 관광지로서의 지역개발 목적에 따라 안면도 국제꽃박람회가 개최되었다. 2002년 당시 안면도 국제꽃박람회는 '꽃과 새 문명', '바다에 물든 꽃'을 주제로 개최했으며, 국내 58개의 화훼 관련 단체 및 업체와 해외 31개국이 참여했다.

국제꽃박람회는 화훼전시를 위주로 하는 원예 박람회의 한 유형이다. 이러한 꽃박람회는 국제 원예 생산자협회(AIPH)에 의해 관리되며 엄격한 조건하에 공인되고 있다. 공인은 그 유형에 따라 A1(장기 대 국제원예박람회), A2(단기 실내 중심의 국제원예박람회), B1(장기의 정원 중심 전시), B2(단기의 정원 중심 전시)의 4가지 유형으로 분류된다. 꽃박람회는 생화를 소재로 전시하는 박람회이기 때문에 준비하기가 어려울 뿐만 아니라, 국가 또는 지역의 경제력과 함께 화훼산업의 발달 정도, 전시기법, 문화수준 등이 종합적으로 요구되는 수준 높은 박람회이다. 이러한 이유 때문에 그동안 선진 서유럽국가들이 개최를 거의 독점했다. 1980년 서울올림픽, 1993년 대전 엑스포 개최에 이어 국제공인 꽃박람회는 2002년 안면도 국제꽃박람회 개최가 처음이다.

안면도 국제꽃박람회는 국내 화훼산업 발전촉진, 개최지의 지역개

> **AIPH(The International Association of Horticultural Producers)**
>
> 국제 원예인들을 대표하는 국제협회로 1948년 스위스에서 화훼생산자들의 모임에서 비롯되어 결성되었다. AIPH가 발행하는 통계연감은 각국의 원예 생산, 무역 및 시장 개발에 견인차 역할을 하고 있다.

발, 관광자원화, 꽃문화 형성, 지역 이미지 개선, 친환경 박람회의 측면에서 뛰어난 성과를 보여주었다. 특히 행사기간 동안 수백만 달러의 수출 상담이 이루어지고 박람회 개최를 위한 SOC투자와 도로여건 개선, 관광특화 이미지 부각 등이 창출되었다는 점에서 개최 목적이 달성되었다고 한다. 그러나 2002년부터 2008년까지 꽃박람회를 개최하였지만 태안반도 연안 유류 유출 피해로 관광객 감소에 따른 지역경제의 급격한 침체와 국내 화훼농업 경쟁력이 약화되고 있으며, 특히 충남에서 화훼농가가 2006년 대비 20.8% 감소했다.

안면도 국제꽃박람회 외에도 고양 꽃박람회가 개최되고 있다. 고양시는 자연환경적인 요건뿐만이 아니라, 수도권의 주요 도시들과 1시간 내로 접근이 가능하다는 교통의 편리성으로 인해 화훼산업이 크게 발전했다. 1997년부터 3년 주기로 개최되는 고양 꽃박람회는 안면도 박람회와는 다르게 AIPH의 공인을 받지 않은 원예박람회라는 점에서 차이가 있다. 고양 꽃박람회 또한 지역 화훼산업의 활성화와 수출시장의 확대를 꾀하기 위해 개최되었다. 최근에는 금융위기에 따른 경기 침체로 인하여 화훼산업이 중대한 전기를 맞았다.

05 예산 사과와인이 세계적인 와인이 되기 위해서는 고택와인 명칭이 필요하다

한국 과수 재배의 40%를 차지하는 사과가 와인으로 개발되어 판매되고 있다. 예산의 사과와인이 그것이다. 한국은 포도 재배에 적합한 기후조건이 아니기 때문에 서구적인 와인을 생산하는 데는 한계가 있다. 오늘날 와인은 세계인의 의사소통 수단으로 자리 잡아, 와인을 잘 안다는 것은 술 이외에 삶의 맛과 멋을 잘 아는 것이라고도 할 수 있다. 와인은 외국인과의 만남, 비즈니스, 협상 등에서 서로를 교감하게 하는 일종의 세계주의의 표현방식인 것이다.

한국에 본격적인 수입 와인 시장이 형성된 것은 1995년으로, 1988년 서울 올림픽을 치르고 난 후이다. 한국인의 주류 소비행태는 1970년대 이전의 막걸리와 소주, 1980년대의 맥주, 1990년대의 위스키 순으로 변화하였다. 최근 여성의 사회적 활동 확대로 인한 여성 음주인구의 증가, 건강을 생각하는 음주패턴 변화, 적포도주의 유익한 성분 등으로 말미암아 수입 와인이 시장을 압도하고 있다. 향후 와인 소비량은 2000년 대비 2020년에는 최소 94.5%, 최대 358.2%까지 증가할 것으로 보고 있으나 국산 와인의 시장 점유율은 소멸할 것으로 예측하기도 한다. 국산 와인의 생산은 한국이 외국산 와인의 수입국으로 전락하지 않고 균형적으로 발전하기 위해서도, 특히 한국 문화를 세계화시킨다는 점에서 절실한 과제이다(옥한석, 2006).

와인에 의한 한류가 발생하기 위해서는 문화와의 접목이 중요한데 예산의 추사 사과와인이 그 시금석이 될 수 있다. 예산을 대표하는 아이콘인 추사 김정희는 전통시대의 시(詩)·서(書)·화(畫)를 두루 빛낸 예술가이며, 그의 고택이 예산에 소재함을 상기할 때 '사과-와인-예술'이 접목되어 세계적인 상품이 될 수 있다고 본다. 세계적으로 유명한 프랑스 보르도 지방의 샤토와인(Chateau는 '성'이라는 뜻)처럼 예산도 추사 고택을 중심으로 '고택와인'을 상품화할 수 있는 길이 있다고 본다.

    한국과 기후 조건이 일면 비슷한 일본은 자체 개발한 와인이 상당한 경쟁력을 갖게 되었으며, 이는 와인과 조화를 이룰 수 있는 음식 개발에도 열중했기 때문이다. 포도 생산의 집중지인 충청북도 영동군이나 경상북도 상주시·김천시도 와인 개발에 성공하고 축제 및 체험 마을 운영이 본궤도에 오르게 되었지만, 한국와인이 명실상부한 성공을 거두기 위해서는 한식과의 조화가 중요하다. 복분자와인, 머루와인 등과 함께 품격 있는 한국인의 매너, 한국음식 등이 어우러지면 '고택와인'이 갖는 중요성은 커진다.

09 충주 내륙 도농통합지역은 발전 가능성이 충분한가

지역의 미래

충주 내륙 도농통합지역은 충청북도와 강원도, 충청북도와 경상북도 내륙을 연결하는 요충지역이다. 특히 제천시를 중심으로 중앙선, 태백선, 충북선이 지나가므로 철도망이 잘 갖춰져 있다고 볼 수 있다. 남한강을 끼고 있어 용수가 풍부하고 교통이 편리하다는 장점에도 불구하고 인구가 적고 산업기반이 약한 지역이다. 공동주택의 비율은 상대적으로 높다. 내륙고속국도의 개통과 지방자치단체의 적극적인 투자 유치 전략에 힘입어 최근 첨단산업단지가 자리 잡아가고 있으며, 충주호의 레저 휴양 공간이 각광을 받고 있다.

자연경관(라피에, 김은경)

자연경관(카르스트 용천, 권동희)

충주 지역의 비중(1)

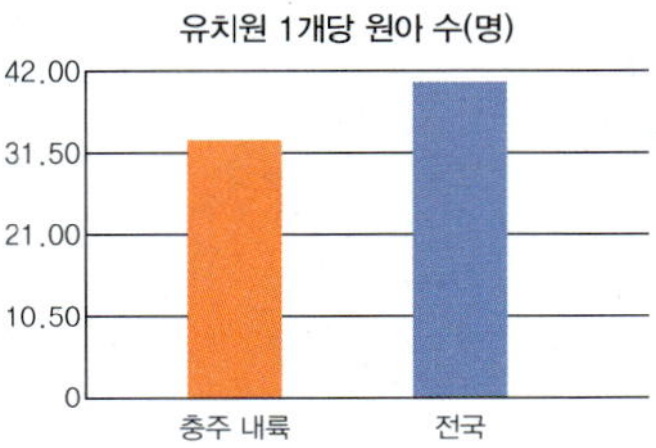
유치원 1개당 원아 수(명)
42.00
31.50
21.00
10.50
0
충주 내륙
전국

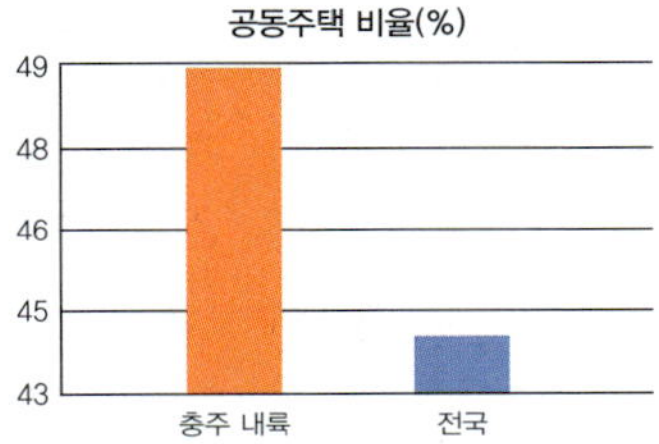
공동주택 비율(%)
49
48
46
45
43
충주 내륙
전국

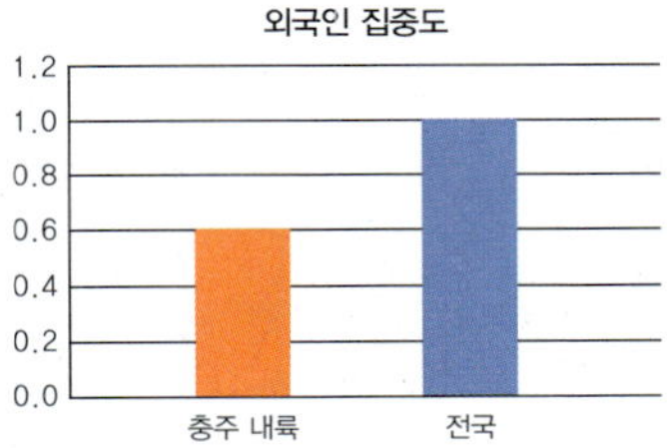
외국인 집중도
1.2
1.0
0.8
0.6
0.4
0.2
0.0
충주 내륙
전국

충주 지역의 비중(2)

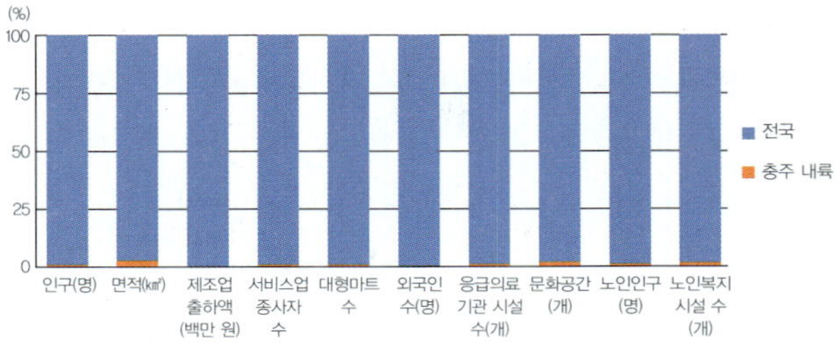
(%)
100
75
50
25
0
인구(명)
면적(㎢)
제조업 출하액 (백만 원)
서비스업 종사자 수
대형마트 수
외국인 수(명)
응급의료 기관 시설 수(개)
문화공간 (개)
노인인구 (명)
노인복지 시설 수 (개)
전국
충주 내륙

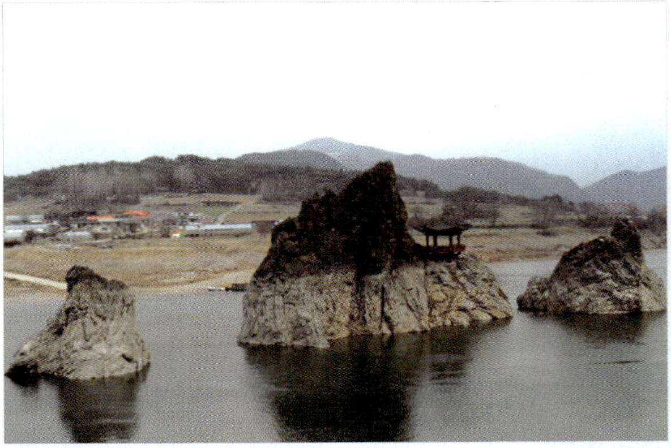

자연경관(도담삼봉)

(m)
2000
1500
1000
500
200
100
0
50
100
200
500
1000
2000
충주시
제천시
단양군

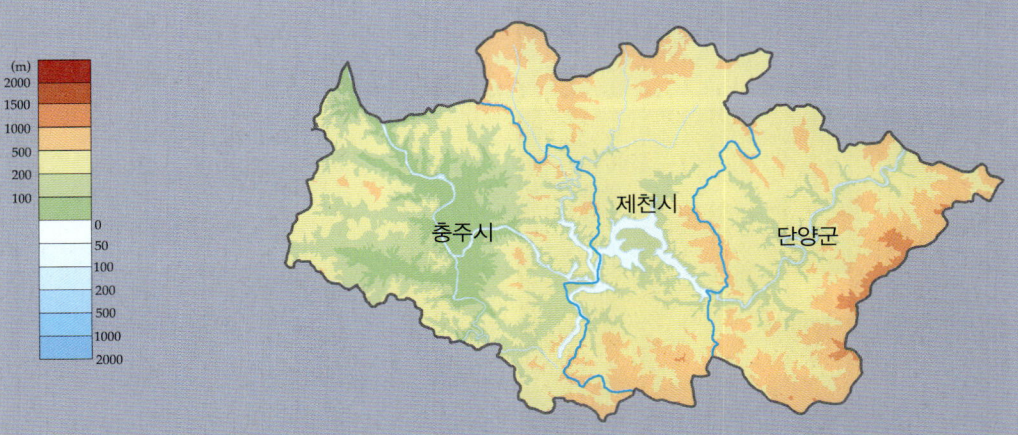

경관의 이해

이 지역은 석회암과 관련된 자연경관이 잘 보전되어 있으며, 과거 고구려, 백제, 신라 삼국의 접경 지역으로서 고(古)전통문화가 나타난 중원문화의 중심지이다. 전형적이 온천 취락경관이 나타나며, 옹기산지로 유명한 경관이 가톨릭 종교경관과 관련을 맺어 한때 은둔과 피신의 장소로도 알려졌음을 알게 한다. 무연탄 개발 시대 철도교통의 제천 역전 취락경관을 찾아볼 수 있다.

역사경관(제천역 앞 구거리)

취락경관(수안보온천)

역사경관(충주고구려비)

역사경관(황사영의 토굴)

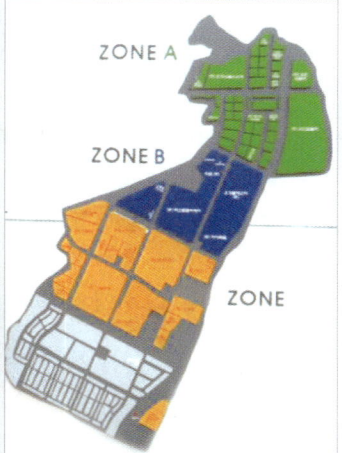
그림지도 상의 충주산업단지

역사경관(충주 목계 범람원과 나루터 흔적)

09

∴ 위치와 행정구역

한반도의 중부지방에 해당되는 이 지역은 대개 동경 127도~128도, 북위 36도~37도에 위치한다. 동단은 단양군 영춘면 의풍리, 서단은 충주시 신니면 광월리, 남단은 충주시 수안보면 미륵리, 북단은 제천시 백운면 운학리이다. 이 지역의 면적은 2,647km²로 전국의 0.06%에 해당한다. 행정구역상으로 충청북도 단양군, 제천시, 충주시가 속해 있다. 단양군은 단양읍, 매포읍, 단성면, 대강면 등의 2개 읍, 6개 면으로 이루어지고, 제천시는 봉양읍, 금성면, 청풍면 등의 1개 읍, 7개 면, 9개 동으로 이루어져 있다. 충주시는 주덕읍, 가금면, 용산동 등의 1개 읍, 12개 면, 12개 동으로 이루어져 있다. 이 지역의 북쪽으로 경기도 여주군, 강원도 원주시, 영월군과, 동쪽으로 경상북도 영주시, 예천군과 접한다. 남쪽으로 경상북도 문경시, 충청북도 괴산군, 서쪽으로 충청북도 음성군과 접한다.

∴ 지형과 기후

이 지역은 대부분의 지형이 남한강 유역의 분지지형에 해당된다. 남한강은 강원도의 영월지방에서 흘러들어와 충북 내륙 북부지역을 거쳐 경기도의 여주지방으로 흘러나간다. 서쪽을 제외한 거의 모든 지역이 산간지대이기 때문에 취락과 교통은 분지저를 따라 형성되었다. 제천과 단양은 조선누층군-옥천층군의 지층으로 이루어진 지역으로 지형이 험준하다. 충적지와 구릉지는 남한강 주요 지류 연변의 화강암지대에 나타난다. 남한강의 하류인 달천 하류에 형성된 충주분지와 함께 제천천 상류에 넓은 침식분지가 발달되어 있다. 주변에는 소백산, 월악산 등이 분포해 있다.

대륙성 기후지역인 지역의 연평균 기온은 10.9℃이며 1월 평균기온이 -4.7℃이고 8월 평균기온이 24.9℃로 연교차가 약 30℃이다. 고르친스키(W. Gorczynski)의 대륙도(범위: 0~100/ 한반도: 55~80)에 의하면 약 64.3이다. 연평균 기온은 제천시 10℃, 충주시 11.2℃, 단양시 11.6℃이며, 연 강수량은 단양시 1,702mm, 충주시 1,187.8mm, 제천시 1,295.1mm이다.

01 충주 내륙 도농통합지역은 한반도의 중앙에 위치하지만 산업의 발달은 미약하다

　충주 내륙 도농통합지역은 한반도의 내륙 중앙에 위치하지만 해안으로부터 멀리 떨어져 있어 산업발전이 미약했다. 최근 중앙고속국도, 중부내륙고속국도 등으로 연결되어 수도권과 남부지방으로부터의 부차적인 산업 발전이 이루어지고 있다.

　중부내륙고속국도를 이용하여 충주에서 남쪽의 상주 IC까지는 거리가 89.57km로 소요시간 약 67분, 북쪽의 광주까지는 거리가 98.54km로 84분, 서쪽의 수원 IC까지는 거리가 118.19km로 90분, 서울까지는 거리가 137.91km로 107분, 동쪽의 원주까지는 거리가 101.54km로 83분, 강릉까지는 거리가 227.67km로 183분 정도 걸린다. 즉, 충주에서 강원도, 경기도, 경상북도로 접근하는 데 대체로 1시간 30분 정도가 소요된다.

　이 지역의 제조업 출하액을 전국 제조업 출하액과 비교해보면 0.4%에도 미치지 못한다. 또한 토지의 8~9%가 논이나 밭으로 이용되고, 공장용지로 이용되는 것은 0.4%에도 미치지 못한다. 이 지역이 석회암 지대이기 때문에 이를 활용한 충주시의 사과 재배 및 단양의 마늘과 같은 밭농사가 많이 이루어지고 있다. 단양을 중심으로 한 시멘트 산업이 발달하여 한일시멘트, 성신양회, 현대시멘트 등 3개의 공장에서 연간 약 1,050톤의 시멘트를 생산한다. 이들 공장이 한국 전체 시멘트 산업에서 차지하는 비율이 각각 10%, 15%, 11%를 차지하며 1960~1980년대에 큰 발전을 이루며 성장했으나 1990년대 중반의 불황기를 겪으면서 성장세가 주춤했다.

　단양군에 위치한 시멘트 공장들은 그 명성에 비하여 지역 산업에 미치는 영향은 적다. 왜냐하면 단양군에 위치한 공장들이 시멘트 생산만을 하고 연관 산업은 발달시키지 못했기 때문이다. 본사 및 시멘트 산업에 의하여 이룩된 정보 분야가 서울 및 수도권에 위치하고, 기술 발달에 따라 제2차 시멘트 가공공업이 도시 부근에 집중되고 있다. 단양군은 기업체 연구재단과 연계하여 석회석 활용 신소재 개발, 기술 이전, 창업 지원 등의 국내 유일의 '한국 석회석 신소재 연구소'를 설립했다. 이는 석회석을 통해 지역 산업의 발전을 도모할 뿐만 아니라 관련 산업과의 연계를 구축하기 위한 시도이다. 단양군이 석회석산업발전특구를 조성하고 그에 따른 친환경 농공단지나 신소재 지방산업단지 등을 유치했지만, 아직까지는 준비단계이기 때문에 그 효과가 나타나기에는 오랜 시간이 걸릴 것으로 보인다.

이제 충주 내륙 도농통합지역은 관광지로의 발전을 도모하고 있다. 각 계절에 따라 분산적으로 축제를 유치하고 있으며, 단양8경과 같은 자연경관을 활용한 축제나 밭농사를 통한 특산물을 이용한 축제 등이 있다. 이 지역의 대표적인 축제에 의한 경제적 파급효과는 상당하다. 홍보효과나 지역농가의 소득 인상 효과도 합한다면 그 경제적 파급효과는 더욱 커진다. 그러나 이러한 지역축제가 타 지역 축제와는 차별성이 적고 상품성이 낮다는 한계점을 드러낸다.

대표 축제인 충주 세계무술축제는 매년 5월 또는 9월에 열리는 축제로 1998년도부터 시작되었다. 충북 충주시 탄금대 칠금관광지에서 개최되며 체육행사, 전시행사, 공연행사, 체험행사 등의 프로그램이 마련되어 있다. 호국무예로서 중요무형문화재 제76호인 택견의 본고장 충주에서 택견을 비롯하여 공수도·원화도·권격도 등 수많은 전통무술이 한자리에 선보이는 축제이다. '신비한 세계무술의 체험, 관광 충주로의 여행'이라는 슬로건을 내걸고 충주세계무술축제추진위원회가 주관한다.

주요 행사로는 택견 매스게임, 국군특공 무술시범, 무술 스턴트쇼, 전국 택견대회, 세계 20여 개국의 전통무술시연, 무술영화제, 소림무술 특별시연, 무술인의 밤, 경찰악대 연주회, 무술체험 한마당, 명인·명장 퍼레이드, 무술 진기명기, 어린이 무술왕 선발대회, 호신술 배우기, 무술 테마파크전시 등이 있다. 이밖에 연예인 공연, 보디빌딩대회, 국악공연, 농악놀이 등이 함께 펼쳐진다. 무술 테마파크전시는 무술도감·무술교본 등 학술역사자료, 무술벽화, 무술 관련 사진 영상물이 소개되는 행사로 한국 무술의 다양한 면을 볼 수 있는 기획전시이다.

충주 세계무술축제 이외에 충주댐, 수안보온천 등의 관광지가 있다. 충주댐은 시설용량 41.2만kW의 발전소와 양수발전에 쓸 수 있는 보조댐을 갖추었으며, 홍수조절능력이 6억 톤에 이르는 다목적댐이다. 충주호는 만수위 면적이 97km^2에 이르는 대규모의 담수호이다. 또한 수안보는 온천취락으로 발달하여 관광명소가 되었다.

충주시는 1910년대 초에 사과가 들어와, 충주분지의 동쪽에 분포하는 계명산과 남산의 산록에 과수원이 집중적으로 분포하고 있다. 충주사과는 신품종 사과 재배 면적이 약 2,000ha에 이르고 있으며, 서울 등 대도시 사과 거래 장터에서 가장 높은 값에 거래되는 명품 브랜드로 자리매김하고 있다. '충주 하면 사과, 사과 하면 충주'라는 캐치프레이즈로 충주사과의 홍보와 지역 경제 활성화를 목적으로 1997년부터 매년 10월에 충주사과축제가 열린다. 사과아줌마 선발, 사과가족 장기자랑, 사과아줌마 축구대회, 팜스테이(Farm Stay), 사과 따기 체험 등 이색적인 행사로 찾는 이들을 즐겁게 하고, 사과식품 전시회와 품평회 및 사과장터가 열려 값싸고 품질 좋은 사과를 구할 수 있다.

02 단양의 카르스트 지형은 인간 생활에 유익하였는가

카르스트 지형이 발달한 단양군은 '단양8경'으로 유명하다. 고생대 조선계 지층이 분포하고 있는 강원도 남부, 충청북도 북동부, 경상북도 북부에 카르스트 지형이 나타난다. 대표적인 카르스트 지형인 돌리네는 석회암의 용식작용이나 석회암 동굴 천장의 꺼짐으로 해서 지표에 나타나는 대접 모양의 와지이다. 석회암 지형이기 때문에 돌리네를 쉽게 찾아볼 수 있을 정도로 분포 범위가 넓다. 이 지역의 돌리네는 하안단구와 함께 형성되는 경우도 많다. 영춘면의 돌리네는 하안단구 상위면에 발달한 지형이다. 돌리네가 서로 연결된 복합돌리네도 볼 수 있으며, 개간을 통해 인위적으로 연결시킨 돌리네도 있다.

가곡면 여천리에 위치한 '못밭'이라는 돌리네는 밭이 연못처럼 형성되어 있다고 하여 붙여진 이름으로 상대적으로 큰 규모의 돌리네이다. 이제는 거의 밭농사를 위해 인위적으로 개간해 싱크홀이나 자연 상태의 복합돌리네를 구별하기 어렵게 되었다. 경지의 밭 비율이 75%에 이르며, 마늘, 고추, 감자 외에 최근에는 메밀도 재배되고 있다.

또한 단양군에는 고수동굴, 천동동굴, 노동동굴, 온달동굴 등 석회암 동굴이 발달하였다. 특히 고수동굴과 천동동굴이 그 아름다움을 인정받아 가장 유명하다. 1976년 9월 1일 천연기념물 제256호로 지정된 고수동굴은 주굴 길이 600m, 지굴 길이 700m, 총연장 1,300m, 수직 높이 5m이다. 상층부에는 길이 10m에 달하는 대종유석이 있으며, 이 외에도 볼거리가 많아 한국에서 가장 아름다운 석회암 동굴의 하나로 인정받고 있다. 규모는 조금 작지만 천동동굴 또한 아름답기로 유명하다. 1977년 12월 6일 충청북도기념물 제19호로 지정되었다. 약 4억 5,000만 년 동안 생성된 석회암 동굴로 종유석, 석순, 석주, 종유관 들이 숲처럼 얽혀 있으며 다양한 스펠레오뎀이 형성되어 있다. 현재 개

카르스트 지형

석회암이 물에 녹아 화학적 풍화로 침식된 지형이다. 돌리네, 석회동굴이 대표적이며, 카르스트 작용과 함께 산지지형 형성까지 포괄하는 개념이다. 툰드라 지역에서 빙하나 눈이 녹아서 기반암을 깎는 경우도 형태가 유사하여 열카르스트(thermokarst)라고 하는데, 형태만 유사하고 원인과 과정은 판이하게 다르다.

단양8경

충북 단양군을 중심으로 주위 12km 내외에 산재하고 있는 8가지의 명승지를 의미한다. 하선암, 중선암, 상선암, 구담봉, 옥순봉, 도담삼봉, 석문, 사인암이 있다.

싱크홀

카르스트 지역에서 지하 암석이 용해되거나 기존의 동굴이 붕괴되어 생긴 움푹 팬 웅덩이를 말한다. 오랫동안 가뭄이 계속되거나 지나친 양수(揚水)로 지하수의 수면이 내려가는 경우에 지반이 동굴의 무게를 견디지 못해 붕괴되기 때문에 생기는 것으로, 깔때기 모양 혹은 원통 모양을 이룬다.

스펠레오뎀

동굴의 천장 또는 벽을 타고 흘러내리는 물에 녹은 탄산칼슘이 결정을 이루면서 침전·집적되어 발달한 퇴적지형을 말한다. 한국에는 영월 고씨굴, 단양 고수굴, 울진 성류굴, 삼척 초당굴 등 각종 스펠레오뎀 지형이 잘 발달해 있다.

방된 곳의 길이는 470m 정도지만 주굴의 길이는 200m 정도이고 지굴의 발달은 미약하다. 폭 4~10m, 높이 5~6m이며 내부에 30m 정도의 반월형 광장이 있다.

　1979년 6월 18일 천연기념물 제262호로 지정된 노동동굴은 주굴 길이 800m, 지굴 길이 700m, 총연장 1,500m 규모로 동굴의 입구는 협소하지만 내부는 급경사를 이루면서 남북으로 발달되어 있다. 동굴 내부는 부분적으로 낙반석이 있으나 스펠레오뎀이 잘 발달되었고 원형 보존상태가 양호하다. 사람이 살았던 흔적인 토기류 등의 파편이 발견되었다. 1979년 6월 18일 천연기념물 제261호로 지정된 온달동굴은 길이 586m, 입구 높이 약 2m이며, 면적은 34만 9,485m^2이다. 굴 입구로 얼음처럼 찬물이 흘러나오고, 작은 배로 굴 안을 왕래할 수 있다. 굴 안에는 자연적인 석회암 종유석이 갖가지 기이한 모양을 하고 있으며 부분적으로 뚫려 있다.

03 단양신라적성비와 충주고구려비는 어떤 지리적 의미를 가지고 있는가

> **조령**
> 경북 문경시와 충북 괴산군의 경계를 이루는 고개를 일컫는다. 새재 또는 문경새재라고도 하고, 해발 고도는 642m이다. 예로부터 중부지방과 영남지방을 잇는 교통의 요지였고, 또한 험난한 지세에 바탕을 둔 군사상의 요충지이기도 했다. 현재 새재길은 사적지로 남아 일대가 관광지로 개발되었다.

이 지역의 단양과 충주는 예로부터 남북 교통의 요지였다. 조령(鳥嶺)이라는 고개는 예전부터 중요한 역할을 하였고, 신라는 이 조령을 지나는 길을 확보하기 위해 안간힘을 썼다. 결국 조령을 확보한 신라는 고구려와 백제로 나아가는 기틀을 마련할 수 있었다. 따라서 삼국시대에 중요한 길목으로서 지리적 가치가 있었던 단양과 충주에는 단양적성, 단양신라적성비, 온달산성, 충주고구려비 등 유적지가 많다.

단양적성은 삼국시대의 군사적 요충지로서 산봉우리를 감는 형태인 테뫼식 산성이다. 좁고 긴 형태로 말의 안장을 닮았다고 하여 마안형(馬鞍型)이라고 한다. 단양적성 내에는 대정(大井), 즉 큰 우물의 흔적이 있다. 산성 취락에 사람들이 거주하기 위해서는 우물이나 샘물 등 인위적인 집수시설이 반드시 필요하다. 집수시설이 많으면 많을수록 주민 거주와 장기전에 유리하기 때문에 우물 등과 같은 집수시설의 규모나 수량으로 미루어 성곽의 규모가 파악된다. 단양적성이 남한강을 바라보는 방향으로 축조된 것은 수로를 전략적으로 장악하고자 했던 의도로 풀이된다. 신라와 백제가 한강을 두고 싸웠던 것과 같은 이유이다. 주로 성문 쪽으로 돌 무리들이 나타나는데 이는 성문에서 방어와 공격이 집중적으로 이루어지기 때문이다.

단양적성에 세워져 있는 단양신라적성비의 비문 내용을 보면 단양의 지리적 가치를 알 수 있다. 당시 신라는 진흥왕대에 이르러서 영토 확장을 활발하게 하던 시기였다. 신라의 영토 확장 에너지가 분출하고 있었던 때, 신라는 토착민들의 도움이 절실했다. 이러한 상황에서 토착 세력 출신의 야이차는 진흥왕의 기대에 걸맞은 활약을 했고, 그의 활약을 비문으로 남겨놓은 것이다. 국경 개척에 큰 공을 세우고 충성을 다했던 적성 사람 야이차의 공훈을 표창함과 동시에, 장차 신라에 충성을 바치는 사람에겐 똑같은 포상을 내리겠다는 국가 정책의 포고 내용이 담겨 있는 것이다. 이 정도로 단양은 삼국시대에 군사적 요충지로서 각축전이 벌어졌던 곳이다.

한편 충주시 가금면 용전리에 위치한 충주고구려비는 5세기 중엽 이후 삼국시대 고구려가 남한강 유역에까지 진출하였음을 보여주는 유물이다. 비문에 신라를 동이(東夷), 신라왕을 매금(寐錦)이라고 기록하여 고구려가 신라를 하대하였을 뿐만 아니라 신라 영토 내에 고구려 군대가 주둔하면서 정치·문화적으로 큰 영향을 끼쳤음을 알게 한다. 충주의 고구려비와 가까운 장미산성이 고구려 국원성이 있던 곳으로 추정되어 단양과 함께 충주를 낀 남한강은 삼국의 접적지였다. 온달산성은 남한강을 사이에 두고 단양적성과 마주한 고구려 산성이다. 신라가 충주를 빼앗아 중원경이라고 부르면서 충주가 9주 5소경의 하나가 된 사실은 충주 일대가 당시에는 중심지였음을 알게 한다.

04 충주시 상모면이 '충주시 수안보면'으로 명칭이 바뀐 일은 무엇을 의미하는가

1995년 충주시에 흡수된 상모면은 2005년 수안보면으로 개칭되었다. 지명의 개칭은 흔한 일이지만 이번 경우는 장소정체성의 확립이라는 측면에서 주목된다. 어떤 장소가 다른 장소와 차별화될 수 있는 고유한 특성이 있을 때, 지명은 이러한 장소정체성의 형성에 지대한 역할을 하고 지명이 장소정체성의 구성조건을 어떻게 충족시키는지 알게 한다. 철학적으로 정체성은 '수적 유일성', '질적 동질성', '자아 동일성'을 갖출 때 개념이 확립된다고 하므로 '수안보면'이라는 지명도 이러한 측면에서 고찰할 수 있다.

상모면이 수안보면으로 개칭된 사유는 다음과 같다. 첫째, 행정명칭이 온천 지명과 같아야 한다. 둘째, 충주시 상모면 사무소를 제외하고는 모든 공공기관 및 단체가 자신의 명칭으로 수안보라는 명칭을 사용한다. 셋째, 수안보온천이 지역의 주요 산업기반이자 생존의 수단이다. 넷째, 수안보의 끝 글자인 '보(保)'가 일제강점기에 '보(堡)'로 바뀐 것을 바로잡는다. 이는 정체성의 확립 요건을 간접적으로 보여준다.

직접적으로는 우선, 수안보온천은 전국에서 유일하게 중앙 공급 방식으로 온천수가 공급되고 온천 성분 중에서 불소 함유량이 많아 충치 예방과 피부병 치유에 효험이 있다는 것이 '수적 유일성'이다. 이 점에 관해서는 1788년경 이규경이 쓴 『오주연문장전산고(五洲衍文長箋散藁)』에서 "호서의 연풍현 수안보 땅에 온수가 있는데 수질이 좋아 병자가 많이 모여든다"고 처음으로 언급한 바 있다. 그다음으로는 수안보면 주민의 대다수가 온천관광업에 종사하고 있다는 것이 '질적 동일성'이며, 마지막으로 지역주민이 다른 부존자원이 없어 수안보온천을 지역이 가지는 고유한 특성으로 받아들이는 것이 '자아 동일성'이라고 할 수 있다.

행정명칭이 개칭되기 위해서는 제한주민의 80% 이상의 찬성을 얻어야 한다고 충주시가 정하였고, 주민 의견 조사 결과 94%의 압도적인 찬성으로 명칭이 변경되었다. 삼국시대에 상모현, 고려·조선시대에 상모면이라고 불리던 면 명칭이 21세기에 들어와 행정명칭인 수안보면으로 개칭된 것이다. 이에 따라 상모보건지소는 수안보보건지소 등으로 바뀌었다. 충청남도 아산시 온양동에 소재한 온양온천은 백제시대에 온정, 고려시대에 온수로 불리다가 조선시대에 행정명칭으로 온양현이 된 것에 비하면 늦은 감이 있다.

한 장소를 다른 장소와 구별할 때 사용하는 공동의 기호인 지명은 그동안 음차나 훈차 여부를 통해 지명학적 차이를 파악하거나 의미 탐색 등을 하였는데, 대개 지명 유형 분류에 치우친 경향을 간과할 수 없고, 장소정체성이나 지명 스케일의 정치 및 영역 경합이라고 하는 측면에서 새롭게 연구되고 있다(이영희, 2010).

제3부

세계화와 남부지역의 변동

제10장 부산–포항 대도시지역의 산업단지는 어떻게 변화되어야 하는가
제11장 대구–구미 대도시지역은 새로운 변신에 성공할 것인가
제12장 안동 도농통합지역은 발전의 가능성이 있는가
제13장 진주 도농통합지역은 어떠한가
제14장 광주 대도시지역은 전남 도서 해안지역과의 문화적 변동이 가능한가
제15장 전주 도농통합지역은 전통문화의 중심지로 새롭게 발돋움할 것인가
제16장 순천–제주 도농통합지역은 경제자유구역으로의 발돋움이 가능한가

10 부산-포항 대도시지역의 산업단지는 어떻게 변화되어야 하는가

지역의 미래

이 지역은 공업 원료의 수입과 생산된 제품의 수출에 편리한 항구, 풍부한 노동력, 편리한 교통 등 공업 발달에 유리한 조건이 갖추어져 있어 수도권 공업지역과 함께 한국의 대표적인 공업지역이다. 유리한 항만 조건을 갖춘 포항의 제철, 울산의 정유·조선·자동차·비료 공업, 온산의 비철금속 제련 공업, 마산의 양조·섬유 공업, 진해의 화학 공업, 창원의 기계 공업 등이 발달했다. 유치원 1개당 원아 수도 많고 공동주택의 비율도 상당히 높으며, 대형마트나 문화공간의 수도 많아 생활의 질이 상당히 높다는 것을 알 수 있다. 그러나 도시 공원면적은 부족하다. 세계화 시대의 생산요소의 자유로운 이동성 때문에 이 지역의 제조업이 계속적으로 번창하리라고는 볼 수 없고, 이미 해외로 이전된 제조업체도 국내 귀환을 시도하지 않고 있어 이 지역의 희망찬 미래를 위한 전략이 필요하다.

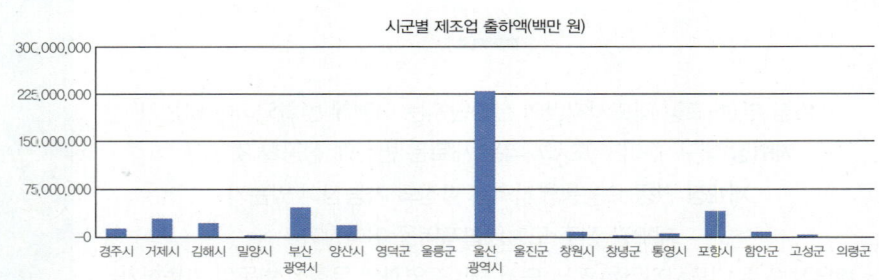

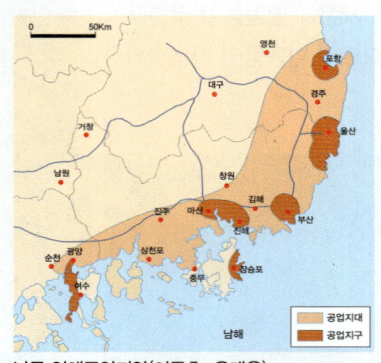

남동 임해공업지역(이종호·유태윤)

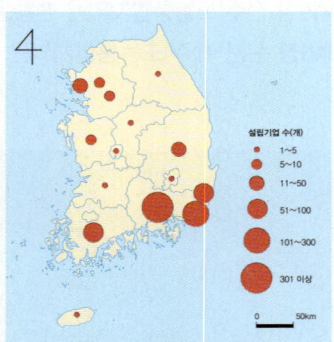

조선산업의 공간 분포(이종호·유태윤)

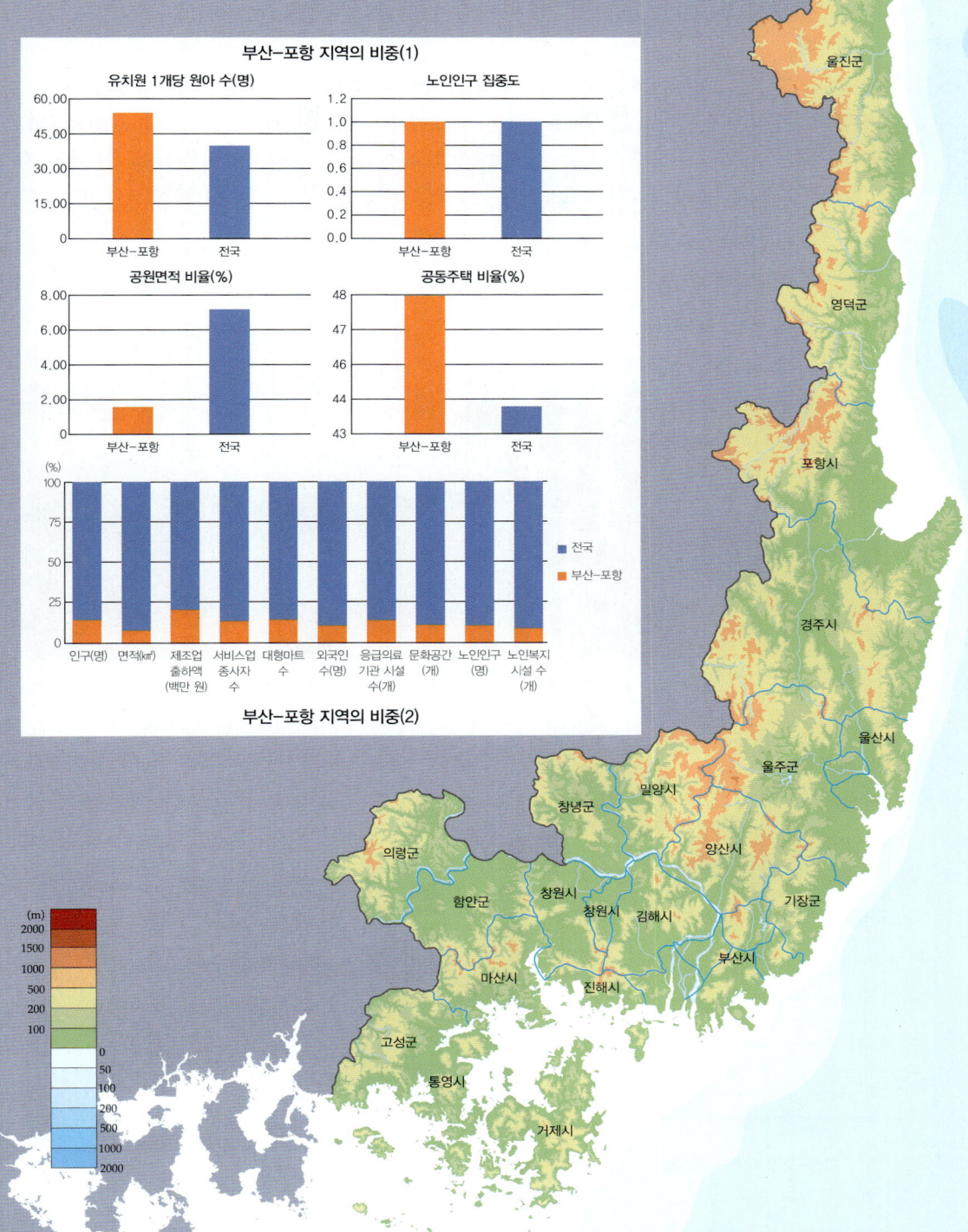

경관의 이해

해안을 따라 선박, 기계, 석유화학, 제철 등의 제조업경관이 뚜렷하며, 낙동강을 따라서 다양한 자연경관이 나타난다. 낙동강 하굿둑 건설의 영향으로 부산에는 해운대 백사장의 유실에 따른 변화를 겪고 있다. 포항, 울진 등지에서 울릉도로 가는 여객선 항로가 개설되어 있고, 동해안에는 관광객의 시선을 사로잡는 풍광 좋은 경관이 전개된다. 내륙에는 애추경관이 나타나며, 부산 등 해안도시에는 좁고 긴 해안도로를 따라 불량주택지구가 나타난다.

자연경관(밀양천의 자유곡류)

자연경관(우포늪, 권동희)

역사경관(일제강점기의 남빈정 상설영화관, 현재 남포동)

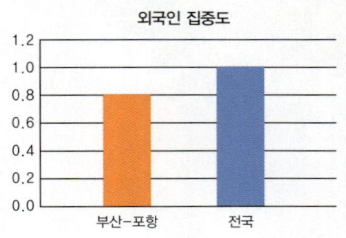

부산-포항 지역의 비중(3)

인문경관(차이나타운)

도시경관(감천 산동네, 주연정)

자연경관(해운대 백사장)

취락경관(울릉도 나리분지)

인문경관(영덕 풍력발전)

자연경관(밀양 만어산 암괴류)

7번 도로 루트맵

위성사진으로 본 낙동강 삼각주(권동희)

제10장 부산-포항 대도시지역의 산업단지는 어떻게 변화되어야 하는가 | 183

위치와 행정구역

한반도의 동남부에 입지한 부산-포항 대도시지역은 동경 128도~130도, 북위 37도~35도에 위치하며, 동단은 울릉군 울릉읍 독도의 동경 131도 52분, 서단은 경상북도 함안군 월촌리로 동경 128도 30분, 북단은 울릉군 북면 관음도의 북위 37도 33분, 남단은 부산광역시 가덕도의 북위 34도 59분이다. 이 지역은 경상남도와 경상북도에 걸쳐 있으며 부산광역시, 거제시, 경주시, 고성군, 김해시, 마산시, 밀양시, 양산시, 영덕군, 울릉군, 울산광역시, 울진군, 의령군, 진해시, 창녕군, 창원시, 통영시, 포항시, 함안군 등 2개 광역시, 10개 시, 7개 군으로 이루어져 있다.

지형과 기후

부산-포항 대도시지역의 지형은 태백산맥 동쪽의 해안 저지대, 해안단구, 남쪽의 낙동강 하구의 김해 삼각주와 그 일대의 평야 등으로 이루어져 있다. 동해안은 해수면의 융기로 인해 상대적으로 해안선이 단조롭고 해안단구의 분포가 뚜렷하다. 해안단구는 포항 장기곶에서 구룡포, 경주, 부산, 울산 일대에서 발견되며 지반의 하강과 해수면의 상승 등 복합적인 요인에 의해 형성되었다. 부산과 김해 일대의 낙동강 하구에는 빙기에 해수면이 하강하면서 거대한 만입을 형성했고, 후에 해수면의 상승과 더불어 퇴적작용이 활발해져 만들어진 삼각주가 있다. 삼각주와 연안사주, 그리고 낙동강과 죽림강 등에 의해 만들어진 범람원은 논으로 이용된다. 남해안은 동해안에 비해 해안선이 복잡한 리아스식 해안으로 소백산맥과 태백산맥의 말단부가 직접 침몰되면서 형성된 만과 섬이 많아 다도해를 이룬다.

이 지역은 대체로 해안을 끼고 있으므로 겨울이 따뜻하고 강수량이 많은 해양성 기후를 나타낸다. 평균기온은 13.7℃, 평균 강수량은 1,571mm로 전국 평균 12.5℃, 1,454mm에 비해 따뜻하고 강수량이 많다. 화산섬인 울릉도는 육지와 상당히 떨어진 곳에 위치하므로 바다의 영향을 많이 받는다. 북서 계절풍이 바다를 건너오면서 습기를 흡수하고 산지에 부딪혀 눈이 여름의 강수만큼이나 많이 내리는 다설 지역이다.

01 남동 임해공업지역은 녹색성장에 어떤 도움을 줄 수 있는가

부산-포항 대도시지역의 남동 임해공업지역은 부산을 중심으로 하여 포항, 울산, 창원, 마산, 여수, 광양에 이르는 넓은 지역이다. 남동 임해공업지역은 1960년대 정부의 주도 아래 수도권의 인구와 산업시설의 분산을 목적으로 부산을 중심으로 하여 계획적으로 공장이 입지한 지역이다. 이 지역은 원자재의 수출입이 편리한 항만 시설, 고리·월성 원자력발전소 등지로부터 공급되는 전력, 넓은 소비시장, 풍부한 노동력을 바탕으로 발전했다. 지역별 특화 산업을 살펴보면 부산은 도소매업, 가죽·가방·신발 제조업, 봉제 의복 제조업 등이, 울산은 자동차, 조선, 석유화학제품 등이, 창원은 조립금속제품 제조업, 기타 기계 및 장비 제조업 등이, 포항은 제철산업 등이 발달했다.

원자재의 수입과 수출에 유리한 영일만을 끼고 있는 포항은 1968년 자본과 기술이 거의 전무한 시기에 건설된 포항제철소가 성공하면서 한국의 공업을 이끌었다. 포항제철소, 이른바 포스코가 생산한 철강 제품은 자동차, 가전, 조선, 기계 등 국내 각 분야의 주력 기업에 공급되어 한국 경제를 선도하는 디딤돌이 됐다. 특히 중화학공업에 투입되는 기초소재를 공급해 한국 경제 구조가 1차 산업 중심에서 2차 제조업 중심으로, 경공업 중심에서 중화학공업 중심으로 변모할 수 있도록 뒷받침했다. 1992년의 광양만 제철소 건설로 이어진 포스코는 2006년 기준 조강생산 세계 2위, 매출액 3위, 시가 총액 2위의 세계적인 제철 기업이 되었고, 글로벌 마인드에 입각하여 해외 봉사와 사회 공헌도 다양하게 펼치고 있다.

남동 임해공업지역의 대표적인 항구인 부산항은 1876년 최초로 개항한 근대항구로서 개항 이래 한국의 대외교역을 떠받치는 최대 무역항이다. 일제강점기에는 한국과 일본의 교역의 중심지였다. 1960년대

남동 임해공업지역
경북 포항에서 부산, 울산, 마산 등지를 거쳐 전남 여수에 이르는 공업지대이다. 원자재의 수입과 제품의 수출에 유리한 항만 조건을 배경으로 발달한 여러 공업단지로 구성된다.

중화학공업
중공업에 화학공업을 곁들인 것의 총칭이다. 철강, 비철금속, 기계, 화학, 석유, 석회제품, 펄프 등을 생산하는 공업이 해당된다.

경공업
부피에 비하여 무게가 비교적 가벼운 물자를 생산하는 공업으로 섬유, 식품, 고무공업 등이 해당된다.

이후 경제개발 5개년 계획의 추진에 힘입어 해운산업이 성장함에 따라 부산항을 이용하는 선박의 수와 규모가 크게 증가했으며, 한국 무역량의 약 40%가 이곳에서 이루어지고 있다. 최근 부산항은 중국의 양산항 등 동북아시아 지역에 개설된 새로운 항구에 빼앗긴 무역량을 되찾고자 시설 증대, 신항 건설 등 새 시대에 걸맞는 경쟁력 있는 항구로 변모 중이다.

거제시는 전국에서 제조업 출하액이 가장 높으며 대부분의 조선업체가 입지해 있는 곳이다. 리아스식 해안선, 온화한 해양성 기후 등 조선업에 유리한 자연조건을 갖고 있으며, 해상교통의 중심지라는 입지적 특성, 누적된 조선 기술, 정부의 중공업 정책의 지원에 힘입어 세계 최고, 최대의 조선산업 집적지가 되었다. 현재 거제시에는 대우, 삼성 등 대단위 국가공단으로 조성된 조선소가 가동하고 있다.

한국의 조선산업은 허브-스포크형 클러스터라고 할 수 있는데, 해안 입지이면서도 생산에 필요한 기자재 부품은 내륙으로부터 공급받는 내륙입지 지향형이다(이종호·유태윤, 2008). 조선산업은 물적 인프라, 토지, 노동, 공급자와의 연계 등 전통적인 요인이 아직까지 중요한 것으로 고려되며 지식, 학습, 네트워크, 혁신 등 새로운 입지요인이 비교적 소홀히 다루어지기 때문이다.

남동 임해공업지역은 이렇게 집적 경제에 따른 시너지 효과, 소비자와의 접근성, 지역의 삶의 질 등이 유리하게 작용하여 한국 최대의 공업지역으로 자리 잡았다. 제철과 조선산업은 영국, 미국 등 선진공업국이 모두 공해 배출업체로 지목하여 한국과 같은 신흥공업국에 이전시킨 산업이었지만, 한국에서 이같이 공정을 개량하고 친환경적인 시설로 탈바꿈시켜 무공해산업으로 육성시킨 결과를 보고는 모두 부러워했다.

그러나 남동 임해공업지역의 주요 중공업 업체인 현대중공업, 두산중공업, 삼성중공업 등이 최근 글로벌 경영에 나섬에 따라 남동 임해

공업지역의 지리적 이점은 앞날을 장담할 수 없게 됐다. 조선업의 경우 매출액의 90% 이상이 해외에서 발생하는 수익구조를 가지고 있으므로 필리핀의 수빅 조선소 등 해외에 조선소를 건설하면 남동 임해공업지역의 경쟁력은 낮아진다. 최근의 금융위기와 관련하여 한 국가의 산업 구조에서 차지하는 제조업의 비중이 중요한 역할을 한다는 점을 알게 되었으므로, 이제는 조선, 기계, 화학 공업을 저탄소 녹색성장 산업과 관련시켜 발전시킬 필요가 있다. 이러한 노력은 제조업 중심의 산업 구조가 갖는 이점을 살리면서 새로운 서비스업으로의 도약을 가져오는 일이 될 것이다.

02 낙동강은 인간생활에 어떠한 영향을 주고 있는가

> **람사협약**
> 습지의 보호와 지속가능한 이용에 관한 국제 조약이다. 1971년 2월 2일, 이란의 람사에서 18개국이 모여 체결했으며, 1975년 12월 21일부터 발효되었다. 한국은 101번째로 가입했으며, 2008년에는 경남 창원에서 '제10차 람사 총회'를 개최했다.

태백의 황지에서 발원한 낙동강은 남한에서 가장 긴 하천으로 길이가 506.17km에 이른다. 낙동강의 하도는 강원도 태백시에서 경상북도 안동시까지 대체로 남쪽 방향을 따라 흐르다가 안동 부근에서 반변천을 비롯한 여러 지류들과 합쳐진 후 서쪽으로 방향을 돌려 점촌 부근에 이르고, 대구 부근에 이르러서는 금호강을 이룬다. 그런 다음 경상남도 남지에서 남강, 밀양강 등 주요 지류와 합류해 부산과 김해로 흘러들어 남해로 빠져나간다.

낙동강은 대부분 자유곡류하며 많은 지류와 합류하면서 곳곳에 범람원을 형성한다. 낙동강의 범람원은 안동, 풍기, 영주, 예천, 김천, 경산, 남지, 하남, 대산, 진영, 밀양, 김해 등 여러 곳에 형성되어 있다. 범람원과 배후습지는 1900년대 초 일제에 의해 개간이 시작되어 1930년대에 대규모 개발 대상이 된 후, 오늘날 대부분 시설 작물 재배나 벼농사에 이용되고 있다. 낙동강 주변의 대표적인 배후습지로는 창녕의 우포늪을 들 수 있다. 우포늪은 낙동강의 범람으로 그 지류인 토평천의 유입구가 막혀 토사가 흘러넘치면서 퇴적되어 형성된 배후습지성 호소이다. 우포, 목포, 사지포, 쪽지벌 등 4개의 늪으로 구성되어 있으며, 습지생태계 보호협약인 람사협약에 등록되어 그 중요성을 인정받았다.

낙동강 하구는 지난 빙기에 해수면 하강과 함께 거대한 만입이 이루어졌으며, 후빙기에 들어와 낙동강이 운반한 퇴적물로 인하여 약 60m의 두께를 갖는 삼각주 평야가 만들어졌다. 낙동강 삼각주는 1934년 대저수문 건설과 낙동강 제방 축조 뒤에 개발됐지만, 그 이전에는 극히 일부 지역을 제외하고는 오랜 기간 거의 저습지대인 갈대밭으로 남아 있었다. 하부 삼각주 일대는 1987년 공업용지로 주목되어 명지주거단지, 신호공단, 녹산국가공단이 들어서고, 가덕도와 용원, 안골, 웅동만, 와성만 일대에 부산 신항만 개발 등 큰 변화가 진행되고 있어 원지형은 남아 있지 않다.

　대저도의 북쪽 자연제방은 삼각주 지면보다 높아 침수피해가 없는 과수원 지대로 개발되어 '구포 배'의 산지로 알려졌으나 최근에는 낙동강 동쪽의 화명, 금곡지구와 함께 도시지역으로 개발되고 있다. 명호도는 파 재배로 특화되어 일명 '명지 대파'라고 하는 전국적인 명성을 가진 근교농업이 탁월하며, 열대과일이나 화훼 재배도 활발하다. 낙동강 수문의 열고 닫음과 간조·만조의 영향으로 낙동강 하굿둑 건설 이후 새로운 연안사주들이 출현하고 있다. 이로 인해 다대포 해수욕장은 모래가 유실되어 해수욕장의 기능이 마비되었고, 진우도와 새등 일대에도 퇴적량의 증가로 소형 선박의 통행이나 양식장으로서의 이용이 어려워지고 있다. 장림, 홍티 마을 일대의 해안은 다대공업단지, 일명 무지개 공단으로 개발되었다.

　낙동강은 최근 도시민의 음용수를 공급하는 기능이 저하되어 산업시설의 이전이나 새로운 댐의 건설 등 강수량의 변화와 관련된 적응 방안이 필요하다. 이는 낙동강 중류의 구미, 대구 등에서 배출되는 하천 오염원이 강수량이 부족한 갈수기에 오염을 가중시키기 때문이다. 구미공업단지, 달성농공단지, 성서산업단지 및 염색공단 등의 산업단지가 낙동강의 수질을 오염시키는 근원이 되고 있다. 이들 산업단지를 이전시키지 않고 대구시, 부산시 등의 시민에게 오염되지 않은 음용수를 공급하는 방안이 있다. 즉, 취수원을 현재의 매곡취수장이나 물금취수장에서 안동댐이나 진주 남강댐으로 옮기는 방안이 제시될 수 있다. 그러나 취수장 이전은 관련 지방자치단체 간의 첨예한 이해 대립을 가져오므로, 낙동강의 물 공급 기능은 물 관리 정치학으로 이해되어야 할 것이다.

03 동해안 7번 국도는 세계적인 여행코스로 개발이 가능할까

　한국 사람들은 여름 피서지로 동해안을 많이 찾는다. 대부분의 사람들이 동해안 중에서도 대체로 북쪽에 위치한 속초, 강릉이나 동해, 삼척지역을 찾으며, 울진, 영덕이 위치한 중남부지역은 찾는 이가 적다. 부산-포항 대도시지역인 경상북도 동해안 연안지역은 강원도 동해안이나 부산의 남해안만큼 유명하지는 않지만 다양한 관광자원이 있는 지역으로 7번 국도를 따라 많은 관광자원이 분포하고 있다. 7번 국도는 총길이 513.4km로 부산광역시에서 시작하여 경남, 경북, 강원도를 거쳐 휴전선 너머 함경북도 온성군까지 이어지는 도로이다. 이 도로는 해안을 따라 형성되어 있어 드라이브 코스로 적합하며 주변 풍경이 아름답다.

　7번 국도 중에서 죽변항은 울진 북단에 위치한 어항이다. 높이가 15.6m인 울진등대가 서 있는 곳으로 동해안의 손꼽히는 어로기지이다. 다양하고 풍부한 어획량만큼이나 어항 주변에는 크고 작은 수산물 가공 공장들이 줄지어 있다. 오징어, 고등어, 꽁치, 대게 등이 특히 많이 잡히고 특산물로 미역이 유명하다. 죽변항은 주변에 거느린 명소들도 많다. 덕천리 백사장으로부터 후정리와 죽변등대 남쪽의 봉평리, 그리고 온양리까지 이어지는 드넓은 백사장은 그 길이가 무려 10km에 이른다. 일명 봉평 해수욕장은 동해의 파란 물과 깨끗한 모래 때문에 해수욕장으로 더할 나위 없이 적합하다.

　죽변항 근처의 덕구온천은 '국내 유일의 자연 용출 온천'으로 이름난 곳이며, 1년 내내 43℃의 약알칼리성 온천수가 5m 정도 분출된다. 덕구온천장은 1991년 2층 건물로 개장했으며 객실을 포함한 4층짜리 호텔과 스파월드, 야외 노천온천, 가족온천실 등 다양한 편의시설이 갖추어져 있다. 이곳의 온천은 근육통, 타박상, 피부질환, 잠수병에 탁월한 효과가 있고 피부미용에 좋다고 한다.

성류굴은 해발 199m의 성류산에 형성된 석회암 동굴로 내부에 12개의 크고 작은 광장과 5개의 연못이 있으며 전장 472m, 높이 40m, 수심 30m이다. 약 50만 개의 종유석, 석순, 석주로 이루어져 있으며 일명 '지하금강'으로 불린다. 형성 시기는 약 2억 5,000만 년 전으로 추정되며, 외부 암벽에 살고 있는 측백나무는 수령이 천 년으로 동굴과 함께 천연기념물 제155호로 지정되어 있다. 동굴 내부의 온도는 사계절 변화가 거의 없으며, 못은 동굴 외부의 왕피천과 연결되어 물고기, 박쥐, 곤충류 등 31종이 서식하고 있다. 굴은 직선으로 수평적인 형태이다. 동굴 내부의 온도는 항상 15~17℃가 유지되어 여름에는 시원하고 겨울에는 따뜻하다.

울진 남쪽의 망양정은 울진군 근남면 산포리의 망양 해수욕장 근처 언덕에 자리 잡고 있다. 이곳 주위의 아름다운 풍광은 시, 그림으로 전해오고 있는데 조선시대에는 숙종이 친히 이곳에 들러 아름다운 경치를 감상했고, 정철과 김시습 등도 이곳에 들러 풍광을 즐겼다고 한다. 관동8경 중 하나이다. 고려시대 때 창건한 평해의 월송정은 신라의 영랑, 술랑, 남속, 안양이라는 네 화랑이 울창한 소나무 숲에서 달을 즐겼다 해서 붙인 이름이다. 정자 주변에는 해송이 숲을 이루고 있으며, 푸른 동해 바다를 바라보면 가슴이 확 트이는 기분을 느낄 수 있는 곳이다. 특히 월송정의 소나무와 푸른 바다를 배경으로 솟아오르는 일출 광경은 널리 알려져서 관광객과 사진작가들이 많이 찾는다.

최근 영덕읍 창포리 일대는 영덕풍력발전단지가 조성되어 새로운 관광지로 각광받고 있다. 해안을 낀 낮은 야산지대에 위치한 발전단지는 사계절 바람이 많아 풍력에너지가 풍부하다. 1997년 산불로 산림이 소실된 자리에 산림 훼손 면적이 적은 이점을 이용해 풍력발전단지가 들어섰다. 여기서 생산되는 청정에너지는 영덕군민이 1년간 사용할 수 있는 양이며, 주변의 해맞이 관광지와 함께 관광명소로 이름

영덕풍력발전단지

해안을 끼고 있어 사계절 내내 바람이 많은 경상북도 영덕군 영덕읍 창포리에 건설한 풍력발전단지로, 영덕의 유명 관광지인 해맞이공원 위쪽 언덕에 조성되어 있다. 발전량은 연간 9만 6,680MWh로 이는 영덕군민 전체가 1년간 사용할 수 있는 양이다.

을 높이고 있다.

강구항은 드라마 〈그대, 그리고 나〉의 촬영장소로 유명하다. 강구항은 연안항으로서 영덕대게의 원산지라 할 수 있으며 오징어, 대게(강구대게) 등 각종 어산물이 많이 잡히고 해돋이 관광지로도 알려져 있다. 남정면 장사리 7번 국도 변에 위치한 장사 해수욕장은 모래의 알이 굵고 몸에 붙지 않아 맨발로 걷거나 찜질을 하면 심장과 순환기 계통 질환에 좋고, 최고의 수질을 자랑하는 부경온천이 가까이 있어 많은 이들이 찾는다. 전국에서 일출 광경이 가장 아름답다고 하며, 인근의 위령탑은 6·25전쟁의 장사 상륙 작전 시에 전사한 군인을 위로하기 위해 만든 것으로 학생들의 학습장으로 알려져 있다.

7번 국도 선상에서 울진 이북은 강릉을 중심으로 하여 그 이북에 경포대·오죽헌~남애항~하조대~속초 영랑호·청간정~화진포~통일전망대 등이, 그 이남에 정동진~망상 오토캠핑장~추암 해수욕장~천곡동굴~죽서루~맹방 해수욕장 등이 분포한다. 이곳들을 울진 이남의 7번 국도와 연계시킨다면 한국의 대표적인 해안 관광 코스로 손색이 없을 것이다. 이제 7번 국도를 세계적인 해안 관광지로 알릴 전략이 필요하다. 특히 임원항에서 울릉도로 가는 페리가 운행되어 울릉도에 가 볼 수 있는 곳으로 알려져 있다.

04 부산국제영화제는 세계적인 영화제로 발전할 수 있을까

　1996년 9월 13일 아시아 최고 영화제를 목표로 부산국제영화제가 출범했다. 영화 제작사가 전무한 부산에서 영화제가 개최된다는 사실에 대해 많은 사람들이 회의적인 반응을 보였으나 부산 시민들의 열기 덕분에 영화제는 성공할 수 있었다. 사실 부산은 한국 영화산업의 출발지였다. 한국 최초의 영화관이 부산에서 개관되었고 한국 최초의 영화사 그리고 최초의 극영화 제작운동이 부산에서 시작되었으니 부산국제영화제의 성공은 당연한 일이었는지도 모른다. 해양도시가 갖는 다양하고 풍부한 문화와 영화학교 설립 등 아낌없는 지원은 부산을 국제영화도시로 이끄는 원동력이 되었다.

　부산국제영화제는 양적·질적인 면에서 아시아 최고의 영화제이다. 특히 국제영화제작사연맹으로부터 공인받은 국내 유일의 종합적인 국제영화제이다. 18만 명 내외의 국내외 고정관객을 확보하고 있으며, 2001년 베를린에서 '영화제의 미래의 역할'이라는 주제로 유럽영화아카데미가 마련한 영화제 정상회의에 아시아 지역에서는 유일하게 부산국제영화제 집행위원장이 초청되는 등 부산국제영화제는 명실상부한 '아시아의 주도적인 필름페스티벌'로 인정받고 있다.

　출범 이후 상영 작품 수, 초청객 수, 초청국가 수, 총 관람객 수 등이 꾸준히 증가하고 있는 부산국제영화제는 어떻게 성공하게 되었을까. 무엇보다도 외부 환경적 요인과 시기의 적절성이 성공의 요인이다. 할리우드 영화 독주에 식상한 관객들이 아시아 영화에 관심을 기울이게 된 외부환경이 작용하던 시기에 부산국제영화제가 시의적절하게 탄생했던 것이다. 칸, 베를린, 베니스가 세계 3대 영화제이면서 서로 경쟁적인 영화제 성격을 가지고 있는 데 반해, 부산국제영화제는 순수 영화제를 표방하며 비경쟁영화제 성격을 내세웠다. 비경쟁적이며 우수한 아시아 영화의 발굴 및 소개에 치중하는 영화제라는 부산국제영화제의 확고한 정체성은 세계로부터 큰 호응을 받았다. 지역주민의 적극적인 참여도 주요 요인이다. 국제영화제라는 새로운 문화에 접한 부산시민의 관심과 참여는 뜨겁고 높아가고 있다.

부산국제영화제가 몇 차례 개최의 성공에 안주하지 않고 세계적인 영화제로 자리매김하기 위해서는 개선해야 할 문제가 많다. 첫째, 영화의 심사 및 선정, 진행을 지원하는 조직이 좀 더 다양화되어야 하며, 둘째, 자본 부족의 한계를 극복하여 중동이나 남미, 아프리카 등 소외된 국가와의 영화 교류를 활발히 하는 것이 중요하다. 부산국제영화제는 철저히 민간에 의하여 자생적으로 나타난 국제 영화 교류 의사소통의 장이므로 세계적인 영화제로 발돋움하기 위해서는 교류가 확되어야 하는 것이다. 채 10일도 안 되는 개최 기간 동안이나마 많은 사람들이 즐길 수 있는 여유 있는 공간 조성도 필요하다. 좀 더 많은 사람들이 즐기는 영화제가 되기 위해서 예비 기간, 영화제, 이후 기간 등으로 기간을 세분하여 영화제의 참여 열기를 확산시킬 필요가 있다.

자생하여 성장한 부산국제영화제는 이미 세계적인 영화제로 발돋움하고 있다. 세계의 유명한 영화제와 경쟁하여 나름의 독자적인 정체성을 가진 부산국제영화제는 아시아와 한국의 영화를 세계에 전파하는 교두보 역할을 하고 있다. 이미 쇠퇴해버린 홍콩영화제나 도쿄영화제와 달리 짧은 역사, 부족한 자본, 미숙한 행사 진행을 극복하여 중동이나 인도 영화제의 새로움을 받아들인다면 부산국제영화제도 칸영화제나 베를린영화제처럼 세계 속에 자리매김할 수 있을 것이다.

수년간 지속된 부산국제영화제의 성공으로 우동과 남포동 등지에는 필름, 영사기계 등의 영화 관련 문화적 건축물이 들어서 포스트모더니티의 경관이 출현하였다(정은혜, 2011).

05 부산 산동네 도시경관은 어떻게 보존해야 하는가

　부산의 산동네는 역사와 서민들의 일상이 묻어 있는 세계적 희귀경관이다. 일제강점기 농촌에서 이탈한 도시 빈민들이 정착하여 원주민이 된 이곳은 한국 불량 주거지의 시초이다. 해방 이후 일본과 만주지방 등에서 귀환한 사람들과 6·25전쟁으로 인한 피난민들이 시가지의 빈터나 개천가, 산비탈 곳곳에 지은 판잣집이 주로 보수동, 대청동, 영주동, 초량동, 수정동, 좌천동 등 쉽게 접근할 수 있는 도심부에 집중하였다. 이후 산꼭대기까지 빈틈없이 들어찬 판자촌은 '하꼬방'으로 불리면서 가장 빈곤한 서민주택의 하나가 되었다. 산 전체를 뒤덮은 듯한 판자촌의 규모에 어떤 이는 장엄함마저 느껴진다고 하였다. 도시미관의 훼손이나 화재의 위험 등에도 불구하고 1960년대 초에는 노동자들이 유입됨으로 해서 판자촌이 유지되었고, 주택 문제 해결 방안으로 강제철거를 시도하였으나 큰 변화는 없었다.

　하지만 1964년 10월 17일 동구 초량동 산복도로, 1969년 12월 1일 초량~수정동 간 산복도로 등이 개통되어 1970년대부터는 공장과 각종 산업시설 확충에 따른 산동네 사람들의 직업과 인구구성 면에 많은 변화가 생겼다. 이후 산업화와 함께 산복도로는 남부민동, 가야, 주례, 모라, 봉래산, 황령산, 장산, 금정산 일원 등지로 뻗어 나갔다. 이 때문에 부산의 대표적인 산동네인 안창마을, 물만골, 태극마을, 돌산마을, 아미동 등이 산재하게 되었다(공윤경, 2010).

　산동네는 도시 기반시설인 도로·상하수도·화장실 등이 빈약하고, 골목길과 계단이 많아 통행이 불편하며, 비위생적일 뿐 아니라 협소한 불법 무허가 건물 등으로 이루어져 있다. 골목길과 계단은 불규칙하게 미로처럼 이어져 있어 이웃과 이웃을 연결하는 개방된 공간 역할을 하고 있다. 산동네의 산복도로는 도로 아래쪽 주민들이 주택 높이를 결정하는 기준이 되었으며, 교통 정체를 해소할 수 있는 옥상주차장 진입 통로가 되었다. 부산 산동네 경관의 또 다른 특징은 색채와 조망이다. 지붕에 앉힌 물탱크의 파란색이 색채감을 더해주고, 산동네에서 바다나 도심을 향할 수 있으면서 도심에서도 산동네를 바라볼 수 있는 양방향 조망이 가능하다.

이러한 경관상의 특징에도 불구하고 노후 불량 주거지임은 분명하다. 산동네는 값싼 자재와 낮은 수준의 기술로 시공된 건축물의 집합체인 것이다. 따라서 산동네가 아무리 지역의 역사와 밀착된 모습이 나타나고 건축가 없는 통시적 이미지가 자리하고 있는 장소라고 해도 주민들이 쾌적한 주거 공간에 거주할 수 있도록 하는 계획은 필요하다. 다행히 다양한 시각성과 환경 친화성이 강조되는 탈근대적인 도시계획이 가능해졌으므로 개성과 미학을 중시하는 경관 배치가 요구된다. 산지 사면에 입지한 해안도시 샌프란시스코나 홍콩 같은 도시가 모델이 될 수 있다. 트램과 같은 교통수단과 에스컬레이터 등이 설치되면서 계단식 사면을 이용한 양방향 조망이 가능한 공동주택, 광장, 도시공원, 녹지공간 등이 배치되어야 하는 것이다. 기존의 산동네 장소성을 일부 보존하면서 새로운 산동네 도시공간이 구획되어 양자가 병존하게 하는 방법도 생각해볼 수 있다.

산동네의 연장선상에 있는 부산진구 전포3동과 남구 문현1동의 '돌산마을'은 성공적인 공원재생사업으로 저소득층 거주 주민의 삶의 질을 향상시킨 또 다른 방법이다(공윤경·양흥숙, 2011). 마을 주민의 참여에 의해 저소득층 마을이 희망공간으로 인식 전환이 이루어진 것이다.

[미래 한국지리 포럼]
권위주의 국가 권력과 로컬의 탈장소성

세계 역사상 가장 짧은 시간에 구축된 한국의 경제 발전, 즉 자동차·조선·전자·화학·기계 등 대규모 장치 산업의 성공은 2007년의 세계 금융위기 속에서도 건재함을 과시하고 있다. 하지만 그 이면에서는 권위주의 국가 발전을 위한 계획 또는 사업의 실천으로 인한 문제를 고스란히 안은 로컬 사람들의 고통이 무시되었음을 깨닫지 않을 수 없다. 1962년 울산공업지구가 지정된 후 지구 내에 거주하던 주민은 강제로 이주되어야만 했고, 마을과 경작지는 완전히 사라져 민주주의 국가에서 주민이 누려야 할 권리, 이주권, 재산권, 삶의 터전 변화에 대하여 저항할 권리 등이 유보 또는 박탈되었다. 도시계획 구역 내에서의 토지 수용과 보상, 이주, 공해 등 다양한 요인에 의하여 갈등을 겪은 예를 울산에서 찾아볼 수 있다. 한국이 진정한 선진국이 되기 위해서는 비록 한 세대가 흘러갔지만 권위주의 국가 권력에 의한 로컬의 탈장소성과 상처받은 주민들에 대한 치유가 필요하며, 이에 대하여 논의하지 않을 수 없다.

- 이번 포럼에서 논의될 소주제는 다음과 같이 정리할 수 있다.
1. 국가 권력에 의한 로컬의 탈장소성은 권위주의 체제 때문인가 아니면 민주주의 체제에서도 가능한가?
2. 어떤 법률이 로컬의 탈장소성에 영향을 주었는가?
3. 탈장소성에 관하여 대도시지역과 도농통합지역이 서로 비교되는가?
4. 현대 민주사회에서 탈장소성에 따른 갈등과 저항이 가져오는 사회적 비용, 불안, 체제변화는 지역 수준에서 어떻게 해결되어야 하는가?

11 대구-구미 대도시지역은 새로운 변신에 성공할 것인가

지역의 미래

이 지역은 대구를 중심으로 한 영남 내륙 지역에 해당된다. 풍부한 노동력과 오랜 전통을 바탕으로 섬유공업이 발달하였지만, 섬유공업이 쇠퇴하는 가운데 새로운 발전의 계기를 마련하기 위하여 다양한 시도가 이루어지고 있다. 구미의 전자공업 등에 의한 산업의 고도화가 다소 이루어졌으나 기반시설의 부족 등으로 도전을 받고 있으며, 부산-포항 대도시지역, 수원-인천 대도시지역, 천안-당진 도농통합지역의 다른 공업지역과 비교했을 때 지역경제 기여도가 낮은 편이다. 게다가 다른 공업지역과 달리 내륙에 위치하여 운송·물류에 불리하다는 약점을 가지고 있다. 제조업 출하액에 비해서 서비스업 종사자 수가 적으며, 문화공간은 대구에 편중되어 있다. 노인인구나 유치원 1개당 원아 수도 적은 편이다. 이 지역을 희망찬 미래로 가꾸기 위한 노력이 이루어지고 있으며 문화 클러스터의 구축이 무난해 보인다.

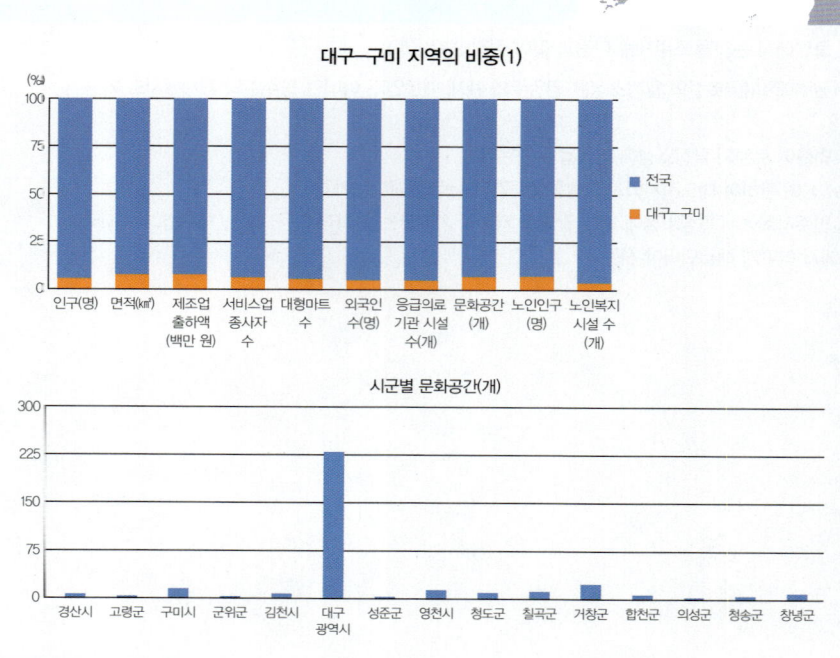

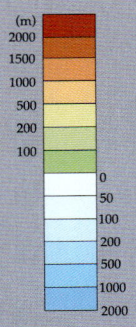

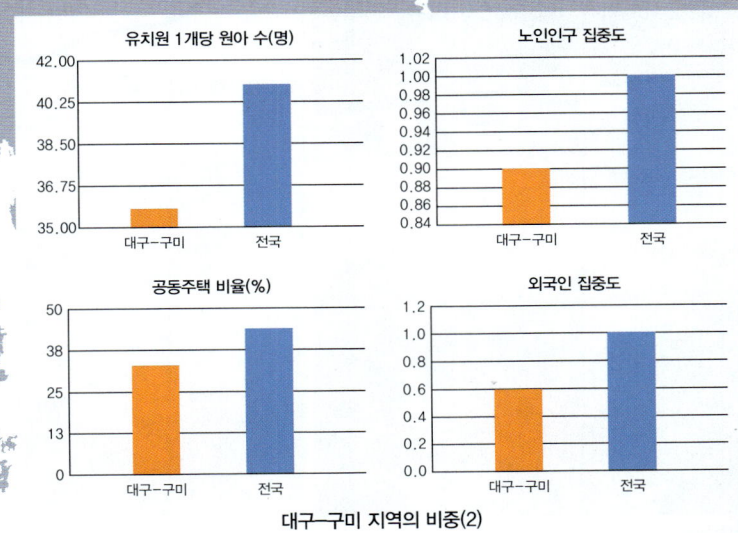

대구-구미 지역의 비중(2)

제11장 대구-구미 대도시지역은 새로운 변신에 성공할 것인가 | 199

경관의 이해

11

낙동강 중상류와 지류가 이루어놓은 다양한 하천경관이 나타나며, 어떤 지형은 자연관찰 학습장 혹은 지오투어리즘으로 활용하려는 노력이 이루어지고 있다. 내륙 도시이지만 일찍부터 개신교 선교사들이 남겨놓은 종교경관이 있으며, 대구감영이나 소멸된 성곽의 길을 따라 역사경관이 산재한다. 일부 공단에 형성되어 있는 일하는 외국인 노동자의 커뮤니티도 특색이 있다. 고분경관의 특색을 지닌 곳도 있어 고(古)전통문화의 특색을 음미할 수 있다.

자연경관(가조분지)

지도 상의 대구읍성(1907년)

역사경관(경상감영, 이정숙)

역사경관(진골목)

자연경관(대구 앞산, 전영권)

200 | 제3부 세계화와 남부지역의 변동

역사경관(대구 개신교 선교사 묘지)

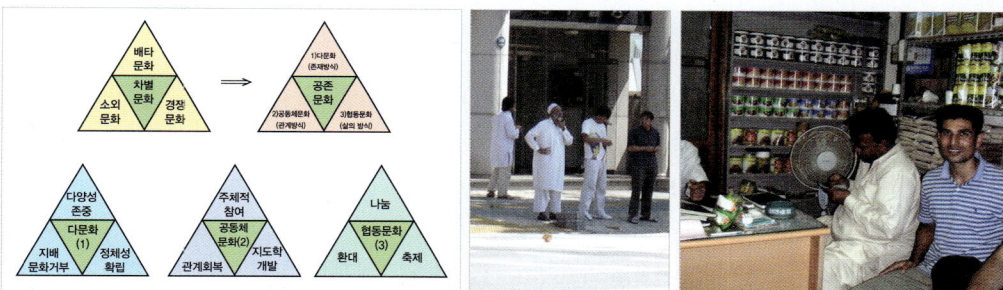
국경 없는 마을이 기획하는 대안문화(오경석·정건화)   인문경관(이곡동 에스닉 커뮤니티, 조현미)

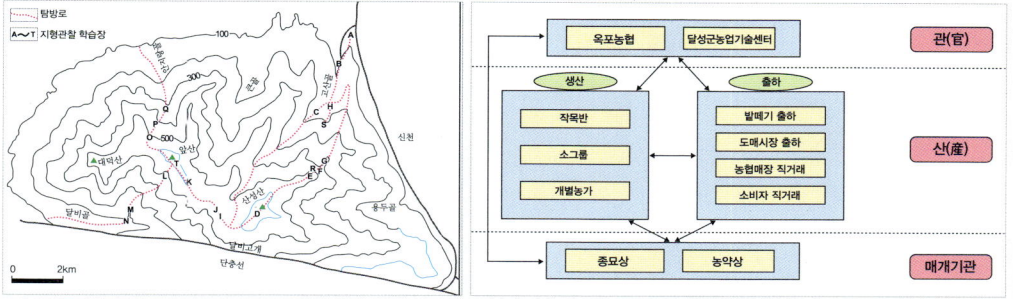
대구 앞산 지형 관찰 학습장 및 탐방로(전영권)   신당리 수박 작목반의 혁신환경(우종현)

❋ 위치와 행정구역

이 지역의 위치는 동경 128도 21분~128도 46분, 북위 35도 36분~36도 1분이며, 북쪽으로 충주 내륙 도농통합지역과 안동 도농통합지역, 동쪽으로 부산–포항 대도시지역, 서쪽으로 전주 도농통합지역과 진주 도농통합지역에 인접한다. 이 지역은 1개 광역시, 4개 시, 10개 군으로 이루어져 있으며 경산시, 고령군, 구미시, 군위군, 김천시, 대구광역시, 성주군, 영천시, 청도군, 칠곡군, 합천군, 의성군, 청송군, 창녕군, 거창군 등이 해당한다. 경상북도 일부와 경상남도 서부지역 일부를 아우르는 지역이다.

❋ 지형과 기후

이 지역의 지형은 경상계 지층의 구조분지인 경상분지가 중심이며, 이를 북서 방향의 소백산맥이 둘러싸고 있다. 경상분지는 낙동강 본류의 동쪽 지역인 경상남도와 경상북도의 대부분을 포함하는 지역으로 중생대 백악기에 형성된 분지로서 면적의 90% 이상을 경상누층군이 차지하고 있다. 경상분지의 중앙에 대구분지가 위치하고 있으며 분지의 밑바닥에는 수성퇴적암이, 남쪽에는 화산암이, 북동부에는 화강암이 주를 이룬다. 중생대에 대구와 그 주변 지역이 퇴적암으로 넓게 덮여 있었으며, 이후에 북동부와 서부 중심으로 화강암의 관입이 이뤄지고, 남쪽에서는 안산암질 화산암이 나타나서 오늘날의 모습을 갖추었다. 이후 오랜 기간 동안 침식이 이뤄지면서 변성퇴적암과 안산암질 화산암은 침식에 강하여 산지로 남고, 중앙부의 퇴적암은 침식에 약하여 구릉지가 된 침식분지가 형성된 것이다. 분지의 낮은 부분은 동서로 가로지르는 금호강과 남북으로 가로지르는 신천이 침식된 기반암 위에 엷은 충적층을 퇴적시켰다.

기후는 남부지방 중에서도 특이한 전형적인 대륙성 기후를 보인다. 산맥이 둘러싸고 있어 위도에 비해 겨울과 여름의 기온 차가 크고 강수량이 적은 것이 특색이다. 연 강수량은 900~1,300mm이지만 지역 차가 크고, 대구광역시 주변의 내륙지방은 여름에 덥고 비가 적다. 강수의 하계집중률이 높고 겨울 가뭄이 잦은 지역이다.

01 대구-구미 대도시지역은 고부가가치 산업지역으로의 변신이 가능한가

> **경인공업지대**
> 서울·인천을 중심으로 안양·수원·부천·의정부 등 경기도 일원에 걸친 종합공업지대이다. 최근에는 급격한 도시발전에 따른 지가(地價) 상승으로 지가가 싼 지역으로 이동하고 있다

대구는 일찍부터 한국의 대표적인 공업도시이며 섬유공업이 경제의 기반을 이루었다. 대표 산업인 섬유공업은 1906년 대구잠업전습소가 설립되면서부터 발달했으며 일제강점기에 급성장했다. 즉, 1918년 일본 자본에 의해 공장이 설립된 후 전국 제일의 생사견직공업도시가 되었으며, 1930년대에는 군수공업의 확대로 성장을 계속하였다. 1960년대 이후 한국 공업화 초기에는 섬유 제품 수출이 급증함에 따라 영남지방의 수출산업을 주도했다. 대구가 섬유공업의 중심지로 발달한 것은 값싸고 풍부한 노동력과 원료, 편리한 교통, 축적된 지역 자본 및 정부의 적극적인 지원 등의 입지 요인 때문이다. 한편으로는 6·25전쟁의 영향으로 당시 경인공업지대의 섬유공장이 가동되지 못하여 전국의 섬유 수요를 한때 독점할 수 있었던 것도 중요한 역사적 요인이다. 1970년대에는 자동화를 통한 대량 생산체제가 갖추어지고 염색가공 부문이 강화되었다.

그러나 1980년대 들어와 섬유공업은 후발 개발도상국의 등장으로 더 이상 혁신되지 못한 기술과 수출부진, 임금상승 등으로 인해 생산성이 저하되면서 침체하기 시작했다. 섬유공업 위주의 단순한 지역의 산업구조는 대구의 발전을 더 이상 촉진시키지 못했다. 섬유산업 공정 중에서 염색 공정은 고부가가치 산업이지만 한국과 같은 후발 산업국가에게는 저임금, 저부가가치 산업이었다. 이로 인해 한국의 섬유산업 관련 공장들이 임금이 싼 외국으로 이전되기 시작했고, 산업 공동화 현상이 나타났다. 2005년 대구섬유산업이 전국에서 차지하는 비중은 업체 수 11.4%, 고용인원 11.2%에 불과하게 되었다.

섬유 공장이 동남아시아, 중국 등지로 이전하면서 지역경제가 침체되고 자영업이 몰락하자 이를 극복하고자 1999년부터 제3섹터 방식

대구 섬유 축제
대구광역시에서 섬유산업을 육성하고 첨단 섬유패션도시로 발돋움하기 위해 열리는 산업축제이다. 1985년에 시작되어 1999년까지 가을에 한 차례씩 열렸으나 2000년부터 봄과 가을 두 차례에 걸쳐 열린다.

으로 구성된 '밀라노 프로젝트'가 시행되었다. 이는 1970년대 장인 공업지구 선정과 중소기업 간의 네트워킹을 통한 발전이 이룩된 이탈리아를 벤치마킹한 것으로 한국의 지역 중흥사업 1호로 추진된 사업이다. 밀라노 프로젝트는 신제품 개발과 섬유, 패션디자인 기반 확충의 1단계(1999~2003년), 신제품 연구개발(R/D)과 해외 마케팅 등 실질적인 기업지원의 2단계(2004~2008년)로 나누어 투자되었다. 궁극적으로 제직, 염색 중심의 섬유산업 구조를 패션디자인 중심으로 전환시키기 위한 시도였다.

밀라노 프로젝트와 함께 대구시는 섬유산업의 침체를 막기 위해서 1985년부터 대구 섬유 축제를 개최했다. 국제 경쟁력 제고를 위해 섬유기술개발 전시회와 품질비교 전시회를 매년 개최했으며, 1989년부터는 대구패션협회 주최의 대구컬렉션을 매년 개최했다. 이는 대구섬유업계에 패션산업을 뿌리내리겠다는 취지였다.

그러나 섬유산업 부흥의 핵심인 밀라노 프로젝트는 섬유산업에 대한 투자보다는 부실기업 지원과 자금 유용 등 원래 취지와는 다른 용도로 사용되어 실패한 프로젝트라는 비난을 받았다. 체계적인 추진체계가 결여되고 세계적인 추세를 읽어내지 못한 점도 실패요인이었다. 1단계 사업을 통해 얻은 것이라고는 섬유기업을 위한 몇몇 건물과 단지 조성 등 인프라 시설뿐이었다. 대구 섬유 축제도 박람회 수준에 그치고 있을 뿐이며, 오히려 서울컬렉션에 그 자리를 빼앗긴 실패한 축제가 되었다. 밀라노 프로젝트와 대구 섬유 축제의 실패는 대구지역의 침체를 초래했다.

이러한 실패에도 불구하고 대구는 세계적인 패션도시로서의 이미지를 구축하고 세계 속에서 대구의 위상을 높이기 위한 대구국제섬유박람회를 2014년 개최할 예정이다. 이러한 시도에 의문이 그치지를 않아 최근에는 지역경제 부흥의 대책으로 문화산업이 거론되고 있다. 2003년 8월 전국 최초의 오페라 전용극장을 설립, 대구를 세계적인 오페라의 메카로 만들기 위한 2003년 대구국제오페라축제가 개최되었다. 공연시설 85개, 종합문화시설 5개, 전시시설 65개 등의 건설이 이어지면서 문화 도시로 거듭나기 위한 노력이 계속되고 있다.

또한 국내외의 대표적인 뮤지컬 작품들이 '대구국제뮤지컬페스티벌'이라는 이름 아래 공연되었다. 대구광역시의 경우 뮤지컬 공연 횟수가 그동안 총 90회로 서울과 경기도에 이어 세 번째로 많으며, 전국에서 차지하는 비율이 10%이다. 주 공연도 뮤지컬이 39%의 비중을 차지하고 있다. 이러한 문화산업은 대구의 발전 방향을 새롭게 모색하게 해주며, 미국의 브로드웨이나 영국의 웨스트엔드처럼 세계적인 명성을 얻는다면 발전의 중요한 계기가 될 수 있다. '컬러풀 대구'와 함께 '메디시티 대구'로의 시도도 이루어지고 있지만, 교통 접근성이 좋지 않고 모발 이식수술 분야 이외에는 수준 높은 의료기관이나 산업체가 부족한 실정이다(윤옥경, 2011).

뮤지컬과 같은 문화산업은 매우 유용한 지역발전 전략으로 보이고 대도시에 집적되어 있는 경향이 강하여, 중소도시와 농촌이 혼재하고 있는 대구-구미 대도시지역은 문화산업 클러스터가 구축될 가능성이 높아 보인다. 문화산업과 연관이 가장 큰 IT 산업이 발달한 구미, 청도의 민속 축제, 가야 문화권의 산지인 고령, 큰 문화시장인 대구와 인접하면서 대학의 연구 인프라를 보유하고 있는 경산 등을 네트워킹하여 각 지역의 혁신역량을 최대한 활용해야 할 것이다(최정수, 2006).

예를 들어 구미와는 전철 조기 개통뿐 아니라 문화 교류협력 협약 등 다방면에 걸쳐 최대한 협력 체제를 구축하여, 구미의 우수한 인력이 수도권으로 빠져나가지 못하도록 노력해야 한다. 또 다른 예로서 청도군의 소싸움 축제는 전국 최대 규모의 소싸움대회이자 민중문화가 숨쉬는 전통 민속축제이다. 이를 문화산업과 연계한 클러스터 구축이 이루어져야 할 것이다. 청도투우협회 주최로 해마다 3월에 3일 동안 열리는 소싸움 축제는 외국 싸움소와의 친선 경기, 주한 미군 로데오경

> **청도투우협회**
> 1990년 친목단체로 시작된 협회는 같은 해에 제1회 영남 소싸움 대회 개최를 시작으로 현재는 청도소싸움 축제를 주관하고 있다. 소싸움의 역사가 타 지역에 비해 비교적 짧은 청도가 소싸움의 고장으로 자리매김하게 한 공이 크다.

경산자인단오제

경북 경산시 자인면 서부리 일대에 전승되는 민속놀이이다. 강릉단오제나 은산별신제와 흡사한 놀이로 매년 단오 전후 3일간 거행되는데, 단옷날 아침에 시장을 돌고 한장군 묘소로 가서 제관들이 제사를 지낸다.

기 유치 등의 다양한 행사를 통해 국제적인 행사로 발전하고 있다. 한국의 소싸움은 농경이 정착한 이후 목동의 놀이로 시작되어 점차 부락 단위 또는 씨족 단위로 규모가 커져 마을의 명예를 걸고 다투는 시합으로 발전했고 흥겨운 놀이판으로 이어져왔다. 초기 소싸움에서는 소의 크고 작음의 구분 없이 힘과 기술로 승부를 겨루었으나, 근래에 와서는 무게에 따라 갑·을·병의 체급으로 나누어 승자를 가린다. 청도 소싸움 축제는 2008년 동물보호법의 동물학대 금지규정과 관련해 4월에 열리게 됐다. 소싸움 축제는 아직 세계적인 축제로 거듭나지 못하고 있다. 경산시의 경산자인단오제는 2008년 33회를 맞아서 볼거리와 체험거리가 다양해 16개국 34명의 외교사절과 500여 명의 외국인 등 20만여 명이 다녀간 성공적인 축제였다고 자평하고는 있지만 세계적인 축제로 거듭나기에는 아직도 부족하다.

02 비슬산 암괴류는 에코투어리즘의 자원으로서 얼마나 기여할까

대구분지의 주요한 등산 기점이기도 한 비슬산은 에코파크로 조성해볼 가치가 있다. 달성군 유가면 용리에 위치한 비슬산은 달성군과 경상북도 청도군의 경계가 되는 산으로 정상의 바위 모양이 신선이 거문고를 타는 모습을 닮았다 하여 '비슬'이라는 이름이 붙었다. 남쪽으로 조화봉(照華峰: 1,058m)·관기봉(觀機峰: 990m)과 이어지며, 유가사(瑜伽寺) 쪽에서 올라다보면 정상을 떠받치고 있는 거대한 바위 능선이 우뚝 솟아 있다. 최고봉은 1,083.6m의 준봉으로 여기서 뻗어 나간 산맥이 와룡산, 앞산으로 이어져 거대한 비슬산맥을 형성하고 있다.

비슬산은 암괴류 지형으로 유명하며, 한반도에서는 물론 세계에서 규모가 가장 큰 것으로 밝혀졌다(전영권, 2000). 길이 2km, 최대 폭 80m, 사면 평균 경사도가 15도이다. 암괴류는 고도 약 1,000m 부근에서 시작해 내려오다가 등산로를 중심으로 양쪽 사면의 2개 암괴류로 갈라지며, 이들은 고도 750m 근방에서 다시 합류, 내려오다가 고도 450m 지점에서 끝난다.

암괴류의 상부는 애추성 거력퇴적물(巨礫堆積物)로 여겨지며 좌·우측으로부터 애추사면이 합류하고 있다. 암괴류의 거력퇴적물과 애추가 혼재되어 나타나고 있는 경관이 대단히 특이하다. 비슬산 암괴류는 최상부에 암석 낙하에 의한 애추가 있고, 그 아래로 암괴류가 자연스럽게 연결되어 이어진다. 이들은 연결 부분에서 나타나는 경사급변점이 나타나고, 각력이 중심이 되는 애추와 아각력이나 아원력이 중심이 되는 암괴류의 두 종류의 지형이 나타난다. 거력퇴적물 형태의 비슬산 암괴류는 솔리플럭션(solifluction)과 동상포행(凍上葡行) 등에 의해서 나타난 지형이다. 이 지역에 나타나는 거력퇴적물은 지난 최종 빙기 이전의 고온다습한 기후조건하에서 심층풍화과정을 거친 기반암이

에코파크(Eco-park)
친환경적인 환경에 관련된 공원을 말한다. 한국의 에코파크 형태는 사후매립지의 활용형태가 보편적이며, 대표적인 예가 과거 난지도 매립지를 환경생태공원으로 탈바꿈한 서울시 상암동의 하늘공원이다.

암괴류
큰 자갈 또는 바위 크기의 둥글거나 각진 암석 덩어리들이 집단적으로 산 사면이나 골짜기에 아주 천천히 흘러내리면서 쌓인 것을 말한다. 주빙하성 기후하에 형성된 암괴는 암괴 아래 부분의 토양이 동결·융해되는 과정에서 조금씩 미끄러지면서 이동되어 경사는 15도 이하로 완만하다.

솔리플럭션
지표의 동결과 융해가 활발히 일어나는 주빙하성 기후 지역에서 잘 나타난다. 영구동토층 위의 활동층은 지표 융해 시 함께 융해되어 수분을 함유한 상태에서 천천히 흘러내리는데 이것이 솔리플럭션이다. 중력에 의해 이동하는 매스 무브먼트의 일종이다.

동상포행
사면의 토양이 동결과 융해를 반복할 때마다 조금씩 사면 아래로 움직이는 현상으로 주빙하성 기후에서 주로 서릿발 작용에 나타난다. 중력에 의해 이동하는 매스 무브먼트의 일종이다.

토르(tor)
구상풍화를 받은 동글동글한 핵석이 돌탑 모양으로 지표에 노출되어 형성된 암괴이다. 이러한 형성은 주로 2차적 토르를 말하며, 1차적 토르는 주로 한랭건조한 지역에서 일어나는 것으로서 땅 위에서 여러 가지 기후학적 요인에 의해 기계적 풍화를 받는 과정에서 형성된다.

나마(gnamma)
기계적·화학적 풍화작용으로 형성도는 풍화혈이다. 수직적으로 발달하는 풍화혈인 타포니와는 달리 평평한 암반에 항아리 모양으로 오목하게 개별적으로 파인 구멍 형태로 나타나는 나마는 수평적으로 발달한다.

건열(mud crack)
굳지 않은 진흙질의 퇴적물이 건조할 때, 수분을 잃어 수축하면서 표면에 만드는 다각형의 균열을 말한다.

연흔(ripplemark)
지층 표면의 물결 모양으로서, 지층의 퇴적 당시에 형성된다. 해안, 하천 바닥의 모래땅 표면에서도 볼 수 있다.

상부 풍화물질의 제거로 각력의 형상 또는 원력(핵석)의 형상으로 지표면에서 토르를 형성하기도 한다. 애추는 절리 발달이 양호한 상태로 노출된 화강암체의 심층풍화과정 동안 차별침식의 결과 상대적으로 단단한 암석이 침식에 견디어 남은 상태이다.

비슬산의 암괴류를 관찰하기에 적합한 시기는 비슬산 참꽃축제가 개최되는 매년 4월 하순경이다. 이곳에 유명한 참꽃(진달래) 군락지가 있기 때문이다. 비슬산 암괴류를 에코파크로 조성한다면 지오투어리즘의 관점에서 몇 개의 탐방로를 생각해볼 수 있다. 비슬산맥의 주요 지점인 앞산은 1,600만 명 이상의 인구가 방문하는 시민의 휴식처이므로 이미 지형관찰 탐방로가 개발되어 있어 소개할 만하다. 애추, 나마, 판상절리, 자유면, 주상절리, 동굴, 잔구, 하식애, 선상지, 포트홀, 건열, 연흔, 습곡 지형 등을 관찰하기 위한 학습 탐방로 조성은 탐방객의 학습 효과를 높이는 데 기여한다.

그동안 한국의 지형에 대한 연구가 학술적 지식으로 연구·정리되어 온 것이 현실이지만, 이러한 학술연구를 거친 수많은 지형 자원이 지오투어리즘에 활용될 필요가 있다(전영권, 2005). 지오투어리즘(Geo-tourism)은 1980년대부터 자연생태자원을 관광자원으로 활용해온 유럽에서 시작됐는데, 다양하고 우수한 지형 및 지질 자원과 지역을 관광상품으로 개발하여 관광객을 유치하는 관광산업이다. 일반 생태관광과 달리 계절적 제약이 없을뿐더러, 탐방객들에게 지형 및 지질에 대한 체계적 교육을 함으로써 환경보전에 크게 이바지할 수 있다.

03 대구시 달서구 이곡동의 외국인 근로자 에스닉 커뮤니티는 어떻게 작동하고 있는가

에스닉 커뮤니티

문화적·종교적 동일성에 의해서 특징지을 수 있는 집단을 에스닉 그룹이라고 하는데, 여기에서 말하는 에스닉 커뮤니티란 유럽 및 구미 지역을 제외한 아랍, 동남아시아 등의 제3세계 민족이 모여 형성하는 지역 공동체를 뜻한다.

대구의 섬유산업이 발달하면서 달서구의 성서지역에 공업단지가 1980년대 중반부터 조성되어 섬유·조립금속·석유화학 등의 업종에 종사하는 1,000여 개 기업이 입주하면서 약 4만 명의 근로자를 수용하였다. 1980년대 중반부터 나타나기 시작한 한국인의 3D 직종 기피 현상으로 노동력 부족 현상이 나타나고, 이로 말미암아 아시아 인근국가들의 외국인 노동자가 유입되면서 달서구 이곡동은 외국인 이주 근로자들의 집중지역이 되었다(조현미, 2006).

이곡동에 이주해 온 이들 외국인 근로자는 한국이나 다른 나라의 전통적인 언어나 생활양식, 가치관과 규범 체계를 대대로 이어받고 있는 민족 집단이 아니라 이민, 난민, 강제 이주자와 같이 자의 반 타의 반으로 모국을 떠나 새로운 국가(지역)에서 생활하는 에스닉 집단이다. 새로운 국가(지역)에서 잘 적응하기 위해 자신들만의 에스닉 커뮤니티가 필요하며, 정착 지역과 모국의 출신 지역 사이의 문화적 간격을 줄이고 상호 경제적·문화적 교류가 지속되어야 할 필요가 있다. 이러한 에스닉 커뮤니티가 제대로 한국사회에 자리 잡으면 한국사회가 다문화사회에 보다 근접하게 되므로, 이를 위하여 커뮤니티에 대한 관심과 애정을 기울어야 한다.

한국은 2010년 현재 170여 개국에서 이주해 온 외국인 92만여 명이 살고 있는 나라이다. 1998년의 15만여 명에 비해 12년간 6배 이상 증가하여 한국은 이미 통계상으로 다문화사회가 되었다. 중국 동포를 포함한 중국인이 전체 등록 외국인의 57%를 차지하고, 전체 175개 국적 가운데 55개국은 10명 미만이다. 단기간 체류하는 단순기능인력이 61%를 차지하는 동시에 전체 외국인의 60%에 해당되는 51만여 명이 서울 등 수도권지역에 몰려 있어 다문화사회로 규정하기 어렵다는 견해도 있다. 그러나 국적과 혈통, 국민정체성 등 하나만 결여되어도 같은 국민으로 인정하지 않는 폐쇄성만은 고쳐져야 하며, 따라서 에스닉 커뮤니티의 형성에 적극 도움을 주어야 한다.

대구시 달서구 이곡동은 외국인 중에서 파키스탄을 중심으로 한 노동자가 밀집된 지역으로 알려져 있다. 모국을 떠나 한국에 정착한 이들은 대구에서 잘 적응하기 위하여 상점을 커뮤니티의 중심으로 활용하고 있다. 월급의 70% 이상을 모국으로 송금하고 남은 돈으로 생활하는 이들은 비용을 아끼기 위해 3인 이상이 좁은 주거 공간에서 함께 생활하므로 필요한 상품을 구입하는 상점이 에스닉 커뮤니티가 된 것이다. 즉, 상점 앞 골목길이나 할인마트 앞 공간은 파키스탄뿐 아니라 아시아 여러 나라 출신의 외국인 노동자의 소통지역이 된다. 이러한 에스닉 구성원들이 하나의 공동체라는 의식으로 공유하는 공간은 한정된 장소에서 시작해 계속 확산되며 새로운 사회공간을 형성한다(조현미, 2006).

이들 외국인 노동자들은 자신들끼리는 소통하지만 이곡동의 지역사회와는 교류하지 않고 하나의 고립지역(앙클레이브)처럼 되어 있다. 그렇지만 이들의 주택지로의 유입은 별 어려움 없이 이루어지고, 외국인들의 거주에 대해서 지역주민들도 자연스러운 현상으로 받아들이고 있다. 그러나 이들은 같은 동네에 거주하면서 집주인이나 직장동료, 행정기관과는 대화가 거의 이루어지지 않고 있는 실정이다. 외국인들은 비자 기간과 안정된 일자리, 월급문제 등에 관해서는 해결하고 싶은 희망사항이 많지만 지역주민이나 행정기관에 대해서는 별다른 요구 사항이 없다고 한다. 즉, 그들은 현재 거주하고 있는 지역에 대한 정착지로서의 개념이 거의 없으며, 자신들의 커뮤니티 속에서 폐쇄적인 네트워크를 고집하고 있다고 볼 수 있다.

현재 한국사회에 체류하고 있는 외국인의 비중은 점점 늘어나 전체 인구의 10%에 달하고 있으므로 한국사회는 다인종, 다문화사회로의 재편에 적극적으로 대비할 필요가 있다. 장기적인 관점에서 외국인들을 한국사회의 공동 구성원으로 새롭게 자리매김하는 일이 절실하다. 앞으로 다양한 에스닉 커뮤니티가 한국의 여러 지역에서 더욱 급속하게 진행될 수 있으므로 다민족사회의 등장에 따른 사회문제와 갈등을 해결할 공존의 방안이 필요하다. 외국인 노동자의 다수가 한국을 최종적인 목적지로 생각하지 않고 유럽이나 제3국으로 가기 위한 발판으로 생각하고 있다고 하지만, 이들 커뮤니티의 형성에 관심과 애정을 바탕으로 한 사회적 네트워크를 통한 강한 공감대의 형성은 한국사회 및 특정한 지역 사회의 유지에 필수적이다. 대구시 이곡동의 에스닉 커뮤니티가 안산시 원곡동의 '국경 없는 마을 프로젝트'처럼 지역 사회 내에서 국적, 언어, 피부색, 종교, 경제와 문화적 차이를 극복하고 '공동체적으로 더불어 살기'를 지향해야 할 것이다.

국경 없는 마을 프로젝트

경기도 안산시 원곡동은 전국에서 가장 많은 외국인이 거주하고 있는 동으로 반월공단 일부를 포함한 도시와 농촌, 공단이 병존한다. 지저분하고 위험한 지역이라는 인식이 높아지자, 안산시에서는 원곡동의 독특한 지역성을 바탕으로 한 '국경 없는 마을 프로젝트'를 추진하여 다문화 커뮤니티를 내세운 지역 이미지 형성에 노력하고 있다.

> **암묵적 지식**
>
> 학습과 체험을 통해 개인에게 습득돼 있지만 겉으로 드러나지 않는 상태의 지식을 말한다.

04 달성군의 지역 농산품이 어떻게 세계적 상품이 될 수 있을까

달성군 옥포면 신당리는 옥포면 내에서 수박 재배로 특화되어 있다. 시설 작물 중에서 수박과 참외, 토마토가 주를 이루며, 이들 과일에 한하여 '황후의 과실'이란 지역브랜드 이름으로 판매되고 있다. 수박이 전체 시설 작물의 면적이나 동수의 절반을 차지하는데, 신당리 주민은 1970년대 후반부터 노지에서 수박을 재배했으나 1980년대 초반부터는 비닐하우스에 의한 시설재배로 바꾸었다. 1985년경부터는 수박 작목반이 조직되어 수박 재배 농가 중 70% 이상의 가구가 작목반에 가입하여 경영하는 등 조직적인 작물 생산, 출하를 하고 있다. 그런데 신당리 수박은 현대적인 생산-유통-판매망까지 확보했음에도 왜 국내외에서의 경쟁력을 확보하지 못할까?

그것은 오랫동안 작목반에 의존하여 생산 및 출하 활동이 이루어져 왔지만 작목반의 역할이 제한되어 있고, 생산자와 더불어 지역 농업 혁신체제 구축의 중요한 구성 요소인 연구기관 및 지방정부나 공공기관과의 협력관계가 미약했기 때문이다(우종현, 2006). 그리고 생산자들의 70% 이상이 참여한다는 작목반은 원자재 구입의 단계에서만 공동구매의 역할이 있을 뿐이며, 수박 재배와 관련하여 개별 농가는 오랜 경험에서 체화된 암묵적 지식에 의존할 뿐 새로운 기술에 대하여 작목반을 통한 집단 학습은 거의 이루어지지 않고 있다. 품종 선택의 과정에서도 토양과 기상 조건 등 지역의 자연적인 조건을 고려한 적지적작의 선택이나 시장 수요의 예측에 따른 선택이 아니라 종묘상의 추천이 중요한 변수가 되고 있으며, 재배 과정에서 농약상의 기술지도에 의존하는 것으로 조사되고 있다.

지역혁신 메커니즘의 측면에서 보면, 신당리 농가들은 대체적으로 상품성 제고나 품질 차별화를 위하여 새로운 기술 도입의 필요성은 인정하면서도 혁신의 창출에 소극적이며 종래의 농업 생산방식에 의존하는 관행이 강하다. 결과적으로 이러한 특성은 생산단계에서의 불완전한 시장 정보와 상대적으로 낮은 기술수준을 지닌 개별 농가의 의사 결정에 대한 의존도를 높이게 되므로 농업 경쟁력 확보가 이루어지지 않는 것이다.

세계화 시대의 한국 농업은 시설재배에 의한 일괄적인 대량생산을 중심으로 하던 것에서 벗어나, 생산자를 조직화한 후 목표 시장을 설정하고 그에 적합한 특성의 농산물을 생산하는 시장지향적 농업 구조로 전환시키는 일이 시급하다. 즉, 한국 농업의 경쟁력 확보를 위한 혁신이 이루어지기 위해서는 개별 농가 간의 공동학습과 협력관계가 구축될 수 있도록 해야 한다. 특히 작목반이 생산-출하-유통에 이르기까지 지역농업의 경영과 관련한 지식 창출, 학습의 근원지가 되도록 해야 하며, 마을 단위를 넘어서 연구기관, 행정기관 등과도 연계된 인프라가 만들어져야 한다. 즉, 사회적 학습망과 신뢰망이 토대가 되는 사회적 자본(Social Capital)이 지역발전의 핵심요소가 되도록 해야 한다.

> **사회적 자본**
> 재생산 과정에서 서로 관련되고 의존하고 있는 자본을 통틀어 이르는 말이다.

05 대구의 외국음식점 수용은 세계화의 지표로 보기 어렵다

　대구에는 어떤 고유의 음식이 있는가. 대구를 대표하는 전통음식이 쉽게 떠오르지 않는 이유는 내륙도시이기 때문에 과거 식재료가 풍부하지 않은 데 이유가 있지 않을까 생각된다. 대구가 메트로폴리탄화하면서 교통이 편리해지고, 외국인이 밀집하거나 세계화되면서 다양한 외국요리 음식점(foreign cuisine restaurant)이 들어섰다(이재하·이은미, 2011).

　1980년대 말 19개에 불과하던 대구의 외국요리 음식점은 1990년대 말 87개, 2000년대 328개로 10배 이상 증가하였다. 음식점의 종류도 1980년대에는 중국식, 일본식, 서양식에 지나지 않았는데 1990년대에는 이들과 함께 미국계 패스트푸드점(미스터피자, 피자헛, 맥도날드 등), 미국식 패밀리레스토랑(TGI 프라이데이), 스페인 음식점, 인도네시아 음식점 등 다양해졌다. 2000년대에 들어와서는 미국계 패스트푸드점(도미노피자, 파파이스)과 패밀리레스토랑(아웃백스테이크, 베니건스), 이탈리아 음식점, 그리스 음식점 등이 잇따라 생겼다. 이 외에 인도, 베트남, 파키스탄, 우즈베키스탄, 몽골, 타이, 네팔 등의 아시아요리 음식점, 멕시코요리 음식점이 등장해 2008년 기준 외국요리 음식점은 16개국에 이른다.

　이러한 대구시 외국요리 음식점의 수적 종류별 다양성이 높아진 것은 1990년대 서비스업의 개방, 내국인 해외여행 전면자유화, 외국인 노동자의 취업 확대 등에서 그 이유를 찾을 수 있다.

　지난 30년간 외국요리 음식점의 공간 확산 내용을 보면 대구의 구도심과 신도심에 집중해가는 경향을 보이고 있으며 공간구조적으로는 양극화가 진행되었다. 즉, 1980년대 이후 확산된 외국요리 음식점은 수성구, 달서구, 중구, 북구 등에 집중(76.1%)한다는 것이다. 거주

인구 비율로 보아도 중구와 수성구가 훨씬 높게 나타나 대구의 구도심과 신도심의 편리한 교통 및 중상류층 주거지역이란 소득수준이 관련되고 있음을 추측할 수 있다. 중구의 동성로, 수성구의 동대문로 및 그 배후의 들안길 먹거리타운과 수성못가가 밀집지구로 경관상의 특징을 읽을 수 있다.

특정 지구의 밀집화 현상은 외국요리 음식이 대구시민의 입맛을 바꿔놓기에는 아직 부족하며, 대구 전통음식과 퓨전요리 개발이 이루어지지 않고 있음을 보여준다. 음식이란 특정 지역의 주요한 문화코드이다. 대구가 문화도시로 변신하기 위해서는 전주와 같은 한국 전통음식보다는 외국음식과의 융합이 이루어진 퓨전음식에 관심을 가져야 할 것이다. 대구 동산 선교사 주택에서 출발해 3·1만세운동길, 성밖골목, 약령시, 진골목을 지나 경상감영공원으로 끝나는 대구 골목 투어가 찜갈비, 납작만두, 대구통닭, 막창음식 등의 맛 투어와 결합될 때 빛을 보는 것처럼, 대구의 세계화는 외국음식과의 결합이 필요하다.

12 안동 도농통합지역은 발전의 가능성이 있는가

지역의 미래

이 지역은 경북 북부에 속하며 안동이 중심이다. 인구가 적고 산업기반이 미약해 낙후지역에 해당된다. 제조업 출하액, 서비스업 종사자 수, 공동주택의 비율이 전국 최하위에 속하며 문화공간의 수도 적다. 면적에 비하여 인구수도 적으며 유치원 1개당 원아 수나 공동주택의 비율도 낮다. 전국에 비하여 노인인구의 집중도도 낮다. 이 지역은 전통마을, 서원과 향교, 고택과 종가 등 조선시대 500년 동안 축적된 유교문화자원을 잘 보존하고 있어 유교문화자원을 중심으로 한 지식관광산업이 발달하였다. 디지털콘텐츠 사업이 활발할 뿐 아니라 세계유교 문화공원 조성 등 유교문화권 관광개발 사업이 추진되고 있으며, 안동시 풍천면과 예천군 호명면 일대에 경상북도 도청이 이전되면 과소인구와 낮은 도시화의 장애요소를 제거하여 미래의 불확실성을 줄일 수 있게 된다.

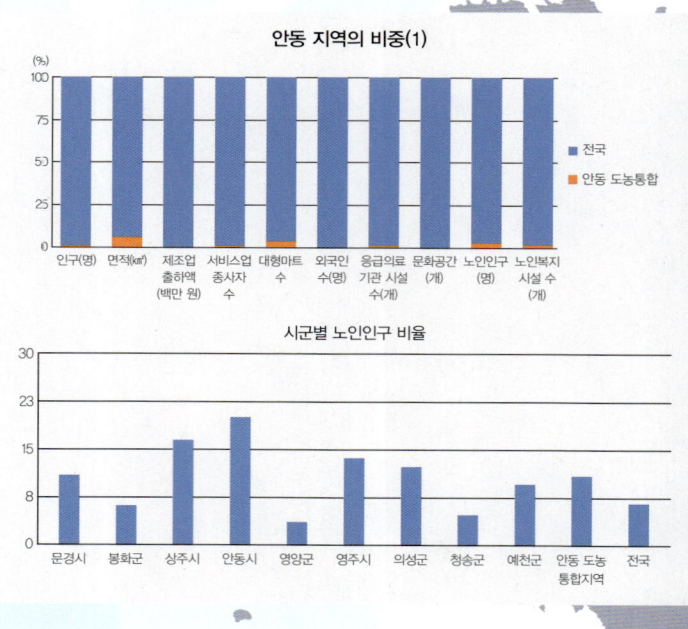

외국인 집중도
1.2
1.0
0.8
0.6
0.4
0.2
0.0
안동 도농통합
전국
노인인구 집중도
1.2
1.0
0.8
0.6
0.4
0.2
0.0
안동 도농통합
전국
유치원 1개당 원아 수(명)
50.00
37.50
25.00
12.50
0
안동 도농통합
전국
공동주택 비율(%)
50
38
25
13
0
안동 도농통합
전국

안동 지역의 비중(2)

봉화군
영주시
문경시
예천군
영양군
안동시
상주시
의성군
청송군
(m)
2000
1500
1000
500
200
100
0
50
100
200
500
1000
2000

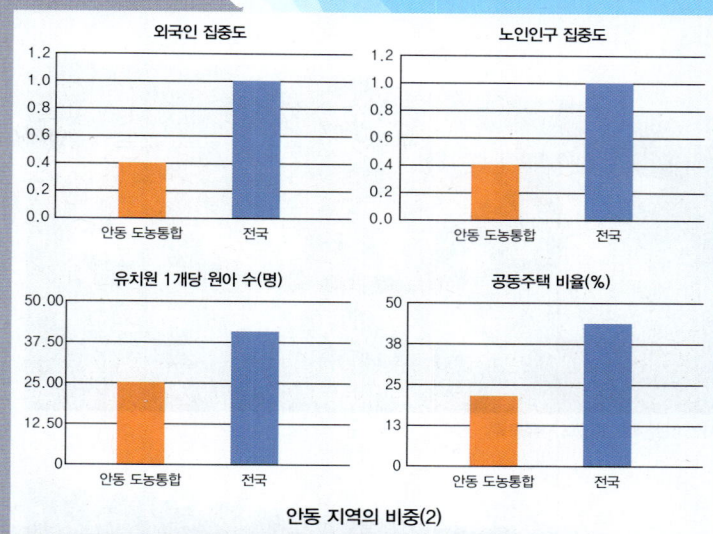

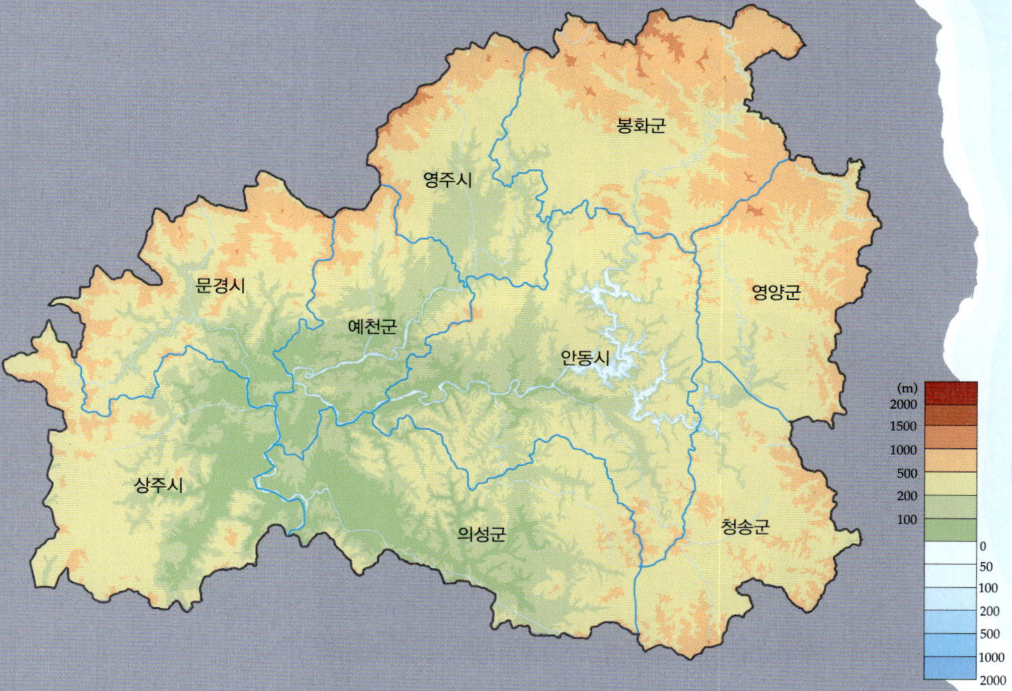

자연경관(예천 회룡포 자유곡류)

역사경관(옥연정사)

촌락경관(하회마을)

경관의 이해

낙동강의 상류가 이루어놓은 곡류하천 경관이 특색 있으며, 경상계 지층군의 경관이 산재하여 나타난다. 이른바 명문가의 주택과 서원 등 유교문화와 관련된 경관이 잘 보존되어 있고, 이를 바탕으로 각종 축제를 개최하고 있다. 아랫것들의 놀이라고 소홀히 여겨지던 탈춤 축제가 재조명되었으며, 안동호와 임하호의 수변 경관, 태백산맥과 소백산맥이 교차하는 고산지의 농업경관이 나타나고, 낙동강 중류의 일부 평야에는 미작 지대가 전개된다.

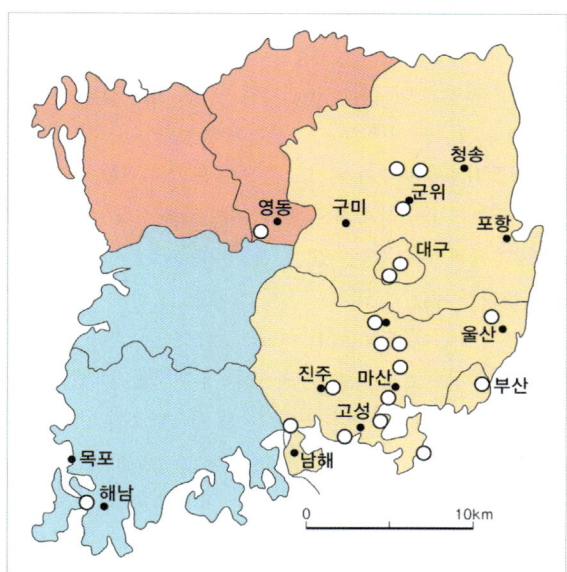

공룡화석의 분포(전영권)

안동국제탈춤페스티벌 포스터(2008년)

촌락경관(안동 풍산 김씨 종택)

** 위치와 행정구역

안동 도농통합지역은 북위 36도~37도, 동경 127도~129도에 위치하며, 동쪽으로는 태백산맥, 서쪽과 북쪽으로는 소백산맥으로 둘러싸인 경북 내륙에 해당된다. 이 지역은 4개 시, 5개 군으로 이루어져 있으며, 안동시, 영주시, 상주시, 문경시, 의성군, 예천군, 봉화군, 청송군, 영양군 등이 그것이다. 북쪽으로 강원 도농통합지역, 서쪽으로 대전-청주 대도시지역, 남쪽으로 대구-구미 대도시지역, 동쪽으로 부산-포항 대도시지역과 인접한다. 울진군, 영덕군 등은 비록 태백산지에 가로막혀 있지만 이 지역 생활권에 포함되기도 한다.

** 지형과 기후

이 지역은 한반도의 등줄기인 태백산맥과 태백산맥의 지맥인 소백산맥에 둘러싸인 곳으로 낙동강의 상류지역에 해당한다. 중생대 특히 쥐라기의 대보조산운동에 의해 소백산맥 등 습곡산맥이 형성되었다. 이 시기에 지름 수십~수백km의 호수와 늪지대가 출현하여 공룡들의 활동무대가 되기도 했으며 또한 격렬한 화산활동이 나타났다. 당시 호수에 중생대 백악기에 해당되는 지층이 9km의 두께로 쌓였는데, 이를 경상누층군이라고 하며 남한 면적의 1/4을 차지한다. 안동 지역의 곳곳에서 이를 볼 수 있다. 경상누층군은 잔잔한 호수에 퇴적된 육성퇴적층이며 경상계분지라고 불리는 퇴적분지가 된다.

이 지역의 연평균 기온은 10~13℃ 정도이며 연평균 강수량은 1,000~1,200mm 정도이다. 영남 지방의 북부에 위치하며 같은 위도대의 경북 동해안이 해양의 영향으로 온화한 반면, 내륙에 위치하기 때문에 영남 지방에서 기온이 가장 낮으며 기온의 연교차가 커서 한서의 차가 매우 심하다. 이 지역의 1월 평균 기온(-4~-2℃)은 다른 지역은 물론 경남 내륙지방(-2~0℃)보다도 낮고, 기온의 연교차(27~29℃)도 경남 내륙(25~26℃)보다 심하다. 또한 이 지역으로는 건조한 공기로 바뀌어서 불어 들어오기 때문에 강수량이 전국에서 가장 적다.

01 안동의 문화전통이 문화콘텐츠 산업으로 재발견되고 다시 창조산업화할 수 있는가

서울은 정치·경제·행정·문화 등 모든 분야에서 한국을 지배하는 수위도시일 뿐 아니라 동북아 경제중심지로 부상해 세계적인 주목을 받고 있다. 이것은 21세기 디지털 혁명으로 급속하게 지식기반사회로 진입하고 있는 데 따른 변화이기도 하다. 하지만 지식기반사회는 기술이 아니라 기술을 활용할 줄 아는 지식과 그 최종 목표인 인간성 실현이라는 정신적 가치에 의해 이끌어진다. 그런 관점에서 서울보다는 안동지역에 주목할 필요가 있다.

안동은 유교문화의 원형을 고스란히 간직한 추로지향(鄒魯之鄕)이며 동아시아 문화의 원형이 자리 잡고 있는 지역이라고 해도 과언이 아니다. 행정이나 산업화 측면에서의 혜택을 받지 못하는 변방지역이었지만, 한국 정신문화의 수도로서 안동 지역은 중요한 의미를 갖는다. 유교뿐 아니라 무속이나 불교 등 서로 결이 다른 지역문화 요소들이 공존하는 안동은 창조산업과 연계한 문화콘텐츠 산업을 탄생시킬 수 있다(조관연, 2011).

안동 도농통합지역에는 다수의 서원이 분포한다. 본래 서원은 고향, 거주지, 유배지, 은거지, 생전 강학처 등 제향된 인물과 관련을 맺으면서, 대체로 산수가 뛰어나고 조용하며 읍의 중심에서 멀리 떨어진 지역이나 향촌에 입지한다. 서원은 본래의 목적이 유생의 강학과 수학이므로 번화한 곳을 피해 풍광이 아름답고 생기가 넘치는 곳에 입지한다. 그 배경에는 '아름다운 자연환경은 인간의 심성을 맑게 하고 충만한 산세의 기운은 훌륭한 인재를 배출한다'는 풍수지리사상이 깔려 있다. 하회마을에서 그리 멀지 않은 곳에 위치한 병산서원은 서애 유성룡과 그 아들 유진을 배향한 서원으로, 낙동강의 물돌이가 크게 S자를 그리며 하회를 감싸 안아 흐르는 중심에 있는 화산 자락에 자리하고 있다.

수위도시

한 나라에 하나의 초대형 도시가 있는 경우의 도시를 말한다. 특정 지역에 인구가 집중하는 인구내파(人口內破) 현상으로 인해 나타나는 하나의 중심적인 거대도시를 말한다. 수위도시의 특성으로 투자의 독점, 인력의 흡수, 문화의 지배, 타도시의 발전 저해, 생산율에 비해 높은 소비율 등이 있으며, 어느 나라나 발전의 초기에는 이런 모든 기능이 종주도시에 집중된다고 한다.

추로지향

공자가 태어난 노(魯)나라, 맹자가 태어난 추(鄒)나라와 같은 정신적 고장이란 뜻이다.

병산서원의 전신은 고려 말 풍산현에 있던 풍악서당으로 풍산 유씨의 사학이었다. 1572년(선조 5)에 유성룡이 이곳으로 옮겼기 때문에, 1613년(광해군 5) 정경세가 중심이 되어 지방 유림이 유성룡의 학문과 덕행을 추모하기 위해 존덕사를 창건하고 위패를 모셨다. 1863년(철종 14)에는 '병산'이라는 사액을 받아 사액서원으로 승격되었으며, 많은 학자를 배출해 대원군의 서원철폐령에도 살아남았다.

한편 안동에는 옛 모습을 고스란히 간직하고 있는 마을이 많다. 그 중에서도 하회마을이 유명한데, 하회(河回)는 낙동강 줄기가 마을을 휘감고 S자로 흐르며 산들이 병풍처럼 마을을 둘러싸고 있어서 붙여진 이름으로, 산태극수태극 형상의 명당이라고 하였다. 하회마을은 연화부수형(蓮花浮水形)으로 마치 연꽃이 물 위에서 꽃을 피운 듯한 형상으로 '물도리동'이라고도 불린다. 하회마을에는 조선시대 성리학자 서애 유성룡의 후손인 풍산 유씨를 비롯해서 광주 안씨, 김해 허씨 등의 주요 성씨들이 모여 살고 있다. 일종의 집성촌으로 하회마을의 북촌에 풍산 유씨의 대종택인 양진당이 있다. 낙동강 변의 반대쪽 절벽 위에는 서애 유성룡이 임진왜란의 아픔을 후세에 경계하기 위해 『징비록』을 저술했다는 옥연정사가 있어서 전통적인 양반촌의 모습을 잘 보여준다.

이러한 전통 마을은 세계적인 명소가 되기에 충분하여 1999년 영국의 엘리자베스 여왕이 하회마을을 방문한 후 세계에 알려졌다. 안동의 오래되고 이름난 마을은 장소마케팅의 차원을 넘어 한국문화의 원류를 알 수 있게 해주는 장소로서 잘 보존해야 할 것이다. 안동이 한국문화의 원류라고 한다면 한류의 본향이 될 수 있기에 충분하다. 한복, 한식, 한옥, 한지, 한글, 한음악으로 이루어지는 한류는 안동포, 안동간고등어, 헛제사밥, 건진국수, 안동찜닭, 안동의 대표적인 7개 종택, 수애당, 지례예술촌, 안동한지, 화회별신굿탈놀이 등 안동이 자랑하는 문화를 바탕으로 하여 전개될 수 있다.

사액서원(賜額書院)

조선시대 국왕으로부터 편액(扁額)·서적·토지·노비 등을 하사받아 그 권위를 인정받은 서원이다. 1543년(중종 38) 경상도 풍기 군수 주세붕(周世鵬)이 세운 백운동서원에 풍기 군수로 부임한 이황(李滉)의 건의에 따라 1550년(명종 5) 명종이 이를 권장하는 의미에서 소수서원(紹修書院)이란 현판과 서적을 하사하고, 서원 소속의 토지 및 노비에 대한 면세·면역(免役)의 특권을 내림으로써 최초의 사액서원이 되었다.

02 경상누층군의 공룡화석 발자국은 지형 형성 시기의 단서이다

경상분지의 퇴적층은 한반도 중생대의 고환경과 당시에 지구상에서 활동하던 공룡류의 발자취를 잘 담고 있다. 경상누층군의 공룡화석층을 보면, 크게 세 가지 유형으로 발달하였다(백인성 외, 1998). 첫째는 범람원 퇴적층의 고토양층에 발달한 유형으로 건기와 우기가 교호하는 기후조건의 영향을 오랫동안 받아 석회질 토양으로 보존되어 있다. 둘째는 하도의 퇴적층에 발달한 유형이다. 셋째는 호수퇴적층에 발달한 유형이다. 이 중에서도 석회질 고토양이 가장 잘 발달된 곳에서 공룡화석층이 가장 많이 나타난다. 화석층 퇴적 당시 기후조건이 전반적으로 온난건조한 가운데 건기와 우기가 교차하는데, 기후 특성으로 보아 초식공룡의 화석이 산출되는 가운데서도 식물화석이 산출되는 이중성을 가지고 있다.

이러한 공룡화석층은 당시 공룡의 서식환경, 화석의 산출환경, 신체적 광물학적 조건 등 다양한 분야에 걸쳐서 환경과 생태에 대한 정보를 제공한다. 이러한 정보를 바탕으로 진화, 생태환경, 생리, 화석화 과정, 멸종 원인 등 종합적이고도 학제적인 연구가 가능해지며, 이러한 연구 성과물들은 일반 대중에게도 매우 흥미진진한 지식을 제공한다. 특히 한반도의 고환경과 고생물에 대한 이해는 물론이고, 당시 공룡의 서식환경에 대한 과학적인 정보와 지식을 제공한다. 따라서 이러한 연구와 과학을 바탕으로 하는 성과물들은 지역과 결합하여 가치 있는 관광자원이 될 수 있을 것이다. 최근 인기를 끌고 있는 테마가 있는 관광 그리고 관광과 학습을 겸하는 다양한 박물관 견학코스를 개발하여 가치 있는 여가활동을 제공할 수 있는 것이다.

03 안동 도농통합지역은 한국의 대표적인 인구 감소 지역이다

안동 지역은 조선중기 이후 유교문화의 중심지였으며, 유학자들이 선호하는 거주지로서 특별한 조건을 갖춘 지역들을 중심으로 세거지(世居地)가 나타난다. 이로 인해 안동 지역에는 수많은 씨족촌락 내지 동족촌락이 있었는데, 내성천의 안동 권씨, 예안의 진보 이씨, 반변천의 의성 김씨, 하회의 풍산 유씨를 비롯하여 많은 양반촌이 있었다.

안동 지역에 발달한 씨족촌락(동족촌락)들은 강력한 유교문화의 영향과 분지로 둘러싸인 지리적 특수성 등이 작용하여 도시화·산업화와는 거리가 멀었다. 1960년대 이후 전국적으로 공업화가 되면서 미미한 산업발전으로 인해 이 지역의 인구의 유출이 지속적으로 일어나기 시작했지만, 이 지역의 현실적 여건과 전통문화는 도시적인 것이 아니라 촌락적인 것으로 전통적인 문화와 전통적인 농업적 생산을 고수하도록 하였다.

이 지역의 가장 큰 문제는 노년층 인구의 증가이다. 노령화지수에 의하면 2005년 의성군 285.8, 군위군 277.3, 청도군 249.4, 영양군 241.8 등으로 한국 전체 농촌 평균 101.4보다도 2배가량 높다. 이러한 노령화 현상은 한국 전체의 문제이다. 특정 국가에서 65세 이상의 노인인구 비율이 7%이면 고령화사회, 14%이면 고령사회, 20%이면 초고령사회라고 하며, 이들 각각에 도달하는 데 소요되는 시간을 통해 노령화 속도를 알 수 있다. 한국은 2000년의 고령화사회에서 2018년의 고령사회로 진입하는 데 18년이, 2026년의 초고령사회로 진입하는 데 8년밖에 걸리지 않을 것으로 예상하고 있다.

이 지역의 일부는 이미 65세 이상 노인 비중이 전체의 20%를 초과하는 초고령사회에 진입했다고 할 수 있다. 의성군, 예천군, 영양군, 청송군, 봉화군 등이 그곳이다. 나머지 시군도 현 추세대로라면 4~5

년 내에 초고령사회에 진입할 것으로 보인다. 평균연령도 높아져 의성군의 경우 전국 시군 가운데 가장 높은 45.6세이며, 영양군은 44.6세이다. 한국의 인구 고령화 현상은 결국 농촌에서 제일 먼저 나타나 2003년 경상북도 전체 농가 인구 중 50세 이상의 비율이 무려 62.1%, 특히 이 중 60세 이상의 노인 비율은 절반이나 된다.

이 지역의 노령화 현상은 낮은 출산율과 함께 젊은 연령층이 자녀 교육과 구직을 위해 도시로 이동한 결과이며, 휴경과 기경의 농업 문제, 수학 학생의 급감 문제 등 여러 가지 심각한 지역 문제를 수반한다. 이 지역의 노령화 문제는 지역에 국한된 문제만이 아니다.

전체적으로 현재의 인구가 유지되는 데 필요한 인구 대체 수준을 훨씬 밑도는 출산율은 고령화에 따른 문제 해결 자체를 무력화하기 때문에 출산율 장려를 위한 노력이 필요하다. 노인을 돌보거나(Bedpen), 아이를 돌보는(Baby) 2B 업종에 대한 정부 재정 투입, 여성 근로 시간 축소 혹은 탁아방의 확대 등으로 21세기형 복지국가의 기초를 마련하는 일이 시급하다.

04 경상북도 도청 이전은 안동 도농통합지역의 균형발전을 가져올 수 있는가

　안동 도농통합지역은 태백산맥과 소백산맥이라는 자연적인 요소로 인해 비교적 고립되어 있으며, 인구도 많지 않고 산업화와 도시화의 영향을 거의 받지 않은 지역이다. 지난 수십 년간 산업화, 경제개발, 성장이라는 목표 아래 발전해온 한국에서 안동 도농통합지역은 낙후 지역이라고 불렸다. 그러나 오염되지 않은 청정의 자연환경, 고즈넉한 사찰과 서원 등 산업화된 지역에서는 찾아볼 수 없는 모습이 나타나는 곳이 바로 안동 지역이다. 영국의 엘리자베스 여왕이 한국을 방문했을 때 안동의 하회마을을 찾았다. 영국 여왕은 다른 나라를 방문할 때 그 나라에서 문화적 전통이 잘 남아 있는 곳을 주로 찾기 때문에 굳이 안동지역까지 먼 걸음을 하였다고 한다. 안동을 한국 고유의 모습을 볼 수 있는 곳이라고 여겼던 것이다.

　세계화의 흐름 속에서는 그 지역의 고유한 특성이 남아 있는 곳이 세인의 주목을 받는다. 안동은 안동국제탈춤페스티벌을 통해서 고유한 특성을 보여준다. 안동국제탈춤페스티벌은 '신명나는 탈춤, 살맛나는 세상'이라는 슬로건 아래 2008년 12번째로 열렸다. 이해 9월 24일부터 10월 5일까지 10일간 열린 행사에서는 팔도의 탈춤뿐만이 아니라 일본, 중국, 타이, 부탄 등 세계 여러 나라의 탈춤 공연이 열렸다.

　안동국제탈춤페스티벌은 보령 머드 축제와 함께 한국을 대표하는 세계적인 축제로 발굴하여 본격 육성하고자 하는 행사인 대한민국 대표축제 선정위원회에서 '대한민국 대표축제'로 선정되기도 했다. 그동안의 관광 축제 운영 성과를 바탕으로 나타난 소재의 특이성과 정체성, 발전 가능성 등에 관한 종합적인 평가 작업을 통해 선정되었다는 것은 뜻깊은 일이다. 비록 낙후지역이지만 청정의 자연환경과 수많은 문화유산이 남아 있는 안동 도농통합지역에서 안동국제탈춤페스티벌이 명성을 얻은 것은 '선비의 고장, 안동'이라는 문구와 함께 이 지역의 문화적인 우수성을 찾아볼 수 있는 대목이다.

한편, 대구에 있는 경북도청이 안동과 예천 일원으로 옮겨 가기로 확정되었다. 이에 따라 그동안 소외됐던 경북 북부지역 개발이 가속화될 것으로 예상된다. 경상북도는 인구 10만 명의 자연친화적인 경제 자족 도시를 목표로 2013년까지 본청사를 이전한 뒤, 2017년 모든 기관의 이전을 완료하기로 했다. 도청이 이전하면 이 지역에 인구가 7만 명 증가하여 생산유발 효과 2조 8,700억 원, 일자리 5만여 개 창출 등 경제적 효과도 클 것으로 예상된다. 지금까지 안동 지역은 세계화의 자질을 충분히 갖고 있음에도 접근성이나 인프라 구축과 같은 기반적인 요소들이 부족하여 낙후지역으로 소외됐다. 경북도청의 이전으로 이러한 점이 극복된다면 안동 지역의 세계화는 더욱 빛을 볼 것이다.

> **인프라(infra)**
> 기간시설(基幹施設) 또는 인프라스트럭쳐(infrastructure)는 경제 활동의 기반을 형성하는 기초적인 시설들을 말하며, 도로나 하천, 항만, 공항 등과 같이 경제 활동과 밀접한 사회자본을 말한다. 흔히 인프라라고 한다. 최근에는 학교나 병원, 공원과 같은 사회복지, 생활환경 시설 등도 포함시킨다.

13 진주 도농통합지역은 어떠한가

지역의 미래

이 지역은 경상남도 서부지역에 해당하며 영남지방과 호남지방을 연결하는 물류 및 교통의 결절지이다. 교통이 발달하지 않았던 시절에는 육십령 등 고개(령)를 통해 영호남이 연결되었다. 현재 경전선 철도와 남해고속국도, 대진고속국도가 지나간다. 인구 및 산업 면에서 경상남도 동부와 크게 차이가 난다. 비록 인구규모는 작지만 농업 관련 제조업이 발달했으며, 도시 공원면적의 비율이 극히 낮다. 공동주택이나 외국인 및 노인인구의 비율도 낮다. 사천공항과 연계된 남해고속국도와 청정의 한려해상국립공원이 펼쳐져 온화한 기후를 선호하는 은퇴자의 주거지로서 미래가 밝다.

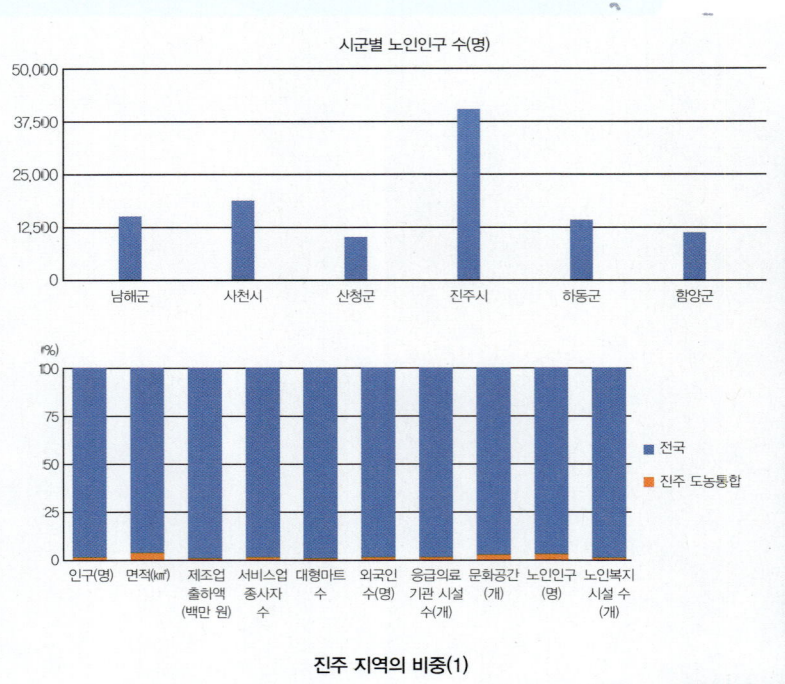

진주 지역의 비중(1)

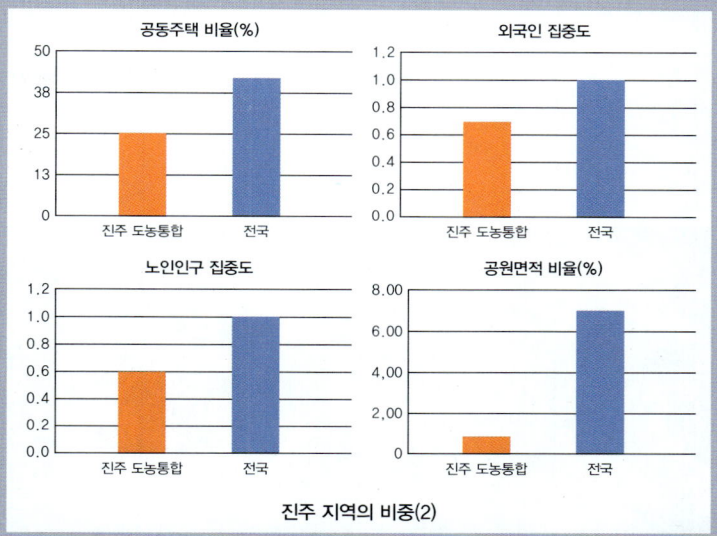

진주 지역의 비중(2)

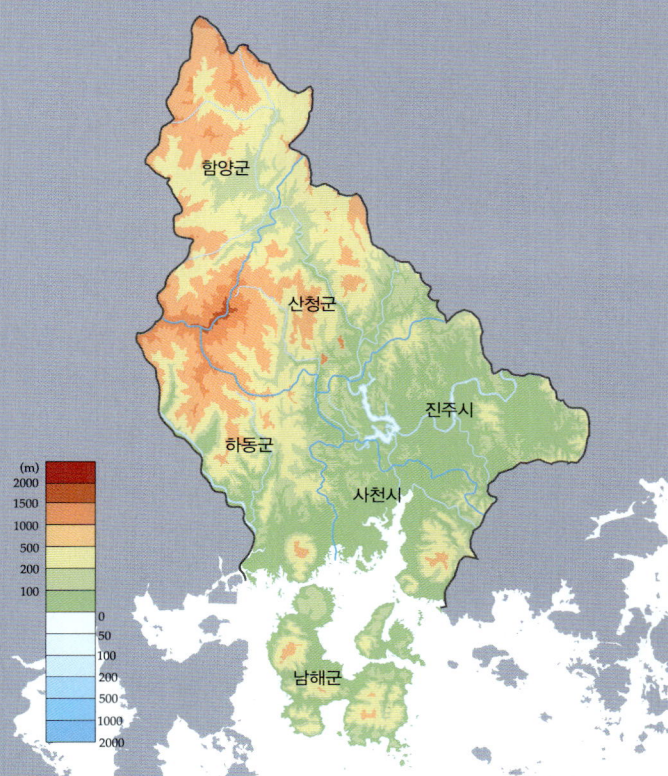

제13장 진주 도농통합지역은 어떠한가 | 229

경관의 이해

소백산맥의 말단 지리산 산지경관이 잘 나타나며, 일부 하천 변에 수림을 조성하여 수변을 보호하려고 한 역사경관이 나타난다. 유교경관의 일부도 보이며 남해안 일대에는 어촌경관이나 도서경관이 나타난다.

위성지도 상의 유몽인 지리산 여행로(1611년경)(정치영)

역사경관(함양 상림, 이주희)

자연경관(남해섬의 토르)

어촌경관(남해안)

촌락경관(남해섬의 다랑이논, 정길홍)

13

∴ 위치와 행정구역

한반도의 남부지방에 위치한 이 지역은 행정구역상 함양군, 산청군, 하동군, 진주시, 사천시, 남해군으로 이루어져 있다. 이른바 경상남도 서부지방으로 일컬어지는 이 지역의 면적은 3,353km²이며, 전국의 3.3%이다. 소백산맥에 의해 전라남·북도와 경계를 이루므로 경상도와 전라도의 접경지로서 동서 교통의 내륙 요충지이다.

∴ 지형과 기후

소백산맥의 동사면에 해당되는 이 지역의 지형은 낙동강의 지류인 남강이 이루어놓은 다수의 분지가 특징이다. 가야산(1,430m), 덕유산(1,508m), 육십령(1,724m), 지리산(1,925m) 등의 산지가 이 지역의 북부·서부를 에워싸므로 남강과 그 지류는 남남동의 유로를 따라 흐른다. 덕유산에서 발원하는 남계천이 대표적이다. 남계천, 지우천, 위천, 단계천 등의 지류가 거창분지·합천분지·함양분지·산청분지 등의 분지를 이뤄놓았다. 남강과 유천강·함양천·검암천 등에 대하여 형성된 진주분지가 이들 분지에 비하여 크고 넓다. 사천시의 일부 지역에서는 선상지 퇴적층이 나타나고 현세(Holocene) 해수면 변동으로 발달했음이 밝혀졌다. 이 지역의 남단에 위치한 남해군은 한국에서 네 번째로 큰 섬이며 68개의 섬으로 이루어져 있다. 주민의 대부분이 남해도와 창선도에 거주하며 남해대교에 의해 육지와 직접 연결된다.

이 지역의 기후는 내륙과 달리 온난다우의 해양성 기후가 나타난다.

01 진주를 중심으로 한 서부경남지역의 발전 가능성은 어떠한가

> **이촌향도(離村向都)**
> 농민이 촌락을 떠나 도시로 이동하는 현상. 근대 자본주의 발달에 의한 다른 산업의 노동력에 대한 고용 증가를 배경으로 하며, 농민층의 분해, 농민이 임금노동자화되어 발생하는 인구 동태의 현상이다.

1970년대 10만 명 이상의 인구규모를 가진 함양군, 산청군, 하동군 등은 1980년대의 이촌향도 현상으로 인구가 급감해 군 단위 지역에서의 인구 감소를 경험했다. 하지만 이 지역의 중심도시인 진주는 1970년대 이후 연평균 인구증가율이 약 6%에 이르고, 2000년에는 시 인구가 30만 명을 넘어서 서부경남의 유일한 인구 증가 도시가 되었다. 진주는 배후지인 남강과 지리산 주변 농촌으로부터의 농산물과 임산물 출하량이 많아 아직까지 서부경남의 농업 중심지 역할을 하고 있다.

남강댐 완공 이후 본래 백사장으로 방치되어 있던 넓은 벌판에 상평지방산업단지가 조성되어 농기계 제조업체인 대동공업(주)과 많은 하청업체들이 입지하고, 실크 산업이 진주의 지역 특화 산업으로 지정되어 국내 시장의 약 80%를 점유하면서 농촌 중심도시 진주시는 제조업 분야에서 한때 발전을 보였다. 그러나 국내 최대의 농기계 제조업체인 대동공업(주)이 1980년대에 대구시로 이전하면서 진주시의 경제는 침체됐다. 이에 지방자치단체는 1988년부터 진성농공단지, 이반성농공단지, 대곡농공단지, 사봉농공단지를 조성하여 공업 도시로서의 면모를 유지하기 위해 노력했다.

농공단지의 조성에 의한 산업의 활성화는 교통의 개선에 힘입은 바 크다. 먼저 전라남도 영암군 학산면에서 부산광역시 북구 덕천2동에 이르는 길이 169.3km의 왕복 4차선 도로인 남해고속국도가 개통되면서 진주는 남해와 황해 및 내륙을 잇는 인적·물적 물동량 수송 중간기지가 되었다. 특히 남해고속국도의 건설은 진주가 경상남도 중동부 도시권의 유대를 강화시키는 연결고리 역할을 하게 했다. 또한 경상남도 서부와 전라북도 북동부의 낙후된 지역의 개발을 촉진하고, 산업 물동량을 원활히 수송하며, 지리산국립공원·한려해상국립공원 등 관

바이오산업

바이오 테크놀로지(biotechnology)를 기업화하려는 새로운 산업 분야로 생물 자체 또는 그들이 가지는 고유의 기능을 높이거나 개량하여 자연에는 극히 미량으로 존재하는 물질을 대량으로 생산하거나 유용한 생물을 만들어내는 산업을 일컫는 용어이다.

광자원 개발을 촉진하기 위한 대진고속국도가 개통되면서 진주는 교통망 확충이 한층 강화되었다. 대진고속국도는 2001년 대전-진주 간, 2005년 진주-통영 간이 차례로 개통되었으며, 후에 통영대전중부고속국도로 개칭되었다.

대진고속국도의 개통 후 진주는 2001년부터 4년 연속 전국 제일의 농산물 수출 도시로 자리매김하였다. 특히 '친환경 딸기 수확 체험 농장'이라는 관광단지가 조성되어 농가 소득이 크게 향상되었다. 논농사의 경우 정부에서 농민들에게 보조금을 지급하고 농민들 스스로의 지속적인 농업구조 개선 노력이 있었지만, 농업인구의 고령화와 영농 후계자 부족으로 인하여 영세성을 면치 못하고 있다. 이러한 문제를 극복하기 위하여 바이오산업이 시도되었다. 대진고속국도, 남해고속국도, 사천공항 등에 의한 편리한 교통, 6개 대학과 4개의 연구소에서 배출되는 우수한 연구 인력, 지리산지와 남강 그리고 남해안의 청정한 환경, 풍부하고 다양한 생물자원이라는 진주의 입지 조건을 이용한 바이오산업지역으로의 변신 노력은 기술 및 지식 집약형 산업에 의한 후기 산업사회로의 변화 시도이다.

진주의 산업 발달에 도로교통과 항공교통이 많은 영향을 주었지만, 상대적으로 철도교통은 그렇지 못했다. 경상남도 밀양시 삼랑진과 광주광역시 송정리를 잇는 경전선 철도는 영남지역과 호남지역을 한 번에 이어주는 유일한 철도망이다. 두 도의 첫 글자를 따서 이름 지은 '경전선' 자체가 경상도와 전라도를 연결하는 철도라는 뜻이다. 그러나 개통 이후 거의 개량이 이뤄지지 않아 이 지역의 산업 발달에 큰 영향을 주지는 못하였다. 사천~서울, 사천~제주 노선이 운항되고 있는 사천공항은 경상남도 사천시 사천읍 구암리에 있는 공항으로 진주시청에서 약 20km 떨어진 곳에 있어 진주공항이라고도 한다. 제한적이나마 사천공항은 고속철도가 없는 서부경남지역의 서울에의 접근성을 높여주고 있다.

02 남해섬의 나마지형은 관광객의 호기심을 자극하기에 충분하다

불교 기도처로 유명한 보리암을 찾아 남해군 상주리 금산의 정상부에 오르면 타원형의 구멍이 많이 나 있는 암괴를 발견하게 된다. 무심코 지나칠 수 있는 이들 암괴에 어떤 지형학적인 가치가 있는지를 살펴보는 일은 중요하다. 지형학자들은 암괴의 구멍, 이른바 혈을 나마(gnama)라고 학술적으로 부른다. 모든 암석은 지상에 노출될 때 풍화되고 특히 화강암은 다양한 풍화작용을 겪게 된다. 일반적으로 화강암 풍화지형에는 인젤베르그, 보른하르트 등의 거대한 돔상 구릉이 있고, 아주 작거나 미세한 형태인 토르, 타포니, 나마, 그루브 등의 소규모 미지형이 있다. 이들 가운데 타포니와 나마는 암석 표면에 형성된 요형의 풍화혈로서 대개 암석의 측면과 상부 평탄면에 많이 나타난다(황상일 외, 2011).

남해군 상주리 화강암 산지인 금산의 정상부는 나마의 분포 밀도가 매우 높기 때문에 분포 구역을 구분할 수 있다. 독립 암괴를 중심으로 첫 번째 구역에는 북서-남동주향을 따라 얕고 바닥이 평탄한 팬형이, 두 번째 구역에는 팬형, 피트형, 암체어형이 혼재하며, 세 번째 구역은 분포 밀도가 높고 큰 나마 내부에 작은 나마가 있는 이중형이 특이하다. 네 번째 구역은 해발 고도가 가장 높으며 팬형, 피트형, 암체어형 중 암체어형이 제일 많다. 다섯 번째 구역에는 계측하기 어려운 소규모 공동들이 마마 자국처럼 남동쪽 급사면에 고밀도로 분포하며, 여섯 번째 구역은 큰 특징이 없다.

왜 이러한 풍화혈이 나타나고 있을까? 해발 고도 700m의 금산 정상부와 해안과의 거리가 주요 요인으로 작용한다고 본다. 바다의 상승 기류에 의하여 공급된 염분이 암석의 절리 사이나 화학적 풍화작용으로 형성된 절리 등에서 결정화 작용을 통해 기계적 풍화작용을 일으켰을 것으로 본다. 다시 말해 금산 정상부는 상승기류의 통로역할을 하는 금천천과 금양천 하곡과 연결되기 때문에 해풍에 의하여 지속적으로 수증기와 염분이 공급될 가능성이 높고, 태풍이나 폭풍 시에 해면에서 비말을 타고 정상부까지 이동이 가능하므로 풍화혈이 집중하게 된 것이다. 어떻든 나마는 입상 붕괴 → 공동의 형성 및 확장 → 나마의 발달 → 주변 나마의 병합 순으로 발달했으며, 형성의 속도에는 해안으로부터의 거리나 바람의 방향과 풍속 등 다양한 요인이 영향을 미친 것으로 판단하고 있다. 어떤 나마는 계측된 풍화속도에 의하면 약 1,891년이 걸려 형성되었다고 한다.

'섬'이라고 하는 지역 사정이 비슷한 여수시 금오도의 지오투어리즘은 탐방 지점 선정, 탐방 지점별 지오사이트의 지질 및 지형에 대한 자기안내방식 및 탐방 시간 배분 일정표에 의해 정착될 수 있다고 한 것처럼(이정훈, 2012) 남해섬의 지오투어리즘도 가능하다고 본다. 하지만 지오투어리즘이 '힐링'이라는 가치와 접목되지 않고 즐거움과 흥미로움에 빠진다면 대중으로부터 외면을 당할 수밖에 없다. 보리암의 템플스테이 방문객 중 일부가 나마지형을 통해 힐링이 된다면 지오투어리즘의 가치가 한 단계 높아질 수 있다.

03 왜 우리 선조들은 지리산을 꼭 여행해보려고 했을까

다른 곳에 사는 사람들의 삶을 알고 그것을 배우기 위해 여행을 떠나는 일은 동서고금의 정한 이치라고 하지만 과연 지리산 여행을 원했던 우리 선조들도 그러했을까 생각해보지 않을 수 없다. 이에 대해 조선시대에 저술된 22편의 지리산 유산기가 그 해답을 말해주고 있다. 조선시대에 여행의 대상이 된 지리산은 최고봉인 천왕봉(1,915m)을 동쪽 기점으로 하여 동서 방향으로 제석봉(1,806m), 영신봉(1,651m), 명선봉(1,586m), 삼도봉(1,434m) 등 준봉들이 즐비하다. 이 중에서 천왕봉은 오늘날의 행정구역 산청군과 함양군에 대부분 걸쳐 있으며, 진주의 진양호로 흘러드는 남강의 원류는 함양군 서상면 남덕유산에서 발원하는 남계천이다.

지리산은 삼림이 울창하며 거대한 산지가 수원이기 때문에 물이 맑고 차가우며 수량이 풍부한 것으로 유명하다. 그 물과 암석이 어우러져 아름다운 경관을 제공한다. 천왕봉·반야봉·노고단 등의 주봉과 함께 피아골·뱀사골·화엄사계곡 등의 골짜기, 불일폭포·구룡폭포·칠선폭포 등과 같은 폭포가 있으며, 노고운해, 피아골단풍, 반야낙조, 섬진청류, 벽소명월, 불일폭포, 세석철쭉, 연하선경, 천왕일출, 칠선계곡 등 지리산 10경이 알려져 있어 많은 이들이 오늘날에도 이곳을 찾고 있다.

오늘날과 달리 전통시대의 지리산 여행자는 모두 지배계급인 사대부 출신으로 연령대나 경력이 다양했는데 대부분의 여행자가 지리산 인근지역에 거주하고, 관직에 관계없이 지조와 절개를 지녔으며, 산수를 유람하는 취미를 가졌다는 공통점을 가졌다. 당시의 서민들은 농업 활동에 종사해야 했으므로 여행과 주거 이전에 자유롭지 못했기 때문에 이들의 여행기는 찾아보기 어렵다. 사대부들이 지리산을 여행하는 동기는 지리산의 웅장한 모습을 감상하고 심신을 수련하기 위한 것이었다. 특히 산 정상에 올라 호연지기를 기르고자 하는 사람들이 많았다. 지리산의 풍부한 문화유산과 산재한 선인들의 발자취를 탐방하는 것도 또 다른 여행 동기였는데, 이상향인 '청학동'을 방문하고, 최치원, 조식 등의 선배 유학자의 유적지를 답사하는 일이 중요했다. 산천재에 기거하며 제자 양성에 힘을 기울였던 남명 조식의 문도들은 임진왜란의 전란을 극복하며 오늘날까지 실천적 유교 학풍을 이어오고 있다. 또 다른 여행 동기는 여행 또는 유람을 통해 현실 세계의 어려움과 모순을 잊으려는 것이었다.

교통이 불편했던 당시의 지리산 여정은 개인에 따라 차이가 많았으며 출발지가 다양하고 여행 기점이 일정하지 않았다. 그리고 귀로의 여정이 거리와 기간 모두 더 짧았다. 지리산 여행은 봄과 가을에만 이루어졌고, 특히 가을에 여행하는 사람이 가장 많았다. 지리산 여행자는 선인들이 남긴 유산기를 이용해 미리 여행 준비를 했으며, 말과 식량, 취사도구, 옷과 침구, 문방구 등의 준비물을 챙겨 여행에 나섰다. 여행의 동반자는 친구와 가족이 주를 이루었으며 악공과 승려도 동반했다. 왕로와 귀로의 주된 교통수단은 말이었고, 왕로와 귀로에서의 숙박 장소로는 친지의 집이 가장 많이 이용되었고, 그 밖에 관아, 역, 그리고 조선 말기에는 주막이 이용되었다. 지리산에서는 여행자들이 주로 사찰에서 숙박했다. 식사 역시 왕로와 귀로에는 친지의 도움으로 해결하는 경우가 대부분이었고, 산중에서는 사찰에서 제공받거나 동행한 노복이나 승려를 시켜 식사를 해결했다. 또한 이동 중에 먹을 수 있는 음식도 준비했다. 여행 중의 활동으로는 친지 방문, 승려와의 토론과 시작, 제명 등이 중요했다(정치영, 2009).

여행의 시기나 경로, 숙박 장소, 식사 해결 등이 오늘날과 상이함은 당연하지만 당시의 지리산 여행 동기가 심신을 수양하고 호연지기를 기르겠다는 점은 돋보인다. 오늘날의 여행은 옛 애인의 결혼식장에 갈

수 없거나 일상을 벗어나거나 추억을 더듬는 일 등 사색과 자기 내면과의 은밀한 대화를 추구하는 것이 일반적이라고 할 때 우리 선조의 여행 동기는 사뭇 흥미롭다. 물론 오늘날의 산행은 등산이라고 하는 스포츠이며 국내여행과 비슷한 해외여행은 쇼핑하기, 맛집 기행, 취미 생활 몰두, 스포츠 활동 등이 대부분이어서 일반화시키기 어렵지만 여행을 통하여 여가와 활력을 얻기 위함이라고 할 때 여행의 동기에 큰 차이가 난다고 하겠다.

호기심, 이국의 선망, 낭만적 장소 체험, 예술적 발견 등이 여행의 동기라고 한 서구인의 의견에 동의한다면 '신성한 어머니 지리산'이라는 지리산의 개념적 이미지는 세계인의 유산 가치가 될 수 있다(최원석, 2012)고 본다.

04 진주의 바이오산업은 약진할 수 있는가

　생명공학기술이 바탕이 되는 바이오산업(생물산업, BT산업)은 인류의 건강 증진, 질병 예방, 진단, 치료에 필요한 유용물질을 생산하는 산업이다. 즉, 바이오산업은 의약, 화학, 전자, 환경, 농업, 에너지, 식품, 해양 등 다양한 산업부문에서 생명공학기술이 접목되는 혁신산업이다. 특정 국가의 생명공학기술 수준에 따라 산업혁신 효과는 매우 다양하게 나타나고 생물체의 기능과 정보를 활용하게 되므로, 바이오산업은 고부가가치를 창출할 수 있는 대표적인 지식기반산업이다. 한국에서도 바이오산업을 차세대 성장 동력 산업의 하나로 주목하고 있다. 생명공학기술이 정보통신기술(IT)이나 나노기술(NT) 등 첨단신기술과 더불어 향후의 산업혁신에 매우 폭넓고 다양하게 기여할 것으로 예상되기 때문이다. 생명공학기술을 활용하면 인체 적합성이 강화된 의약품이나 기기를 개발할 수 있고 사용되는 원료의 재활용도를 높일 수 있을 뿐 아니라 환경 친화적인 제품의 개발이 가능하다. 이제 바이오산업은 고령화와 보건, 식량, 환경, 에너지 등 인류가 직면하고 있는 각종 문제를 해결할 수 있는 21세기형 산업이라고 할 수 있다.

　바이오산업은 첨단의 복합적인 기술을 활용하기 때문에 제품 개발단계가 다단계로 이루어지며, 참여하는 주체 역시 다양하게 구성되는 특징이 있다. 즉, 기초연구를 담당하는 대학이나 공공연구기관의 역할이 필수적이며, 도출된 연구 성과를 제품화 및 상업화하는 중소 벤처기업의 활동이 활성화되어야 한다. 그뿐 아니라 글로벌 마켓에서 경쟁력을 유지할 수 있는 중견기업이나 다국적 제약기업의 역할 역시 매우 중요하다. 바이오산업은 연구 능력과 함께 상업화 능력의 확보를 위해 다양한 기관 간의 협력과 연계가 매우 중요하다. 특히 연구개발 성과가 상업화되는 기술 이전 시스템의 활성화, 위험에 도전하는 기업가 정신 역시 바이오산업 발전을 위한 필수요소라고 할 수 있다.

그러나 바이오산업은 장기간의 개발기간과 대규모 투자를 필요로 하기 때문에 신중한 투자가 요구된다. 바이오산업을 대표하는 바이오 의약의 경우 신약 개발에 평균 10년 이상이 걸리고 투자비용도 많으며 성공 확률 역시 매우 낮다. 특히 제품이 개발되었다고 하더라도 임상 이후 산업화 단계에서 대부분의 비용과 기간이 소요되고 인허가가 요구되므로 지역 산업으로 발전시키기는 쉽지 않다.

진주는 전통적으로 농업이 발달한 곳으로 교육기관도 농업 중심으로 발전되어 오늘날 지역을 대표하는 대학의 핵심 학부들이 대부분 농업생명 관련 학과들이다. 지역 내 생명공학 관련 전공 교수나 연구원들이 500명 이상이며, 10개 이상의 관련 국책 부설연구소나 사업단이 활동하고, 약 200억 원 상당의 관련 기기장비가 구축되어 있어, 지역 단위로는 전국 최고 수준의 연구개발 인프라를 보유하고 있다. 이러한 진주 지역의 특성은 바이오산업을 육성하기에 적합한 환경과 경쟁력이라고 볼 수 있다.

진주의 바이오21센터는 정부의 바이오산업 육성정책의 일환인 바이오벤처기업지원센터(BVC)로서 2002년 산업자원부가 추진한 산업기술기반조성사업 중 하나이다. 전국 바이오센터 중 최초로 독립재단법인으로 설립된 이 센터는 초기 목적이 바이오산업의 기반을 조성하는 것이었다. 벤처 지원동을 비롯해 첨단공동장비가 갖춰진 시험 생산동, 행정 지원동 등이 들어서 있다. 2002년 처음 입주기업을 보육하기 시작한 이후 바이오21센터는 그동안 약 17개의 졸업 기업을 배출했고, 28개사를 입주시켜 보육 중에 있다. 아직은 소위 '스타 기업'이라 할 만한 기업은 탄생시키지 못했지만, 졸업 기업 중에는 지속적으로 수십 억 원 이상의 연간 매출을 올리는 기업이 다수 있으며 코스닥 상장을 눈앞에 둔 기업도 있다. 멀지 않은 미래에 바이오21센터는 지역의 산학연관이 함께하는 바이오 특화 첨단 산업 클러스터로 발전할 것으로 본다.

> **산업 클러스터**
>
> 파급효과가 큰 산업끼리 집중함으로써 비슷한 업종이면서도 다른 기능을 하는 기업들과 기관들이 일정 지역에 모여 있는 것을 말한다. 대학과 연구소·기업·기관 등이 정보와 지식을 공유하여 시너지 효과를 도모하는 곳으로 미국의 실리콘밸리가 대표적이다.

05 통영국제음악제가 윤이상음악제라고 불리지 못하는 까닭은 무엇인가

오늘날 세계화에 따라 지역마다 시민들의 타 문화에 대한 욕구를 해소시킬 수 있는 세계적인 문화행사 개최를 종종 시도한다. 지역 예술행사는 지역주민의 소득과 고용 증대, 관련 산업 파급 등 지역경제를 활성화시킬 뿐 아니라 지역주민의 자긍심 고취, 지역적 공감대와 정체성 형성, 지역공동체 발전의 긍정적인 기능을 한다. 또한 지역주민의 문화예술 능력을 진흥시키며, 문화예술 감상수준을 향상시킬 수 있는 기회를 제공하고, 미래의 잠재적인 관객을 육성시킨다. 이런 점에서 볼 때 지역발전 전략상 지역 예술행사는 육성해볼 만하다.

한국의 대표적인 국제 예술행사로는 '통영국제음악제'가 있다. 이 음악제는 남해안 한려수도를 품고 있는 멸치의 고장이자 수산도시의 이미지를 중심으로, 인구 13만 명의 소도시 통영에서 개최되는 행사이다. 통영은 26년간 독일에서 생활한 국제적인 작곡가 윤이상의 고향이다. 2007년 한 해 통영을 다녀간 관광객 수는 464만 명인데, 통영국제음악제 이후 음악·문학·미술이 어우러진 문화를 즐기기 위해 국내외 많은 사람들이 통영을 방문하였으며 문화가 통영의 전체 이미지를 바꾼 것이다.

1999년 윤이상 가곡의 밤, 2000년·2001년의 통영현대음악제를 거쳐 2002년 제1회 통영국제음악제가 개최되었다. 제3회인 2004년부터는 3월의 개막제, 4·6·8월의 시즌콘서트, 그리고 12월에 폐막콘서트를 열어 연중행사로 개최되고 있다. 통영시는 세계적 작곡가인 윤이상이 기억되는 국제음악제, 즉 통영국제음악제를 개최하면서 국제윤이상협회 한국사무국의 참여에 의해 국제음악제로의 승화를 시도했다. 그 결과 통영시는 비록 인구 13만의 작은 항구도시이지만 이제는 국제음악제재단이라는 브랜드를 가지고 세계적인 음악도시가 되었다.

통영시와 마산 MBC, 월간객석이 공동주최하는 통영국제음악제는 2002년 재단법인 통영국제음악제의 설립과 함께 국제음악제로 성장하였으며, 통영을 세계적인 음악도시로 발전시킨다는 것을 목표로 하고 있다. 현대음악가 윤이상이라는 브랜드가 사용되는 만큼 윤이상의 오페라 〈영혼의 사랑〉을 개막공연으로 하고, 공연기간 중 거의 매일 윤이상의 곡들이 한두 곡 연주되는 동시에 현대음악이 많이 편성되어 현대음악제로 그 틀을 다져가고 있다.

주요 프로그램 운영 방식을 살펴보면, 우선 누구나 참석하고 즐길 수 있는 프린지 공연이 있다. 이 공연은 청소년 합창단이나 지역의 소규모 음악단체들이 참여하여 음악회를 갖는 것으로 모두 무료 공연이다. 빈 필하모닉오케스트라, 상트페테르부르크 합창단 등 매년 세계적인 오케스트라가 초청되었으며, 실내악은 주로 소규모 공연장에서 연주되었다. 또한 매년 11월에는 첼로, 바이올린, 피아노의 3개 부분을 대상으로 한 경남국제음악콩쿠르가 열린다. 자원봉사와 서포터조직에 의존하는 운영 방식 중에서 자원봉사 의존이 크며, 대개 음악을 전공하거나 이러한 기회를 통해 경험을 쌓기를 원하는 대학생들이 봉사자이다. 서포터조직은 약 800명의 시민 회원으로 구성되는 '황금파도'라는 자발적 시민조직이며, 가입에 어떠한 제한도 없고 회비도 없다. 오직 지역사회 내에 고정적인 음악 향유층의 형성을 목적으로 하는 조직이다.

예술제 운영 재원은 입장권과 기념품 판매 등의 사업수입이 10% 내외이며, 정부와 시 및 재단의 보조금에 대한 의존도는 80% 이상이다. 정부의 보조금은 변동이 생길 수 있으므로 통영국제음악제는 음악적 후원기반을 공고히 하기 위한 계획을 세워야 한다. 두터운 관객층의 후원에 의해 예술제가 이어지는 경우 안정적 구조를 가지게 되므로 이는 필수적이다.

통영국제음악제는 초기에 세계 및 아시아 초연, 그리고 한국 초연 등 초연작품을 중심으로 연주함으로써 축제의 정체성 확보가 용이하였다. 이제 소도시인 통영이 현대음악의 메카가 될 수 있을까. 연주공간도 통영만을 고집하지 않고 서울 등 대도시로 진출하는 등 통영국제음악제는 연주공간을 탈피함과 동시에 프린지 공연을 정착시켜 축제 속의 축제로 만들어나가고 있다. 그러나 공연을 위한 인프라 시설, 즉 숙박시설과 공연공간의 부족, 특히 전문 클래식 연주공간이 부족하여 대작 오케스트라 연주단 규모를 축소하거나 취소하는 요인이 발생했다. 이 밖에도 마케팅 등 축제의 운영인력의 전문성이 부족하고, 축제의 홈페이지 운영이 미흡한 점 등이 지적되고 있다. 특히 통영국제음악제가 통영이 낳은 세계적인 작곡가 윤이상을 기리기 위한 축제임에도 '윤이상'이라는 이름이 빠져 그 성격이 모호해질 수 있다. 무엇보다도 지역 연주 단체 중 경남아방가르드앙상블만이 공식 공연에 초청되어 지역예술인 홀대라는 비난을 받았다.

14 광주 대도시지역은 전남 도서 해안지역과의 문화적 변동이 가능한가

지역의 미래

평야와 산악의 중간지대인 이 지역은 나주평야를 중심으로 한 곡창지대가 주요 생활공간이며, 교통이 발달되지 않았던 과거에는 영산강 수운이 물자의 이동에 주된 역할을 하였다. 광주광역시를 중심으로 호남고속국도, 남해고속국도, 88올림픽고속국도가 지나고 호남선철도(일반철도 및 KTX 포함)가 경유한다. 본래 풍부한 농산물과 노동력을 바탕으로 근대 경공업지역이 발달했으며, 최근 섬유·자동차·기계·화학 등 중화학공업지역으로 변모하고 있다. 면적에 비하여 문화공간이 많으며 노인인구와 노인복지 시설의 수도 많다. 중심도시 광주가 문화중심지로서의 역할을 톡톡히 하며, 서해안고속국도의 개통으로 수도권과의 교통 접근성이 개선되고 중국과의 교류가 활발한 서해안 시대로서의 미래가 밝다.

제14장 광주 대도시지역은 전남 도서 해안지역과의 문화적 변동이 가능한가 | 247

경관의 이해

14

일찍이 비옥한 나주평야 곡창지대의 품질 좋은 쌀을 일본으로 운송했던 항구와 내륙의 역사경관이 잘 발달하였으며, 다양한 화강암 풍화경관이 산재한다. 미작 농업생산력을 높이기 위한 간척과 수로 경관이 잘 남아 있다. 연안 여객의 운송을 위한 터미널 등의 교통경관이 탁월하며, 다도해해상국립공원의 관광객을 위한 교량, 호텔, 거리 경관이 잘 나타난다.

역사경관(강진 다산초당)

자연경곤(목포시 갓바위의 타포니)

취락경관(담양 창평면 창평리)

도시경관(일제강점기의 목포)

도시경관(오늘날의 목포)

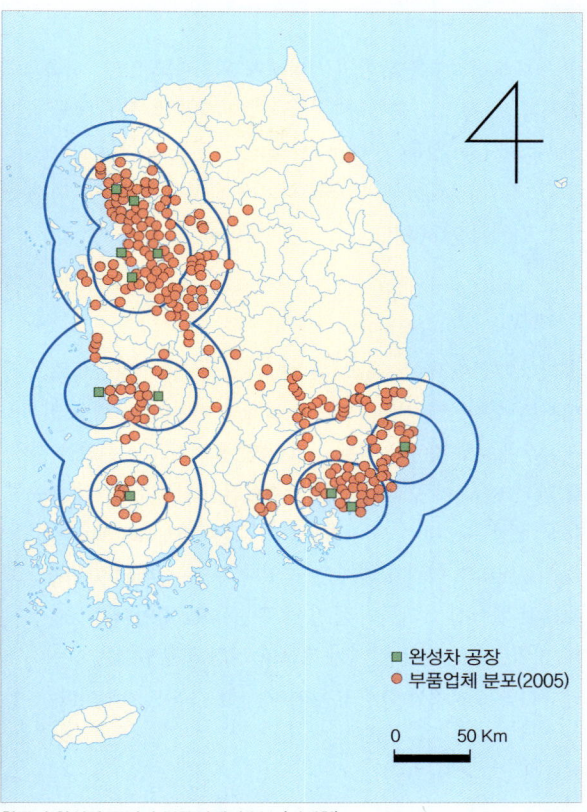
한국의 완성차 공장과 부품업체의 분포(김태환)

■ 완성차 공장
● 부품업체 분포(2005)

자연경관(무등산 주상절리, 권동희)

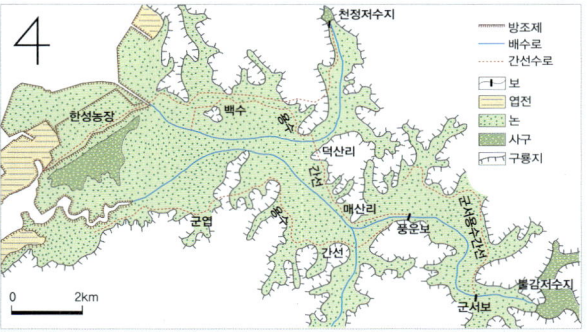
불갑천 하류의 수리체계(강대균)

제14장 광주 대도시지역은 전남 도서 해안지역과의 문화적 변동이 가능한가 | 249

위치와 행정구역

광주 대도시지역은 남한의 서남부에 위치하고 있다. 서쪽으로 황해, 남쪽으로 남해, 북쪽으로 전주 도농통합지역, 동쪽으로 순천-제주 도농통합지역 및 진주 도농통합지역과 접한다. 행정구역상 광주광역시, 나주시, 목포시, 곡성군, 구례군, 담양군, 무안군, 신안군, 영광군, 영암군, 장성군, 함평군, 화순군, 강진군, 장흥군, 진도군, 해남군, 완도군 등 1개 광역시, 2개 시, 15개 군으로 이루어져 있다. 전체 면적은 9,607km², 남한 전체의 9.6%이다.

지형과 기후

속리산 부근에서 분지한 노령산맥이 북동-남서 방향으로 길게 뻗어 전라남·북도의 경계를 이루며, 동쪽 끝에서는 소백산맥이 경상남도와 경계를 이룬다. 노령산맥과 소백산맥 사이의 진안고원이 동부에, 영산강이 서남쿠에 나주평야를 이루고 그 말단에 리아스식 해안을 따라 수많은 도서와 만이 나타난다. 무등산지는 무등산(1,187m)이 중심이 되어 광주광역시 남동부, 전남 화순군 북부 및 나주시 동부 등지에 펼쳐져 있다. 무등산 정상부는 바위 절벽인 입석대 및 서석대(1,000m)의 주상절리이며, 바위 절벽 아래 완경사 지대에는 직경 1m 내외의 암괴가 넓게 덮여 있다. 이는 절벽의 바위틈으로 스며든 물이 얼었다 녹는 과정에서 바위가 부서져서 떨어진 암괴들이 쌓인 암괴원(岩塊原)이다.

이 지역은 겨울철에 강설이 적으나 진안고원 일대는 강설이 많다. 해안지역에서는 난대성 식물이 자라지만 내륙지방은 지형상 한서의 차이가 심한 대륙성 기후이다.

01 광주 대도시지역은 전통농업의 중심지에서 서해안 시대의 중심지로 발전할 수 있을까

소백산맥과 노령산맥이라는 지리적 장애로 인해 접근이 어려웠던 이 지역은 과거에 영산강을 중심으로 하여 자연스럽게 생활권이 형성되었다. 영산강은 하상 경사가 완만하므로 내륙수로를 이용한 수운기능이 활발했다. 감조하천으로서 조수의 영향을 받았던 영산포는 해양수운의 중심인 목포항과 밀접한 관계를 맺으며 성장했지만 수운기능이 중단되면서 쇠퇴했다.

목포항은 1910년대 이후 일본이 한반도 수탈의 전진기지로 활용했다. 목포항은 이때 항구로서 갖추어야 할 기본 시설을 갖추어 다도해의 중계지인 동시에 해양·도서관광의 중심지적 역할 및 연안어업 전진기지의 모항 역할을 했다. 특히 해운 화물의 결절지로서 곡물과 수산물 집산지로서 기능을 다하였다. 주요 수출입 화물은 양곡, 목재, 화공생산품, 철강 등이며, 연안 화물은 모래, 석유정제품, 철강류, 시멘트 등이다. 1897년 개항된 이래 한반도 서남단의 거점 관문항구로서 조선단지 조성, 연안화물 취급을 위한 북항 개발, 대불산업단지 지원 기능, 신외항 건설 등 국제 규모의 무역항으로 발전하고 있다.

광주 대도시지역의 인구가 전국에서 차지하는 비중은 6.6%, 면적은 6.4%이다. 이 지역 내에서 광주광역시의 인구가 43%를 차지해 인구 불균형 현상이 심하다. 전체적으로 인구가 감소하고 있지만 광주광역시는 자연적 증가와 함께 전입인구의 초과로 인구 증가를 보이고 있다. 광주광역시는 주변 촌락으로부터의 인구 흡인력이 강하기 때문에 전체 전입인구의 61.1%가 전라남도로부터의 전입인구이다. 광주광역시도 생산연령층이 전국 평균에 약간 못 미치는 71.5%이지만, 노년층의 비율은 전국 평균 8.8%보다도 낮은 5.5%이다. 이에 비해 청소년층 비율(23.0%)이 높다.

> **감조하천**
> 조수 간만의 차가 큰 바다로 흘러 나가는 하천의 하류부에서 조석현상에 의해 강물의 염분이나 수위, 특히 유속에 주기적으로 현저한 변화를 일으키는 하천을 말한다. 강의 경사가 완만할수록 변화가 심하다.

> **인구 흡인력**
> 유동인구를 어떠한 장소로 끌어들일 수 있는 원동력을 말한다. 직업과 소득 면에서 이득을 얻기 위한 경제적 요인과 문화시설, 교육, 종교 등 보다 좋은 환경을 찾아 이동하는 문화적 요인, 인구 정책에 의한 정치적 요인 등이 있다.

생산자 서비스업
재화 이외의 재산적 가치가 있는 역무 및 기타 행위를 사업적으로 제공하는 사업을 말하며 표준 산업분류에서는 정보처리 및 기타 컴퓨터 운영 관련업, 연구 및 개발업, 과학 및 기술 서비스업 사업지원 서비스업으로 분류하고 있다.

광주 대도시지역의 경제가 한국 전체에서 차지하는 비중은 전국의 10%에 불과하다. 총생산액의 비중이 인구 비중과 비교해 낮은 것은 생산성이 높은 제조업 부문이 국내 다른 지역보다 상대적으로 열악하기 때문이다. 본래 풍부한 농산물과 노동력 등에 기반을 둔 근대 경공업의 중심지역이었으나 뚜렷한 발전을 보지 못하였다. 최근 섬유·자동차·기계·화학 등 중화학 공업지역으로 변모하고 있다. 특히 기아자동차와 삼성전자 등 대기업의 입지는 지역경제에 큰 영향을 미치고 있다. 과거에는 가내수공업 형식으로 담양의 죽세공품 등이 생산되었고, 농업 중심의 경제 구조가 뚜렷하였을 때는 낙후된 지역이 아니었다. 그러나 1970년대 이후 경제개발 과정에서 호남 지방은 낙후된 지역으로 남게 되었다.

제조업 생산액은 전국의 2.6%밖에 되지 않으며 이중 63%가 광주에 편중되어 있다. 따라서 광주광역시를 제외하고 전반적으로 제조업이 취약하며 음식료품 제조업, 1차금속 등이 절반 이상을 차지한다. 서비스업에서 가장 높은 비중을 차지하는 도소매업은 광주광역시를 제외하고 사업체 수가 크게 줄었으며, 종사자의 증가율도 전국 평균에 미치지 못한다. 유통시장 개방, 대형할인점의 등장, 소비행태의 변화 등으로 재래시장 및 소매업은 위축되었다. 광주광역시의 고차기능이 점점 더 발달하고 분화되고 있는 것이 특징이다. 금융, 보험, 부동산, 회계, 광고 등 생산자 서비스업의 발달은 미약하다.

영산강과 나주평야라는 지형적 조건과 고온다습한 기후적 조건이 맞물려 벼농사가 특히 발달해왔다. 겨울이 온난하여 벼와 보리의 그루갈이가 특징이다. 근대적 산업구조가 자리 잡기 이전에는 농업이 국가 및 지역경제의 기본 축이었으므로 농경문화가 일찍 발달하여 농경문화권이 형성되었다. 황해와 접하고 있어 수산업이 발달했는데 대표적인 어획물은 새우, 민어, 갈치, 조기 등이다. 특히 조기는 매우 귀한 생선으로 여겨왔으며, 법성포는 예전부터 조기잡이의 중심지로 번성했던 곳이다. 갯벌이 넓고 해안선이 복잡하며 수온이 알맞아 김, 미역, 조개류 등을 많이 양식하고 있다. 한편 정부는 공업화에 따른 해양 오염으로부터 연·근해의 어족을 보호하고 수산 양식업을 발전시키기 위해서 이곳 바다를 청정 수역으로 지정했다. 최근 수산업의 대형화와 남획으로 어업 인구가 감소하는 추세이며 감소폭도 크다.

호남고속국도·남해고속국도·88올림픽고속국도, 그리고 호남선철도(일반철도 및 KTX 포함)가 광주광역시를 경유하고 있으며, 광주광역시로부터 시내버스가 나주·장성·담양·화순·함평까지 운행되고 있다. 이러한 교통발달은 접근성을 더욱 높게 하여 대도시지역의 생활권 형성에 일조했다. 호남고속국도가 호남선철도와 더불어 중부권 및 수도권과 직접 연결해주고 있었는데 서해안고속국도가 개통되어 경부축에 비해 상대적으로 낙후되어 있는 서해안 축 개발이 용이해져 국토의 균형발전 도모와 중국과의 교류증대가 촉진되었다. 일제강점기 호남지역 농산물 수탈을 위해 개통된 호남선 철도는 한국에서 세 번째로 긴 철도 노선이다. 광복 이후 복선화 전철화 공사를 하였고, 현재는 KTX 호남선이 운영되어 광주 지역에 대한 시간적 거리를 크게 줄여 지역에 대한 접근성이 상당히 높아졌다.

광주공항과 목포공항, 무안공항이 있으며 이 중에서 광주공항은 정기적으로 다수의 국내노선과 국제노선(상하이, 선양)과 연결되며, 목포공항의 경우 항공여객의 급감으로 김포노선과 제주노선만 취항한다. 수도권으로부터 상대적으로 멀어 대외접근에서 항공이 중요한 비중을 차지했으나 KTX가 일부 항공수요를 잠식함으로써 항공여객 수요는 감소했다. 무안공항은 전남도청의 이전과 관련하여 건설되었으며, 시설과 입지여건이 열악한 목포공항의 대체공항이다. 무안공항은 중국 상하이와 선양, 베이징으로 취항한다. 그럼에도 사회간접자본의 확충이 부족해 교통이 불편하다.

최근 광주에 기아자동차 공장이 들어서 자동차 관련 부품 산업이 발전하게 된 것은 경부 축을 중심으로 한 산업발전이 경부고속국도 혼잡이라는 물류비 증가로 한계에 이르자 이를 대신할 지역이 필요해졌기 때문이다. 자동차 부품의 물류기지로서 시작한 광주의 기아자동차 분공장은 완성차 업체의 부속 부품업체에 불과하지만 장래 부품업체의 집중에 의한 독자적인 생산지가 된다면 광주의 가능성도 열린다고 본다. 금융위기 이후 완성차 업체의 인수 합병이 나타나고 외국계 자동차 업체 및 부품업체의 진출이 이루어진다면 광주는 산업 발전의 새로운 전기를 마련하게 된다(김태환, 2007).

02 불갑천 하류의 해안평야 간척은 성공적인가

전라남도 영광군의 남부를 관류하는 25.9km의 불갑천 유역에는 하류부에 간석지, 해안사구, 충적지가 차례로 나타난다. 불갑천 하구의 간석지는 시대를 달리하는 3개의 방조제 건설과 함께 간척되었지만, 염생 습지화한 간석지에 방조제를 쌓으면 그 전면에 외해로부터 뻘이 계속 밀려와 새로운 간석지가 생기는 일이 반복되어 하구의 해안선은 계속 전진할 수밖에 없게 된다. 그 결과 과거의 해안선을 기준으로 하여 형성된 해안사구는 간척지로 에워싸이게 된다. 따라서 한반도의 서해안과 동해안 일부에 나타나는 임해 충적평야의 간척은 자연친화적인 성격을 가지기가 어렵다. 이러한 문제는 어떻게 해결할 수 있을까.

전통시대에 불갑천 하류의 충적지는 웅덩이를 판 후 고인 물을 관개용수로 이용하는 일이 고작이었으며 하답으로 취급됐다. 모두 이른바 천수답이었다. 그러나 1920년대와 1930년대를 거쳐 근대적인 수리시설이 도입되면서 크게 변모했다. 충적지의 농경지는 제방과 보, 수문, 양수장, 배수장, 관정과 같은 수리시설을 갖추어 관개와 배수가 원활해지고 수해도 예방할 수 있게 되었다. 일제강점기에 이어 1970년대 후반에도 수리시설이 확충되어 농업 생산이 이루어졌다. 그러나 지금은 관개용수가 부족하다. 이는 계속되는 간척사업에 그 이유가 있다.

간척을 포함한 개간사업은 수원의 확보를 전제로 한다(강대균, 2004). 불갑 저수지의 저수용량으로는 해안사구 너머의 간척지까지 관개용수를 공급하기가 어렵다. 이를 극복하기 위해 법성포를 통해 황해로 유입하는 와탄천의 상류에 1979년 길룡 저수지를 건설해 그 물을 유역변경에 의하여 간척지로 유도하고 있는 실정이다. 관개용수의 공급이 원활하지 못하기 때문에 경작이 제대로 이루어지지 않고 쓸모없는 간척도 많다.

해안평야에서 관개하는 일 못지않게 문제가 되는 것이 집중호우 시

> **하답**
> 땅이나 관개시설 따위가 나빠서 벼농사가 잘되지 않는 품질이 낮은 논을 일컫는다.
>
> **천수답**
> 벼농사에 필요한 물을 빗물에만 의존하는 논을 말한다. 천수답은 모내기철에 충분한 비가 오지 않으면 모내기가 늦어지기 때문에 늦심기가 되기 쉽고, 모를 낸 후에도 가뭄에 의한 피해가 있기 때문에 안정된 수확량을 기대하기 어렵다.
>
> **관정**
> 둥글게 판 우물. 또는 둘레가 대롱 모양으로 된 우물을 뜻한다.

의 배수 문제이다. 불갑천 양안의 임해 충적평야에서는 1930년대부터 제방의 축조와 더불어 경지정리가 실시되어 용수로와 배수로가 건설되었으나 임해 충적평야가 원래 현재의 해수면을 기준으로 이루어졌기 때문에 집중호우 시 수해를 크게 입게 된다. 불갑천 해안의 간석지가 오랜 기간에 걸쳐 개척되어 농경지화되었지만 관개 문제와 수해 문제가 해결되면서 간척이 이루어지기 위해서는 간석지의 이용에 관한 인식의 전환과 해안지형에 관한 풍부한 지식이 필요하다.

03 함평 나비 축제가 장소마케팅으로 성공한 요인이 무엇인가

> **생태관광축제**
> 잘 보존된 자연환경을 이용하여 환경 친화적인 주제로 개최되는 축제를 통칭한다. 자연환경을 해치지 않고 관광객의 체험을 강조하는 등의 대안적인 관광 형태로 지역 소득 향상에도 기여하고 있다. 한국의 생태관광축제 중 성공적인 사례로 함평군의 나비 축제를 들 수 있다.

함평 나비 축제는 나비라는 독특한 소재로 말미암아 친환경적 생태관광축제로 자리매김한 한국의 대표축제이다. 함평 나비 축제는 1999년 시작한 이후 2008년에는 다양한 프로그램과 함께 함평세계나비·곤충 엑스포라는 이름으로 대규모 국제행사가 개최되었다. 국내외 많은 관광객이 방문하고 주요 행사도 수생식물 자연학습장, 나비잡기 체험장, 보리·완두 그스름 체험장, 천연염색 체험장, 초청 공연 등 총 30여 가지에 이르는 등 다양하다.

도시의 구산업지역이 쇠퇴하면 도시재생을 위한 일련의 도시개발 전략이 추진되어 각 도시의 독특한 역사와 문화는 개발 전략의 핵심적 수단이 된다. 특정 장소의 상품가치를 높여 도시 경제를 활성화시키려는 전략은 기존 도시의 부정적 이미지에서 탈피하여 기업가와 관광객 혹은 그 도시의 주민들이 특정 장소의 이미지·사회제도 및 하부구조를 개발하게 된다. 도시마케팅의 이미지 전략으로는 홍보·판촉, 문화시설의 건축, 문화행사, 문화지구·특구 조성, 스포츠 행사 유치 등이 있다.

함평군은 외부의 관광객을 유인할 수 있는 대표적인 관광지가 없고, 기존의 관광자원도 가치성이 낮아 관광이벤트 개최가 쉽지 않았다. 지역이 보유한 관광자원을 활용한 축제는 경쟁력이 없기 때문에 새로운 주제를 발굴해야 했다. 이러한 요청에 의해 개발된 축제가 바로 나비 축제이다. 함평 나비 축제는 도시마케팅 전략의 하나로서 개최된 친환경·생태축제이다.

1999년부터 2008년까지 10회에 걸쳐 나비 축제를 치르면서 약 1,000만 명의 관광객이 다녀가 지방자치단체로서는 유일하게 디자인경영대상을 수상하기도 했다. 축제의 성공은 관민이 함께 노력한 결과이다. 축제의 기획부터 집행까지 지역 내 전 공무원과 각 사회단체 및 자원봉사단이 행사에 참여해 안내, 홍보, 각종 봉사 활동을 했다. 축제 행사를 외부 이벤트 업체에 맡기지 않고, 관민으로 구성된 축제 위원회가 행사의 처음부터 마무리까지 직접 기획하고 집행하여 예산의 낭비도 줄이고, 지역 축제에 온 군민이 참여해 지역정체성에 대한 의미도 다진 것이 성공의 요인이다.

　최근 농촌의 어메니티(amenity, 쾌적성)를 상품화하는 방안이 관심을 끌면서 함평 나비 축제 또한 농촌의 어메니티 자원을 효과적으로 활용한 사례로 제시되고 있다. 인간이 개성적인 생명체로 생존하고 살아가는 데 불가결한 쾌적함을 창조적으로 구성하여 자연·역사·문화·안전·심미성·편리성이 갖추어지게 하는 전략이다. 녹지공간과 깨끗한 수변, 획일적인 생활로부터의 탈출, 여가시간의 증가로 인한 자연공간을 향한 접근성에 대한 정보 증가, 토지이용의 과밀화로 인한 도시인의 활력 저하, 환경 관리를 중시하는 현대 행정의 경향 등의 요인이 어메니티에 대해 많은 사람들이 관심을 갖게 된 배경이다.

04 광주 대도시지역의 세계화는 광주비엔날레로 대표되는가

광주비엔날레는 광복 50주년과 미술의 해를 기념하는 한편, 민주화의 성지이자 예향인 광주의 세계적 도약과 21세기 태평양문화권을 대표하는 문화공동체가 되려는 취지를 가지고, 광주와 인근지역의 문화전통과 민주 시민정신을 바탕으로 하여 개최된다. 남도의 문화적 전통을 이어받은 예향 광주가 세계적 문화도시로 발돋움하고 지역발전으로 이어가려는 도시마케팅전략으로 출발했다고 할 수 있다. 그리고 국가적 차원에서는 지역의 균형개발과 몰개성화된 도시에 특화 기능을 부여하여 차별화시킨다는 전략으로부터 비롯된 것이다. 광주를 기점으로 한국, 아시아, 세계와 소통하고자 하는 비엔날레는 1995년에 창설되어 2년을 주기로 개최되고 있으며, 국내외 미술-문화의 교류와 소통의 가교 역할을 해오고 있다.

국제 미술전람회에는 비엔날레, 트리엔날레, 도큐멘타 등이 있으며, 각각의 개최가 독특한 개성을 가질 때 국제적인 권위를 인정받게 된다. 민주성지로서의 광주의 상징성, 예향으로서의 지역 특성 등을 바탕으로 다른 비엔날레와의 차별성을 부여한 광주비엔날레는 아시아태평양지역의 유일한 국제적 미술 이벤트로서 광주의 문화 이미지를 높여주고 있다. 문화산업은 막대한 시장수요와 잠재력, 콘텐츠 산업으로서 연관 산업에 미치는 파급효과와 부가가치 등을 고려할 때 그 중요성이 더욱 커지고 있으며, 지속적인 재활용과 변형이 가능하다는 점에서 경제성이 매우 높다.

1995년 제1회 대회 당시 국내외 관람객 163만 명 이상이 방문했으며 비엔날레재단 영업수입만 91억 원을 기록했다. 외국인 관람객도 평균 3만 명 정도를 유지하고 있으며, 미술전람회 사상 초유의 흑자 경영을 이룬 대회로 평가받고 있다. 특히 2002년 제4회 대회는 2002년 한일월드컵 유치기간에 개최됨으로써 대외적으로 더 알려지는 계기가 되었다. 또한 세계민속예술축제, 임방울국악제, 광주김치축제 등을 비엔날레 기간 전후에 개최하여 지역경제에 큰 보탬이 되고 있다. 비엔날레와 같은 이벤트가 지역사회에 미치는 파급 효과로는 도시 개발의 촉진, 지역경제에의 기여, 도시 이미지의 제고, 국제화와 선진화가 있으며, 결국 미래를 향한 자기 발전과 새로운 이미지 창출을 가져올 것이다.

05 창평이 진정한 슬로시티가 되기 위해서는 어떻게 해야 하는가

담양군 창평면은 완도군 청산면, 신안군 증도면, 장흥군 유치면·장평면과 함께 아시아 최초 슬로시티로 2007년 12월 인증을 받았다. 그 후 수년이 지난 지금 슬로시티의 이념과 철학이 제대로 구현되고 있는지는 인증 절차와 별도로 생각해볼 문제이다. 슬로시티란 공해 없는 자연 속에서 자연의 음식과 고유문화를 향유하면서 빠른 속도 대신 느림의 미학을 누리는 지역을 말한다. 느림이란 포스트모던의 한 형태가 아니라 시간의 질서를 변화시켜 지속가능한 발전을 이루려는 태도이다. 이렇게 할 때 따뜻한 사회, 행복한 세상이 구현된다는 이념이다.

창평 슬로시티는 창평면 창평리에 슬로시티 추진 주체를 두고 전통자원의 핵심 분포지인 삼지내 마을을 중심으로 구현되고 있다. 삼지내 마을의 돌담길, 전통가옥, 정자, 전통식품 등의 문화, 전통, 자연자원은 슬로시티의 철학을 충족시킬 만하다. 이를 위하여 쌀엿, 한과, 장류, 죽순김치, 약선밥상 같은 슬로푸드를 브랜드화하고 식생활 개선과 함께 집집마다 음식을 상설 체험하게 하며, 골목길, 싸목싸목(천천히) 탐방, 놀토달팽이 시장, 상설 문화공연 등을 기반으로 한 문화체험이 이루어지고, 아토피제로, 비만제로, 주말농장, 한옥민박 등의 체험을 하게 하는 전략이 수립되고 있다(전경숙, 2010).

이러한 전략과 함께 창평이 진정한 슬로시티가 되기 위해서는 주민의 자발적 참여가 중요하다. 이러한 지역과 공간에 사는 주민이 슬로시티의 문화를 시범적으로 보여주어야 하는 것이다. 그러나 말이 슬로시티이지 농업 기반의 경제구조로 인하여 도시지역에 비하여 소득수준이 낮고 노령화가 진행되어 활력이 없다. 자연, 고유한 역사성과 지역성, 전통문화를 간직하여 슬로시티로 인정받게 되었지만, 실제 주민들의 의식이 전환되어 슬로시티 방문객이 진정으로 복잡한 도시생활을 잊고 과거와 자연 속에서 일탈을 맞볼 수 있는 계기가 마련되어야 하는 것이다. 이 외에 창평면 소재지 입구의 메타세쿼이아 가로수, 농지·정자·산의 스카이라인, 돌담과 고가옥 등과 조화를 이루지 못하는 경관, 예를 들어 표지판, 광고물, 전신주, 철제대문, 콘크리트 포장 등의 정비가 이루어져야 하며, 슬로시티의 덕목인 전통과 진정성을 담은 토산품의 가치화가 이루어져야 할 것이다.

1999년 10월 이탈리아의 작은 도시 그레베 인 키안티에서 시작한 슬로시티가 자생적인 운동이었다는 점을 상기한다면, 슬로시티에 사는 주민이 먼저 행복해야 하고 이들이 방문객에게 여유의 행복을 나누어 줄 수 있어야 한다. 즉, 주민의 삶의 리듬을 깨지 않는 전략이 지혜롭게 수립되어야 한다.

15 전주 도농통합지역은 전통문화의 중심지로 새롭게 발돋움할 것인가

지역의 미래

전주를 중심으로 한 호남평야 지역으로 쌀, 보리 등 주곡의 생산량이 전국에서 손꼽힐 정도이다. 한국의 대표적인 한옥마을이 위치하며 음식문화와 전통예술 공연이 발달한 한국 전통문화의 중심지이다. 제조업의 부진을 만회하고 중국과의 교역 증가에 대비하기 위해 이 지역을 새로운 산업지대로 개발하고 있다. 군산·장항 지역에는 군장국가산업단지 및 국제 교류 업무도시가 조성되고 있다. 인구규모에 비해 문화공간의 수가 많아 높은 문화생활을 향유하고 있음을 알 수 있다. 도시 공원면적의 비율, 외국인, 노인인구 비율이 상대적으로 낮다. 전통적인 농업지역이므로 유서 깊은 가문, 이들이 간직해온 슬로푸드, 전통음악 등의 경관이 잘 보존되어 있으며, 이를 특색 있는 문화산업으로 키울 수 있는 잠재력이 풍부하다.

제15장 전주 도농통합지역은 전통문화의 중심지로 새롭게 발돋움할 것인가 | 265

15 경관의 이해

미작 생산을 위한 간척사업이 일찍부터 이루어졌기 때문에 근대적 하천 수로나 간척경관이 많이 남아 있고, 전통한옥이나 민속경관이 잘 보존되어 있다. 해안에 남아 있는 화산지형 등 일부 자연경관은 아름다움을 간직하여 관광객의 방문이 끊이지 않는다. 전통음악이나 목기 제조, 혹은 양반 세력이 향유하던 정자경관 등이 유명하다.

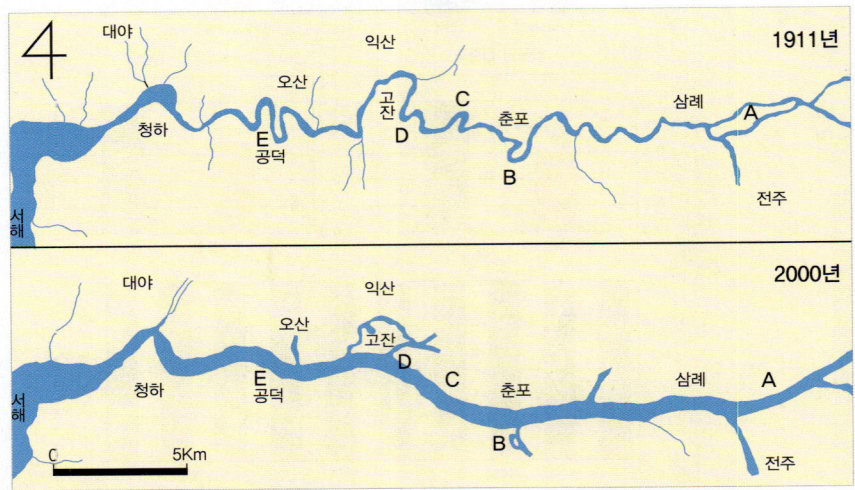

만경강의 직강화 공사 전과 후(조성욱)

취락경관(계화도 간척지의 관개수로와 관련 시설)

인문경관(군산의 뜬다리 부두)

인문경관(곰소만의 염전)

역사경관(일제강점기의 군산)

자연경관(부안 채석강)

인문경관(전주 한옥마을, 최재원)

위치와 행정구역

이 지역은 남부지방에 해당하며 서쪽으로 황해, 동쪽으로 소백산맥, 남쪽으로 광주 대도시지역, 북쪽으로 대전-청주 대도시지역과 접한다. 행정구역상 6개 시, 8개 군으로 이루어져 있으며, 군산시, 김제시, 남원시, 익산시, 전주시, 정읍시, 고창군, 무주군, 부안군, 순천군, 완주군, 임실군, 장수군, 진안군 등이 이에 해당한다. 전체 면적은 7,969km²로 남한 전체 면적의 8.0%이다.

지형과 기후

이 지역의 지형은 동부 산간지역과 서부 평야지역으로 크게 나누어진다. 동부 산간지역은 소백산지와 진안고원으로 이루어지며 서부 평야지역은 대부분 호남평야이다. 금강, 만경강, 동진강 등에 의해 형성된 호남평야는 대표적인 충적평야로서 간척평야도 일부 포함된다. 진안고원은 동쪽의 소백산맥과 연결되어 금강, 섬진강의 발원지가 된다.

겨울철에 강설이 적으나 진안고원 일대는 적설량이 비교적 많으며, 이 지역의 내륙지방은 지형적인 관계로 겨울에 춥다.

01 호남평야의 미작농업은 어떻게 변신해야 하는가

호남평야는 예로부터 한국의 중요한 곡창지대이며, 쌀, 보리 등 주곡 작물을 주로 생산하는 전라도 해안의 대표적인 미작농업지역으로서 국내에서 벼농사가 가장 집중적으로 이루어지는 곳이다. 노령산맥에서 발원하는 만경강과 동진강 하류 주변에 넓은 충적평야가 발달했는데, 만경강 하류 주변의 만경평야와 동진강 하류의 김제평야, 두 평야를 합쳐서 호남평야라고 부른다. 호남평야는 작은 지류와 소규모 하천들에 의한 하천성의 실트와 점토층 토양이 넓게 형성한 범람원으로 구성되어 있다. 만경강, 동진강, 원평천이 수원의 역할을 하지만, 규모나 길이 면에서는 소규모 하천지대이다. 하천의 토사가 쌓여 형성된 충적지인 호남평야 지대는 충적평야 사이에 얕은 준평원성의 침식평야 지대가 발달하여 전체적으로 미작농업에 유리한 자연조건을 갖추게 되었다.

호남평야는 일찍부터 벼농사를 한 곳으로 유명하다. 벼농사에 대한 기록은 『삼국사기』의 몇 군데에서 이미 나타난다. 호남평야를 구성하고 있는 충적지가 본격적으로 평야로 개간된 것은 여말 선초로 보인다. 종래의 산간계곡의 개간이 마무리되면서 하천 중류의 개간으로 방향을 돌리는 과정에서 하천 변의 충적지가 평야로 개간이 진전된 것이다. 초기에는 하천 지류 주변에 보를 설치하고 소규모 농지를 개간하는 방법이 사용되다가 촌락공동체들에 의해 집단적으로 하천 양안의 넓은 충적지를 개간하였다. 개간 시 하천의 범람과 홍수를 막는 상당한 규모의 제방이 축조되었다. 이때 제방을 천방(川防), 관개를 천방수리라고 하여 조선 초에 논의되었다. 하지만 기술, 재원, 노동력 등의 한계 때문에 조선 중기에도 제대로 된 인공적인 천방이 축조되지는 못했다. 다만 촌락공동체를 중심으로 자연제방을 이용해 부분적으로 범람을 막았던 것이다. 그렇다고 이 지역의 농업생산이 조선시대에는 중요한 역할을 하지 않았다고 볼 수 없고, 오히려 중요한 식량공급지였다.

일제강점기 초기에 하천 유역의 넓은 충적지를 가진 호남평야가 개간될 여지가 많음을 알고, 일본인 거류민의 투자유치와 토지개간권의 부여를 통한 하천 유역의 농경지화 시도가 이루어진 다음 본격적으로 개간되었다. 만경강의 중류와 하류에 이르는 넓은 지역의 충적지를 개간하는 것은 대규모 제방 축조기술과 관계가 있으며, 이를 통해 광대한 농토의 조성과 함께 전국적인 규모의 곡창지대가 되었다. 1924년부터 시작된 직강공사와 하천 양안의 인공제방의 축조를 중심으로 하는 만경강과 동진강에 대한 하천 개수공사는 광대한 토지에 일본인 농장과 일본인 지주-한국인 소작인의 농장들이 들어서면서 대규모 미곡생산을 가능하게 했고, 일제에 의한 대일 수출이 이루어졌다.

일제강점기 내내 농업용수를 공급한 곳은 일본인 지주들이 결성한 수리조합의 저수지였다. 만경평야와 김제평야에 물을 공급하기 위해 만든 만경강 상류의 대아저수지(1922년), 섬진강 상류의 물을 동진강 유역으로 돌리는 운암제(1927년)가 그것이다. 이들 저수지와 댐은 호남평야의 농업생산의 젖줄기의 역할을 하고 있다. 호남평야가 곡창지대로 거듭나는 데에는 품종개량과 이를 통한 실험재배도 핵심적인 역할을 했다. 한반도의 식량생산 기지화를 목적으로 1906년부터 벼품종의 개발, 농사시험과 품종개량사업이 전개되었지만, 본격적인 한국의 벼품종 육성은 호남농업연구소의 전신인 남선지장, 작물시험장의 전신인 농사시험장, 1965년에 설치된 영남농업연구소에 의하여 이루어졌다. 1970년대 보급된 통일벼계는 1980년의 극심한 냉해로 극대화되지 못하고 일본의 조생종과 새로운 품종인 동진벼가 보급되어 확대 성장하였다.

호남평야를 끼고 있는 전라북도 농가의 경우 총수입에서 미곡 수입이 차지하는 비율은 전국 평균이 36~46%인 데 비해 60~68%이다. 이렇게 높은 비율은 전라북도가 다른 작물 농사에 비해 쌀농사에 대한 의존도가 높다는 것을 뜻한다. 하지만 1980년대 중반부터 그 성격이 변화하기 시작했다. 논농사와 밭농사를 겸하는 전통적인 유형의 일반 농촌이 전통적 농업에 원예농업을 겸하는 농촌으로 변화된 것이다. 원예농업이 결합되는 농촌은 도시화의 영향이 크고 교통의 접근성이 좋은 지역으로, 원예농업을 겸하는 경향이 점점 심해지고 있다. 벼농사와 보리농사 위주의 토지이용에서 복숭아, 포도, 배, 사과 등의 과수, 관상수, 인삼, 채소, 과일 등의 시설재배 등으로 토지이용이 다각화되고 있다.

전통적인 곡창지대이며 미곡단일생산지역인 호남평야는 향후 농촌인구의 고령화와 농산물 개방 문제를 해결해야만 하는 과제를 안고 있다. 쌀을 지역특성상품으로서 브랜드화하는 일 등 다양한 노력을 기울이고 있지만, 전통적인 논농사와 밭농사를 고수할 수 있을 것인지는 지역 내 농업활동에 대한 혁신역량에 달려 있다. 외국 농산물과의 가격 경쟁과 소규모 경영의 한계로 인해 경지의 규모화와 영농법인의 설립을 통한 농업경영의 변화가 그것이다.

02 만경강의 기능 변화에 따라 그 의미를 새롭게 조명할 수 있을까

사행하천
강물은 하도에 장애물이 있으면 흐름이 한쪽 강기슭으로 밀려서 강하게 부딪치고, 부딪친 흐름이 다시 그 반동으로 하류의 반대쪽 기슭에 부딪쳐서, 강은 좌우로 곡류하면서 흐르게 된다. 이와 같이 곡류하는 하천을 곡류하천, 사행하천이라고 한다.

직강공사
자연 상태의 곡류하천의 구불구불한 하도를 인위적으로 곧게 펴는 작업을 말한다. 농지를 정리하고 홍수의 피해를 최소화하기 위해 하천의 직강화가 이루어졌지만, 결과적으로 하천의 유로의 길이가 짧아져 홍수의 위험성이 높아지는 문제점을 안고 있다.

호남평야를 배경으로 형성된 지역인 전주 도농통합지역은 평야를 관류하는 만경강과 동진강에 대한 역할과 의미를 생각해보지 않을 수 없다(조성욱, 2007). 그 중에서 만경강은 전라북도 완주군 동상면 사봉리 율치의 밤샘에서 발원하여 전라북도 북부지역인 전주, 완주, 익산, 군산 그리고 김제를 동서로 관통하여 흐르는 82km의 비교적 짧은 하천이다. 만경강은 충적평야 지형 위를 동진강과 함께 꾸불꾸불하게 흐르는 사행하천이었지만 1920년대와 1930년대의 직강공사로 약 15km가 짧아졌다.

만경강은 전통시대에는 감조하천으로서 만조 시에는 전주천과 소양천 및 고산천이 합류하는 대천(한내마을) 부근까지 바닷물이 유입되었다. 일제강점기 조선 총독부는 농경지 확보와 안정적인 농업용수 공급을 위해 만경강의 지류인 고산천 상류부에 대아댐과 경천댐을 건설해 수자원을 확보하고, 기존의 만경강 하도를 이용하지 않고 새로운 인공 도수로를 만들어 이를 공급했기 때문에 만경강 본류의 의미와 기능은 이때부터 변화됐다(조성욱, 2007). 전통시대와는 달리 만경강 본류는 홍수조절용 또는 홍수 시 배수로로서의 역할이 부여됐고, 이를 위해 직강공사가 이루어진 것이다. 주민이 하천의 홍수 위험으로부터 보호받게 되고 그들을 위한 농경지가 확보됐지만 하천으로부터는 소외된 것이다.

1992년 새만금 공사가 시작되면서 만경강 본류는 단순히 배수로로서의 역할이 아닌 보다 적극적인 의미, 즉 맑은 물이 흐르며 지역주민의 여가 공간, 생태 공간으로서의 역할을 기대하게 되었다. 주요 경관도 이제 '자연 순응적 소극적 이용단계'의 핵심 경관인 보와 저수지, '인간 중심의 적극적 이용 단계'의 댐, 도수로, 직강화된 높은 둑 등으로부터 '인간과 자연의 통합적 접근단계'의 맑은 물, 여가 공간, 생태하천으로 변모했다.

감조하천인 영산강, 낙동강, 금강 등에는 하구언을 건설하여 하천의 기능이 회복되거나 다양해진 반면에 만경강과 동진강은 배수로로서의 기능만을 유지시켜 이제 그 기능에 대한 변화가 필요하다. 만경강은 새만금 간척사업과 함께 부정적인 기능을 불식시키고 둑의 교통로 이용, 수질 제고, 생태하천으로서 인간이 접근할 수 있는 친수공간으로 변화시키려는 시도가 이루어져야 한다. 만경강이 인간의 생활을 제약하는 자연적 조건으로부터 인간에 의해 의미와 역할을 부여받는 사회적 존재로 자리매김되어야 하는 것이다.

하구언
외해(外海)로부터 염수(鹽水)가 침입하는 것을 막기 위해 하구부에 쌓은 둑으로. 치수 규모가 확대됨에 따라 평상시의 염해 방지만이 아니라 홍수 소통, 취수(取水) 또는 주운(舟運)을 위해 필요한 수위의 유지, 수산자원의 보호 등의 기능을 동시에 만족시켜야 한다.

03 전주의 비빔밥은 세계적인 상품이 될 수 있는가

한국에는 각기 그 지방 특유의 먹을거리가 있고, 지역을 대표하는 음식은 곧 그 지방의 문화 자체이자 세계화 전략의 대상이 될 수 있다. 전주는 예로부터 자타가 공인하는 음식의 고장으로서 한정식, 콩나물국밥, 비빔밥 등이 유명하다. 전주 콩나물국밥은 육당 최남선이 『조선상식문답』에서 한국의 10대 음식 중 하나로 꼽을 만큼 그 맛이 일품이다.

특히 전주비빔밥은 국내외에서 한국을 대표하는 음식으로 명성이 나 있다. 음양오행설에 근거한 전주비빔밥은 30여 가지의 재료가 들어가 오색오미의 맛과 멋이 조화를 이룬다. 재료는 밥, 콩나물, 황포묵, 쇠고기, 육회(육회볶음), 고추장, 참기름, 달걀 등이며, 부재료는 깨소금, 마늘, 후추, 무생채, 애호박볶음, 오이채, 당근채, 쑥갓, 상추, 부추, 호두, 은행, 밤채, 잣, 김 등이다.

전주는 전주비빔밥을 기반으로 충분히 장소마케팅을 할 만하다. 2007년부터 '전주 천년의 맛잔치'라는 음식문화 축제를 한옥마을 일대 및 지역 음식점에서 개최하고 있다. 비빔밥 큰잔치, 떡케익 만들기 등 먹는 것과 만드는 재미를 함께할 수 있도록 진행한다. 원래 한옥마을에서 하던 김치축제를 한옥마을 일대 및 지역 음식점으로 넓혀 실제 음식을 맛보고 만들어보는 축제로 발전시킨 것이다.

물론 세계화를 목표로 하고 있다. 세계적으로 보면 일본은 도시락 문화와 향토과자가 발달되어 있고, 5월 초에 열리는 홍콩의 음식 축제, 싱가포르 관광청이 주최하는 싱가포르 음식 축제가 유명하다. 세계의 5대 음식 축제인 프랑스의 망통레몬 축제, 보졸레누보 와인 축제, 스페인의 토마토 축제, 캐나다의 아이스 와인·나이아가라 와인 축제, 독일의 옥토버페스트 맥주 축제 등은 세계적 명성을 얻어 관광자원으로서의 구실을 하고 있다.

향토·전통음식이 고유한 전통문화 자원으로 관광 가치가 있다는 사실은 한 여론조사에서도 입증됐다. 그 조사에 의하면 친절한 국민성, 쇼핑 기회, 자연경관보다 한국의 고유한 음식이 외래 관광객들에게 가장 인상 깊게 느껴져 관광자원으로서 가치가 높은 것으로 나타났다. 최근 음식에 대한 선호 패턴이 패스트푸드(fast food)에서 슬로푸드(slow food)로 바뀌고 있으며 유기농, 건강식, 자연식 등이 인기를 끌고 있다. 이에 따라 한국 음식이 건강과 영양 면에서 높은 품격을 가진 음식이라고 평가되고 있다. 특히 오바마 미국 대통령이 한국의 비빔밥을 즐긴다는 사실이 알려지면서 최대 음식시장인 미국에서 한식의 관심은 더욱 커지고 있다. 이러한 비빔밥의 상품화를 위한 연구는 한국의 다른 전통음식에 비해 상당히 많이 이루어졌으며 세계인에게도 알려져 있다.

비빔밥은 일하다가 짧은 시간에 먹기에 그만인 음식으로 한국의 농경문화가 발전시킨 고유한 음식이다. 또한 한국 어느 식당에나 있는 서민의 음식이라 할 수 있다. 이제 전주가 음식으로 세계적인 명소가 되기 위해서는 우선 전주비빔밥의 상표화를 적극 추진하고 고유화해야 한다. 그래서 한국의 비빔밥이 아니라 한국의 전주비빔밥이 되어야 하고, 그 맛을 상품화·차별화함과 동시에 고급화해야 한다.

음식 그릇까지도 전통적으로 하여 비빔밥이 가장 한국적인 고급문화가 된다면 전주는 한국의 전통적인 대표도시가 되는 것이다. 전통가옥의 대문을 열고 들어가 신발을 벗은 후 실내에 들어가면 방석이 놓여 있고, 밥상 위의 색동 주머니 안에 숟가락와 젓가락이 가지런히 들어 있는 실내 풍경, 은은한 가야금 소리, 한복 차림에 유창한 영어 실력의 종업원이 있는 식당으로 발전시킨다면, 비빔밥을 시식하기 위해서 전주에 가보고 싶다는 외국인이 많아질 것이다. 특히 음식문화와 전통적인 한옥 지구를 연계시키면 전주가 세계적인 명소로 발전될 가능성이 있다고 본다. 한식을 소재로 한 음식 축제나 음식 관광 산업은 아직 초보 단계이지만, 전주의 비빔밥은 김치와 함께 세계적인 음식문화로 발전시킬 여건이 충분히 성숙되어 있다고 본다.

그러나 한국의 음식을 진정으로 세계화시키기 위해서는 한식과 양식에 대한 이해가 선행되어야 한다. 한식은 자극적이며 더운 음식으로 복합적인 맛을 추구하는 반면 양식은 차고 단순한 맛을 추구하는 음식이다. 한식은 모든 요리를 한 상에 차려놓고 한 번에 먹는 반면 양식은 적어도 두세 차례에 나눠 먹는다. 이러한 차이가 글로벌 음식문화 흐름을 타기 위한 방향을 보여준다. 한식에 대한 열정과 식문화 패턴을 이해하며 세계적인 요리로 거듭나게 하기 위해서는 창의적인 감각을 지닌 요리사의 발굴, 술·그릇·인테리어의 결합, 식사 예법 등 문화개념으로의 인식 전환 등이 필요하다. 비빔밥 등 한식의 세계화란 거대 자본의 투자보다는 문화적 차원에서의 지원이 필요하다.

04 남원이 세계적인 음악도시가 되기 위해서는 스토리텔링이 필요하다

　섬진강 상류에 입지한 남원시는 아름다운 하천경관이 관광객의 시선을 끌게 한다. 특히 그 지류인 요천·수지천이 이루어낸 하천경관을 중심으로 하여 북쪽에는 광한루가, 남쪽에는 춘향테마파크, 남원향토박물관 등 남원관광단지, 국악민속원이 자리하고 있어 음악도시로서 자리잡을 수 있는 중요 경관요소가 많다. 음악도시란 세계적으로 유명한 음악가나 연주자, 혹은 작곡가의 음악연주회가 개최되고 이에 의하여 주민이 관광수입을 올리는 도시를 말한다. 남원은 기록에 나타나는 최초의 남원 소리꾼이자 동편제의 시조인 송흥록이 태어난 곳으로 알려져 있고, 그는 당대의 대명창이었던 김성옥의 뒤를 이어 '진양조'를 완성하고 '산유화조'를 개발했다. 유명한 송흥록이 있고 그의 연주회가 개최되고 있으니 남원이 음악도시가 되는 것이 불가능한 것은 아니다(옥한석, 2012).

　양반들의 음악적 요소를 판소리에 도입한 '진양조'와 판소리에 경상도 민요 선율을 가미한 '산유화조'는 판소리가 계급적·지역적 한계를 극복하고 한국 민족의 음악으로 성장하는 데 결정적 기여를 하였으며, 송흥록의 '진양조'와 '산유화조'는 남원을 넘어 구례와 순창, 고창 등 섬진강 동쪽을 휘감으며 동편제라는 큰 가닥을 이루게 하였다. 동편제는 송흥록에 이어 송우룡과 김정문-안숙선-이난초에 이르기까지 남원에 터를 잡은 명창들에 의해 계승되고 발전돼왔다. 여성적이고 기교적인 서편제에 비하여 남성적이고 둔중한 특질을 지닌 동편제가 가장 원형에 가깝게 보존되어 있는 남원을 세계적인 음악도시로 만드는 일을 추진하는 일은 남원시민의 과제이다.

　국악이 갖는 동양적인 유니크함 때문에 세계화되기에는 무리가 있겠지만 세계적인 음악으로서의 국악이 갖는 한계가 극복되기 위해서는 스토리텔링에 의한 야외 음악프로그램을 마련해보는 시도가 필요하다. 남원 광한루의 〈춘향전〉은 러브스토리이며, 이는 보편적인 요소가 될 수 있다. 광한루 등 〈춘향전〉과 관련된 무대가 운영된다면 유럽의 잘츠부르크가 모차르트나 성직자와 평민의 사랑 이야기 및 〈사운드 오브 뮤직〉의 스토리텔링에 의하여 야외 음악도시가 되었듯이 남원도 스토리텔링에 의한 음악도시로서의 가능성이 크다고 하겠다. 이를 성공시키기 위해서는 드라마, 뮤지컬, 영화 등의 매체에서 현대적으로 〈춘향전〉을 재현하고 동시에 동편제를 접목시킬 필요가 있다. 또한 유튜브 등 인터넷 매체를 이용한 다각적인 마케팅 전략을 수립해야 한다.

16 순천-제주 도농통합지역은 경제자유구역으로의 발돋움이 가능한가

지역의 미래

이 지역은 호남 남해안 지방과 제주도를 포함하는 지역이다. 남해안을 끼고 있어 기후적·문화적으로 공통점이 많다. 특히 남해안을 기반으로 하는 관광산업이 발달한 지역으로 서울 대도시지역, 수원-인천 대도시지역을 제외한 나머지 대도시지역과 비교했을 때 문화공간의 수가 뒤떨어지지 않는다. 제주도의 경우 이국적인 기후, 화산지형 등이 이루어놓은 자연적인 관광자원이 많고, 언어·풍속·가옥 등 독특한 문화유산이 잘 보존되어 있다. 이로 인해 국내는 물론 국제적인 관광지로 각광받고 있다. 제주도를 제외한 시군은 인구 규모에 비해 제조업이 발달해 있지만 서비스업의 발달이 미약하다. 남동 임해공업지역에 속한 광양을 중심으로 한 제철공업과 여수를 중심으로 한 석유화학공업이 발달해 있다. 세계문화유산으로 지정된 제주도, 여수엑스포 등의 세계화된 사업이 지속적으로 유지·관리된다면 제조업과 서비스업이 잘 어우러진 미래가 열릴 수 있는 지역이라고 본다.

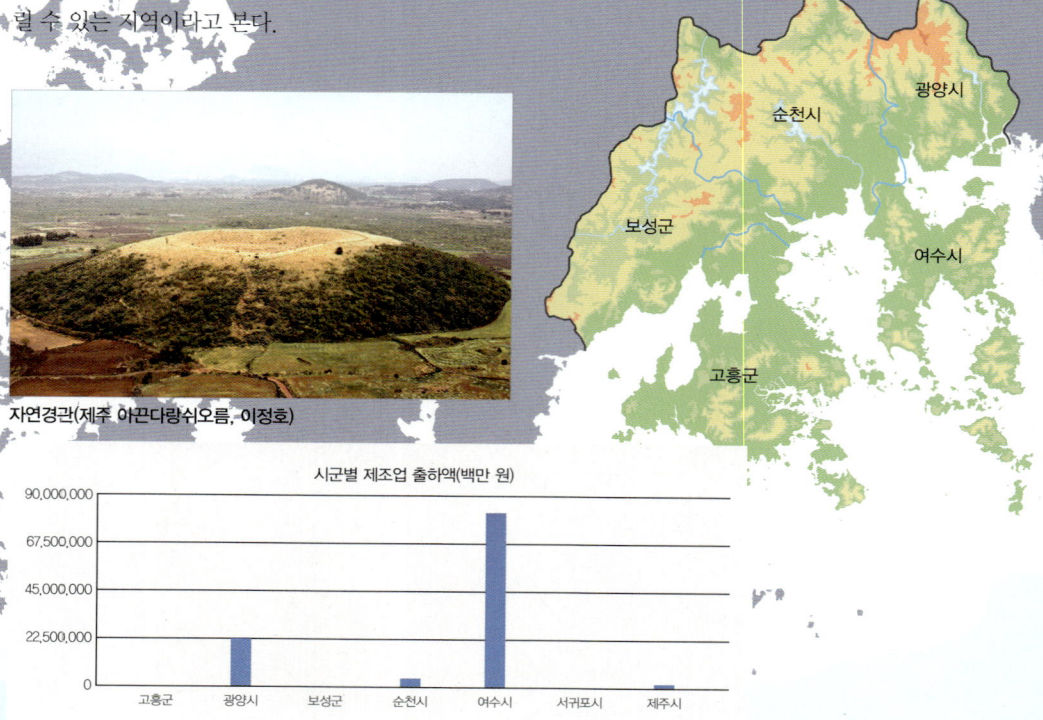

자연경관(제주 아끈다랑쉬오름, 이정호)

시군별 제조업 출하액(백만 원)

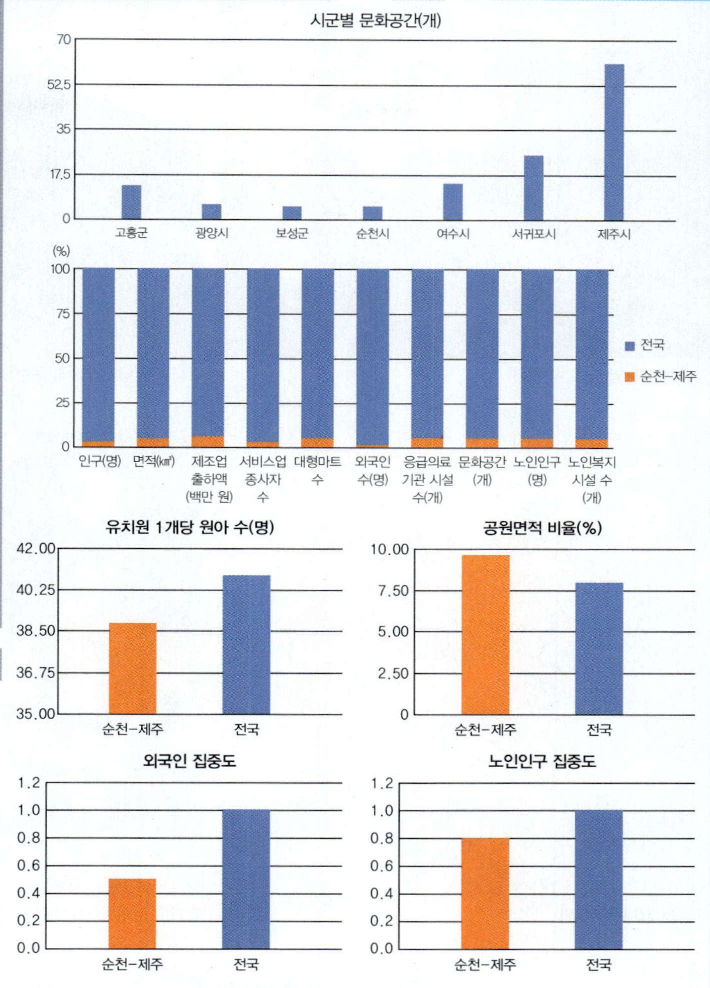

시군별 문화공간(개)

순천-제주 지역의 비중

- 유치원 1개당 원아 수(명)
- 공원면적 비율(%)
- 외국인 집중도
- 노인인구 집중도

제16장 순천-제주 도농통합지역은 경제자유구역으로의 발돋움이 가능한가 | 281

인문경관(광양 항만, 김영남)

역사경관(낙안읍성의 동헌)

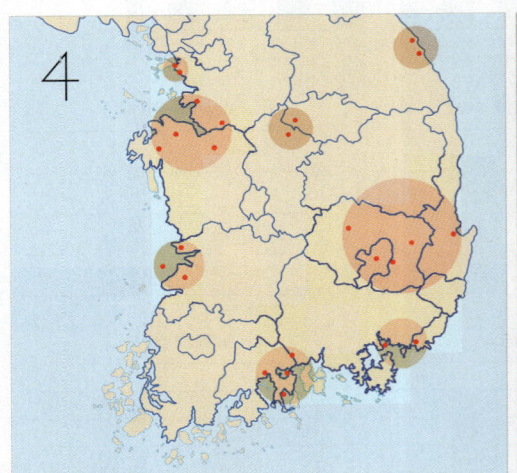
전국의 경제자유구역

고지도 상의 낙안읍성(1872년)

자연경관(중문의 주상절리)

자연경관(순천만 습지, 김용겸)

경관의 이해

남해안을 따라 다양한 자연경관이 도서와 해안을 따라 분포하며, 일부 산업화된 항구도시경관을 만날 수 있다. 온화한 기후 조건을 이용하여 발달한 농업경관이 특색 있으며, 제주도 전역에는 화산지형 경관이 분포하며 세계적인 길경관이 나타난다.

인문경관(보성 녹차밭)

드라마 〈여름향기〉 포스터

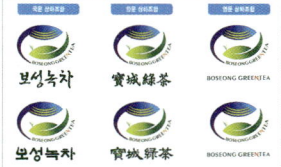

지리적 표시제(보성녹차)

자연경관(서귀포시 쇠소깍, 이민지)

위치와 행정구역

순천 도농통합지역은 남해안 중앙에 위치하여 동서교통을 연결하는 요지이다. 이른바 광주선(송정-순천), 경전선(진주-순천), 전라선(이리-여수), 남해안고속국도 등이 그것이다. 제주 도농통합지역은 남해안의 제주해협을 건너 한반도 최남단에 위치한 제1의 도서이다. 기후가 온난하며 다도해 연장선상에서 하나의 지역으로 묶이게 된 순천-제주 도농통합지역은 행정구역상 5개 시, 4개 군으로 이루어져 있다. 광양시, 순천시, 여수시, 서귀포시, 제주시, 고흥군, 보성군, 남제주군, 북제주군 등이 이에 해당한다.

지형과 기후

남해안으로 돌출한 고흥반도·여수반도 등에 의하여 이루어진 보성만, 순천만, 광양만의 갯벌이 유명하며, 소백산맥의 말단부가 이루어놓은 좁고 긴 구릉지와 좁은 해안평야가 전개된다. 제주도는 화강암을 기반으로 하는 대륙판 위로 4차례의 화산암이 분출한 섬이다. 제주도 하천은 남북사면에 발달하며 대부분 해안 부근에서 건천을 이룬다. 하천 유로상의 천이점(遷移点, nick point)에 폭포가 발달해 있으며, 화산 퇴적물이 불투수층 구실을 하여 주수(宙水, perched water)라고 하는 지하수가 존재한다.

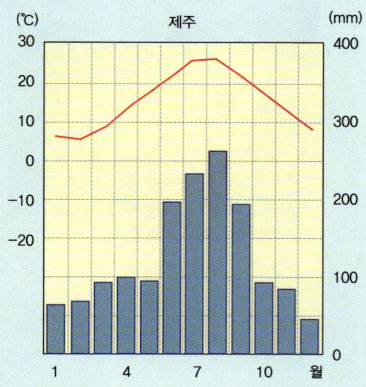

01 여수, 순천, 광양의 광양만권 경제자유구역은 실현 가능한가

> **경제자유구역(Free Economic Zone: FEZ)**
> 외국인 투자기업의 경영환경과 외국인의 생활여건 개선을 위해 지정 고시된 지역으로, 이곳에 투자되는 외국자본에 대해서는 세제 감면 등 각종 지원이 이루어질 뿐만 아니라, 외국인을 위한 각종 교육기관 및 의료기관 설립 등이 허용되므로 경제자유구역은 외국인 투자지역 및 자유무역지역과 비교해서 가장 고도화된 경제특구 형태라 할 수 있다.

2003년 여수, 순천, 광양의 광양만권이 경제자유구역으로 지정되었다. 광양만권 경제자유구역은 면적 9,035ha(2,733만 평) 규모로 2020년 완공을 목표로 하고 있다. 국제물류생산기반, 정밀화학 신소재 및 관광레저 지역으로의 개발구상이 중심이다. 2004년 해양수산개발원 자료에 따르면, 광양의 경우 항만 이용료가 상하이나 싱가포르의 절반 수준에도 못 미치고 있어 경쟁력을 충분히 갖추고 있는 것으로 평가된다. 경제자유구역은 총 5개 지구로 개발되며, 신소재·조선·철강 산업 중심의 율촌지구, 주거·교육·의료·레저·R&D 산업 중심의 신덕지구, 조선·제조업·주거·업무·관광레저 등의 하동지구, 고부가가치 국제물류 중심의 광양지구, 관광·휴양·레저 중심의 화양지구로 개발된다. 전체 재원조달 중 30% 정도만 민자로 구성되어 있으며, 최근의 선벨트경제프로젝트의 핵심지역이어서 빠르고 충실한 개발이 진행될 것이라는 기대감이 커지고 있다.

그러나 경쟁관계에 있는 국외의 경제자유구역에 비해 후발주자이고, 국내의 다른 경제자유구역에 비해서 지리적 약점, 인지도, 재정자립도 등의 측면에서 불리한 요건을 갖고 있다. 특히 수도권에서 멀리 떨어져 있고 교통망도 미비해 지리적 한계를 극복하지 못하고 있다. 부산-진해 경제자유구역도 수도권에서 원거리이지만, 고속철도와 국제공항 및 국제항만을 갖추고 있어 지리적 한계를 극복하고 있다는 점에서 비교된다. 그러한 점에서 접근성 향상을 통한 국내외 투자자들의 접근 확보를 위해 여수공항에 국제노선 취항을 유치하고, 여수항이나 광양항과 중국 및 일본 지역 간 페리항의 추진이 필요하며, 고속철도 운행이 시급하다. 네덜란드의 경제자유구역의 성공 요인 중 하나는 로테르담의 항구를 중심으로 도로, 철도, 항공, 운하 등의 연계교통망이

> **신생대 제3기 마이오세**
> 약 2,600만 년 전부터 700만 년 전까지로, 신생대 제3기 초에 해당하는 지질시대이다. 초, 중, 말기 3개로 구분한다. 코끼리, 말, 코뿔소의 조상이 번성했고, 유공충과 조개류 등이 특징적이며, 현세와 유사한 고생물 화석이 많다. 석탄, 석유 등 지하자원의 주요 산출 층이다.

잘 갖추어져 있기 때문이다(강영문, 2007).

 순천-제주 도농통합지역의 인구는 모두 1,301,880명으로 전국에서 차지하는 비중은 2.6%에 불과하다. 광양시, 순천시, 여수시, 서귀포시, 제주시 등은 인구 10만 명을 넘고 있으며, 그 외 시군은 인구가 4~5만 명이다. 제조업 출하액은 전국 대비 약 7.3%이며, 순천-제주 도농통합지역의 전체 제조업 출하액 중 74.3%를 여수시가 차지하고 있다. 서비스업 종사자 수는 전국 대비 약 2.5%로 광양시, 순천시, 여수시, 제주시만이 1만 명을 조금 넘는다. 이 지역은 제조업의 비중이 높지만 여수시에 편중되어 있음을 알 수 있고, 제주시 서비스업 종사자 수는 이 지역의 전체 서비스업 종사자 중 약 32.9%에 해당된다. 이러한 지역 조건을 극복하고 대표적인 경제자유구역이 실현되기 위해서는 외자 유치가 관건이다. '살아 있는 바다, 숨 쉬는 연안'이라는 주제로 2012년 개최된 여수세계박람회(EXPO)는 경제자유구역의 활성화에 한때 도움이 되었다.

02 제주삼다수는 세계적 음용수 브랜드가 될 수 있는가

제주도는 한라산을 중심으로 하는 주화산체와 주변에 흩어져 있는 기생화산체, 즉 오름들로 이루어졌다. 제주도의 기반 지질이 형성된 시기는 신생대 제3기 마이오세에서 수백만 년 전인 플라이오세까지로 보고 있으며, 일본 남서부지방 규슈와 서남지방 혼슈에서 활발하게 일어났던 화산활동에 영향을 받아 이루어지기 시작한 것으로도 본다. 제주도는 장축이 동북동~서남서 방향으로 기울어진 타원형의 화산도로서 순상화산의 지형 특성을 보이며, 한라산을 중심으로 동서사면은 경사가 매우 완만하지만 남북사면은 이보다 경사가 약간 급하여 도로 발달, 취락 분포 등에 영향을 준다. 오늘날 제주도의 지형이 인간 생활에 가장 큰 영향을 미치고 있는 사실은 무엇일까.

많은 사람이 찾는 한라산은 정상에 형성되어 있는 분화구가 볼만한데, 특히 조면암으로 이루어진 서측 외륜, 현무암으로 이루어진 동측 외륜이 시선을 끈다. 해안도로를 따라 형성된 다수의 화산지형이 관광객의 발길을 끌어들여, 온난한 해양성 기후와 함께 지형이 제주도의 중요한 관광자원임을 보여준다. 한 예로서 서귀포시 대포동 해안에는 '지삿개' 또는 '모시기정'이라고 불리는 절경지가 있다. 육각형의 돌기둥이 겹겹이 쌓여 있는 사이로 하얀 포말이 부서지는 모습은 한 폭의 그림과도 같으며, 파도가 심하게 일 때는 10m 이상 용솟음치는 장관을 연출하기도 한다. 이러한 돌기둥을 지형학적으로 주상절리라고 한다. 다각형의 단면을 보여주는 기둥 모양의 주상절리는 고체 물질이 평형한 축으로 갈라지면서 서로 연결된 장력에 의해 이루어진 지형이다. 이들 절리에 의해 나타난 기둥은 다양한 물질에서 산출된 것으로 노두 폭은 수mm에서 수백m에 이른다. 주상절리의 모양은 사각형 기둥에서 칠각형 기둥에 이르기까지 다양하며, 육각형 기둥이 우세하게

플라이오세
신생대 제3기 후반에 해당하는 지질시대로 선신세(鮮新世)라고도 한다. 지금으로부터 약 533만 2000년 전에 시작되어 약 180만 6000년 전까지 약 350만 년간 계속되었다. 이 시대의 지층에서는 조개류나 소형 유공충류를 비롯한 근세적인 동물화석이 풍부히 산출된다.

순상화산
유동성이 큰 용암(현무암 또는 안산암)이 완만하고 엷게 널리 유출하여 폭발활동에 의한 화산쇄설물은 극히 소량밖에 나오지 않아, 서양의 방패를 엎어놓은 것 같이 보이는 완경사의 화산이다. 산정 가까이의 급경사부도 10도 이하이며, 기슭의 들은 2~3도로 산체에 비해서 산의 높이가 낮다.

조면암
화학조성으로 보아 섬장암에 해당하는 화산암으로 연한 청록색이나 회색을 띠지만 쉽게 풍화하여 황갈색이나 회백색으로 변한다. 석영조면암보다 다소 규산이 적고 알칼리가 많다. 용암이나 암맥을 이루어 산출된다.

현무암
지표에서 관찰되는 것으로는 화강암과 함께 가장 다량으로 산출되는 화성암이다. 현무암은 대부분의 경우 용암류(熔岩流)로 산출되는데, 암상이나 암맥 등의 관입암체를 이룬다. 용암류 한 장의 두께는 보통 십수m 이하이지만, 되풀이하여 분출하는 경우가 많기 때문에 1000m 이상의 겹침을 볼 수 있는 경우도 있다.

공극률
간극률이라고도 하며, 암석의 전체 부피에 대한 공극의 비율로서 보통 퍼센트(%)로 나타낸다. 공극률은 암석의 종류, 입도조성(粒度造成), 입자(粒子)의 배열방법 등에 따라 달라진다. 일반적으로는 입자의 크기가 고를수록 큰 값을 가진다.

투수성
물이 토양 속을 얼마나 쉽게 통과할 수 있느냐를 나타내는 척도이다. 매우 낮은 공극률을 갖는 엽석은 낮은 투수성을 갖는다. 그러나 높은 공극률이 반드시 높은 투수성을 의미하지는 않는다. 공극의 크기, 공극의 연결성, 통과로의 굴곡 정도 등이 투수성을 결정한다.

스코리아
화산이 폭발할 때 고체 상태로 분출되는 물질인 화산쇄설물의 일종으로 기공(氣空)이 매우 많다. 기공은 마그마가 대기 중으로 방출되어 그 속의 휘발성 성분이 빠져나가면서 형성된다. 스코리아의 비중은 다소 높아 물에 뜨지 않는 것이 보통이다.

나타난다고 알려져 있다.

이러한 지형자원이 관광산업의 발달을 가져왔지만 이보다도 더 큰 영향을 주고 있는 자원이 있다. 그것은 지하수이다. 제주도의 현무암질 용암류는 수m 이하의 암층으로 이루어져 있으며, 암층 사이에는 화산쇄설층이 협재되어 있다. 이는 용암류가 유동하는 과정에서 발달하는 용암동굴과 냉각될 때의 수축작용으로 형성되는 수직방향의 절리와 함께 우수 및 지하수의 주요 이동 통로 역할을 한다. 특히 제주도에는 섬 전역에 걸쳐 곶자왈로 불리는 암괴지대가 분포하며, 곶자왈은 공극률과 투수성이 매우 높아 우수의 유입량이 크고 일시적인 저류 능력도 매우 높으므로 이 지대가 제주도의 대표적 지하수 함양지대가 된다(김태호, 2003). 화구 주위에 원형 또는 타원형으로 쌓여 생긴 단성화산들은 다공질 스코리아로 이루어져 있으므로 투수성이 높아 이들 화산체가 밀집되어 있는 중산간의 오름지대도 지하수 함양지대가 된다.

제주도에는 양질의 지하수가 나타나는 만큼 일찍부터 지하수를 개발한 음용수를 판매했다. '제주삼다수'라는 브랜드로 판매되는 음용수가 그것이다. 제주도는 화산쇄설물층, 수직절리, 다공질 스코리아 등으로 미루어 양질의 지하수 생산 조건을 갖추고 있음이 일찍부터 알려졌다. 제주도의 연 강수량은 1,872mm로 한반도의 평균 강수량 1,274mm보다도 훨씬 많고, 일 년 동안 제주도에 유입되는 우수 총량은 33억 9,000만 톤으로 이 중에서 44%인 14억 9,000만 톤이 지하수라고 본다. 이는 한반도의 평균 지하수 함량률 18%를 2.5배 상회하여 하와이 오하우 섬보다도 높다고 한다(안준기·김태호, 2008).

선조들은 흔히 제주를 바람, 돌, 여자가 많은 삼다도라고 했으나 실제 양질의 지하수가 많은 섬으로 소개하지는 않았다. 오늘날 깨끗하고 미네랄 성분이 많은 음용수를 구하는 일은 쉽지 않은데, 제주도의 화산 지형에 의하여 공급되는 풍부하고도 좋은 음용수는 천혜의 자연자원이라고 할 수 있다.

03 낙안읍치에 구현된 전통적 권위의 상징은 한국 경관 디자인의 개념 설정에 무슨 도움을 주는가

전라남도 순천시 낙안면 일대에 자리한 낙안읍성에 가본 사람이라면 누구나 도로, 동헌, 객사, 주산 등으로 이루어진 낙안의 경관 구조가 서울의 그것들과 동일하다는 것을 느낄 수 있다. 이것은 두 성의 입지와 경관 배치가 풍수지리의 논리에 바탕을 둔 조선적 권위의 상징과 결합되어 나타난 결과로 해석되어야 할 것이다.

먼저 낙안읍성의 입지에 관한 풍수지리적인 해석은 해동지도, 여지도서의 읍지도, 호남읍지의 읍지도 등의 고지도에서 알 수 있다(이기봉, 2008). 해동지도의 낙안군 지도를 보면 백이산이 읍치 서쪽 산줄기에 표시되어 있는데, 이것은 풍수적 측면에서 볼 때 우백호에 해당한다. 백이산에서 고읍면상도 쪽으로 뻗은 산줄기의 마지막에 솟아난 것처럼 그려진 산봉우리인 옥산은 강조되어 있다. 이에 비해 현재의 순천시 외서면 전체 그리고 금전산 북쪽과 동쪽에 있으면서 여자만으로 흘러 들어가는 상사천 상류에 해당되는 마을들은 경시되거나 아예 없는 것처럼 그려졌다. 이는 읍치의 풍수적 명당성을 강조하기 위한 의도에서 이루어진 것으로 해석할 수 있다. 1700년대 이후의 지리지나 지도에는 풍수적 명당구도의 상징화가 강하게 진행됐음을 알 수 있는 자료가 많다.

이러한 당시의 풍수지리적 논리는 시각적인 상징적 권위 경관이며, 당시의 정치적 권위가 사회적으로 용인받을 수 있도록 하는 데 이용되었다. 예를 들면, 한양의 최고 권위 건물인 근정전이나 읍치의 최고 권위 건물인 동헌은 왕이나 지방관의 정치적 권위가 초월적 존재로부터 자연스럽게 부여받은 것임을 상징적 경관으로 표현해야 하는 중심이므로 명당에 입지한다. 이는 시각적으로도 방문자들이 왕이나 지방

풍수지리

풍수(風水)는 글자 그대로 해석하면 '바람'과 '물'이라는 뜻으로 땅과 공간의 해석과 활용에 대한 동아시아의 고유 사상이다. 음양오행설을 바탕으로 한 동아시아의 자연관이 잘 나타나 있으며 실제로 조경과 건축 등에 영향을 미쳤다. 한국에는 삼국시대 이전에 전래되어 주로 묘지나 명당 등의 터 잡기에 이용되었다.

해동지도

18세기 조선의 각 도별 군현 지도에 조선전도와 서북피아양계전도(西北彼我兩界全圖)를 덧붙인 회화식 지도책으로, 1750년대 초에 만든 것으로 짐작된다. 단순한 한국의 군현 지도뿐만 아니라 주요 관방도와 중국·일본국을 포괄한 지도를 중심으로 한 지리서이다.

여지도서

조선 후기에 각 읍에서 편찬한 읍지(邑誌)를 모아 책으로 엮은 전국 읍지를 다룬다. 『동국여지승람』을 토대로 하여 편찬되어 각 읍지의 첫머리에 채색 지도가 실려 있고 거리와 방위 등이 정확한 대축척 지도가 첨가되어 있다.

관을 방문하면서 자연스럽게 권위를 느끼고 인정할 수 있도록 해주며, 이에 따라 그들의 정치적 권위가 오랫동안 유지될 수 있도록 해준다(이기봉, 2008).

낙안읍성의 동헌 뒤에 나타나는 진산과 주산은 서울의 북한산(소조산), 북악산(주산)의 상징적 경관 비율을 볼 수 있도록 성문의 방향과 도로구조가 철저하게 계획되어 만들어졌다. 전통시대에 최고위 권위를 지니고 있던 존재가 하늘이었으며, 중간매개체로서 산이 등장한 사실은 '하늘=산=왕'의 이데올로기적 인식 구조를 경관적으로 상징화했다고 볼 수 있다. 따라서 조선시대의 낙안읍성은 이러한 권위적 지방통치 조직과 관련이 있었다.

그러면 이러한 풍수지리적 명당은 오늘날의 도시경관 디자인 개념에 어떻게 적용되어야 할까. 오늘날의 사회는 전통시대의 권위적 신분사회가 아닌 민주시민 사회이므로 다수의 시민이 함께 모여 자신의 의견을 개진하는 광장이 필요하다. 풍수지리적 명당에는 광장이 조성되고 풍수지리에 의해 다수의 권위가 인정 받는 상징경관이 필요한 것이다. 원래 명당이란 소수의 개인이 쾌적한 공간을 점유하기 위해 만들어진 복합적 공간이므로, 광장이 다수의 쾌적한 공간을 점유하는 논리로 전환하는 것은 어렵지 않다고 본다. 최근 서울의 광화문 광장, 반지하형 성큰(sunken)광장 건설과 육조거리 복원 등 세종로 디자인 사업은 이러한 관점에서 이해해야 한다.

04 보성 녹차밭의 지리적 표시제는 지리의 중요성을 잘 보여준다

보성군은 전라남도 중앙 남단에 위치하고 있는 전형적인 농어촌지역이다. 과거 보성군은 『동국여지승람(東國輿地勝覽)』, 『세종실록지리지(世宗實錄地理志)』 등 여러 문헌에 차의 자생지로 기록되어 있을 만큼 한국 차의 본고장으로 불렸다. 최근 보성군에서 생산되는 차는 전국 차 생산량의 40%를 차지할 정도로 차나무 재배가 활발하다. 보성군에서는 1985년부터 해마다 5월 10일에 차문화 행사인 다향제(茶鄕祭)를 열어 다신제, 찻잎 따기, 차 만들기, 차 아가씨 선발대회 등의 행사를 개최한다. 이 지역은 1차 산업의 비중이 64%로, 사회간접시설이 부족하고 연평균 3~4%의 높은 인구 감소와 급속한 노령화로 인해 산업화 시대 이후 침체의 악순환을 반복했다. 보성군은 이러한 지역경제의 악순환을 극복하고 지역경제를 활성화시키기 위해 녹차를 재배하기 시작했다. 그동안 녹차재배 확대와 녹차 관련 상품개발 사업 등이 지속적으로 추진되어 보성군은 녹차의 주산지가 되었다.

한편 보성녹차는 지리적 표시제로 등록되어 브랜드 가치가 높아졌다. 재배에서 가공까지 고부가가치를 창출하여 녹차산업이 지역 성장동력 산업으로 육성된 지역혁신 우수사례이다. 특히 다향제가 1985년부터 매년 5월에 보성군다향제추진위원회 주관으로 개최되고 있다. 주요 행사로 국제차문화교류전, 한국차아가씨 선발, 국제차요리 페스티벌, 국제명차 선정 페스티벌, 다례 시연, 차 체험 및 시연, 차인의 한마당, 일림산 철쭉행사, 군민의 날 행사, 일림산 철쭉기차여행 등이 펼쳐진다. 그외 차도구 만들기, 녹차뷰티 미용체험, 전통 천연염색 체험, 전통 민속놀이, 대원사 템플스테이, 녹차밭 버스투어, 녹차밭 자전거 하이킹, 해수녹차탕 등이 상설체험으로 마련되어 있다. 이제 다향제는 한국, 중국, 일본의 차 문화 교류는 물론, 주한 외교 사절단, 외신기자

동국여지승람

조선 제9대 성종의 명으로 1481년에 노사신(盧思愼) 등이 편찬한 한국의 지리서이다. 『대명일통지』를 본떠 만든 것으로, 조선 각 도의 지리·풍속·사적·전설과 역대 이름난 작가들의 시와 기문(記文), 그리고 단군신화가 실려 있다. 조선 제11대 중종 대에 이행(李荇) 등이 보충한 『신증동국여지승람』이 있다.

세종실록지리지

조선 전기 『세종실록』에 실린 지리지이다. 1454년(단종 2)에 편찬하였으며, 각 도의 연혁·고적·물산(物産)·지세 등이 상세하게 기록되었다. 『세종실록』 163권 중에 수록되어 있는데 그 후에 나온 『동국여지승람』의 연원이 되었다. 1938년 조선 총독부 중추원에서 '교정세종실록지리지(校正世宗實錄地理志)'라는 제목으로 출판하였다.

들이 대거 참여하는 가운데 성공적으로 개최되어 세계적인 차문화 축제로 거듭나고 있다.

보성군은 지리적 표시제 등록 이후 녹차의 품질을 높이고 대외경쟁력을 확보하기 위하여 지속적인 노력을 했다. 녹차 품종 개량, 녹차 재배면적 확대 등 녹차생산기반시설 확충이 그것이다. 또한 보성녹차의 브랜드 가치를 높이기 위하여 대중매체를 통한 홍보에 주력했으며, 그 결과 내수시장 점유율 1위의 성과를 거두었다.

보성녹차의 지리적 표시제 실시는 녹차 재배 면적의 증가라는 파급효과를 가져왔다(서정욱, 2006). 앞으로도 녹차 수요 증가 및 농가소득 증대가 기대됨에 따라 차 재배 희망 농가가 계속 늘어나고 있는 추세이므로 차 재배면적은 더욱 큰 폭으로 증가할 전망이다. 보성녹차의 지리적 표시제 등록으로 국내의 다른 녹차 제품이나 가공상품과의 차별화가 가능해지고 부가가치가 높아졌다. 보성 녹차산업의 경제적 효과를 보기 위해 2002년도를 기준으로 녹차생엽 생산액, 녹차 가공품, 녹차 관련 제품 구입, 고용 효과를 환산해보면 총생산액이 1,184억 원으로 나타났다. 보성녹차 주요 생산업체의 판매액 변화 추이를 보면, 지리적 표시제 시행 후인 2003년도의 판매액이 잦은 강우로 수확량이 감소했음에도 불구하고 2002년보다 약 1.5배 증가한 것으로 나타났다.

이처럼 지리적 표시제 등록에 따른 지역의 브랜드 가치가 증가함에 따라 녹차 이외의 다른 농산물 및 가공품을 지리적 표시품으로 등록할 경우 다른 산업의 육성 발전을 위한 기폭제가 될 수 있을 것이다.

[미래 한국지리 포럼]
창조산업의 내용과 기반 구축

영국에서 비롯된 창조산업은 "개인이 가진 창조성, 기술, 재능의 원천적 지적 재산권을 활용하여 부와 고용이 창조될 가능성이 큰 산업"으로 정의되었다. '영국병'을 고치는 데 큰 도움을 주었다고 평가하는 창조산업의 성공에 영향을 받은 한국은 2002년 '한국문화콘텐츠진흥원'을 출범시킨 뒤 '문화원형 디지털사업'을 실시하여 상당한 성과를 거두었다. 안동이 그 대표적인 예이다. 2010년을 전후하여 영미권 음악을 빠르게 흡수해 동양적으로 소화한 특유의 신한류, 즉 K-POP이 성공을 거두면서 한국은 방송과 모바일 및 문화콘텐츠를 엮는 일, 말하자면 미래 창조산업 활성화에 다시 박차를 가하게 되었다.

이에 문화콘텐츠, 음악에 국한하지 않고 무대예술, 영상, 영화, 패션, 디자인, 공예, 미술품, 골동품시장, 건축, 출판, 광고, 게임과 컴퓨터 소프트웨어 관련 산업에까지 창조가 가능하도록 하기 위해서는 어떤 내용과 기반 구축이 이루어져야 할 것인가에 대한 진지한 논의가 필요하다. 특히 창조산업이란 지역에 근거를 두거나 지역에서 창출되는 자원을 활용하여 지역 내 산업 연관과 기술 및 조직혁신의 메커니즘에 의하여 지역의 문화와 경제에 가치가 부가되는 산업이기 때문에 어떤 지역에서 창조가 일어나도록 해야 하는지에 대한 숙고가 필요하다.

- 이번 포럼에서 논의될 소주제는 다음과 같이 정리할 수 있다.

1. 어떤 지역이나 도시에 근거를 두고 창조산업을 접목시켜야 하는가?
2. 어떤 지역이 창조성을 이끌려는 의지, 리더십, 조직문화가 탁월한가?
3. 어떤 지역이 창조성에 개방적이고 역동적인가?
4. 어떤 산업이 창조성을 이끌 잠재력이 높은가?

제4부

세계화와 한국의 선택

제17장 한국은 동아시아의 갈등을 중재할 적임자인가

17 한국은 동아시아의 갈등을 중재할 적임자인가

미래 한국지리의 이해

한반도는 세계에서 유일하게 냉전체제의 유산이자 민족분단의 상징이 남아 있을 뿐만 아니라 여전히 작동하고 있는 곳이며, 대륙세력인 러시아와 중국, 해양세력인 미국과 일본의 이익이 첨예하게 대립하고 갈등하는 핫스팟이다. 북한지역은 한민족에게나 전 세계 강대국은 물론, 이념적으로 같은 성향이든 다른 성향이든 세계적인 이목을 집중시키는 곳이다. 동해와 독도는 일제 침략의 결과 제국주의적 흔적과 유산이 남아 아직도 일본의 야욕이 직접적으로 드러나는 곳이다. 아시아 특히 동아시아가 세계경제의 중심으로 급성장하고 있는 시대에 발맞추어, 한반도는 갈등과 반목의 보이지 않는 경계선을 넘어 한국과 동아시아 그리고 세계의 평화와 공존, 교류와 소통을 추구하는 상징적 공간이 되어야 한다.

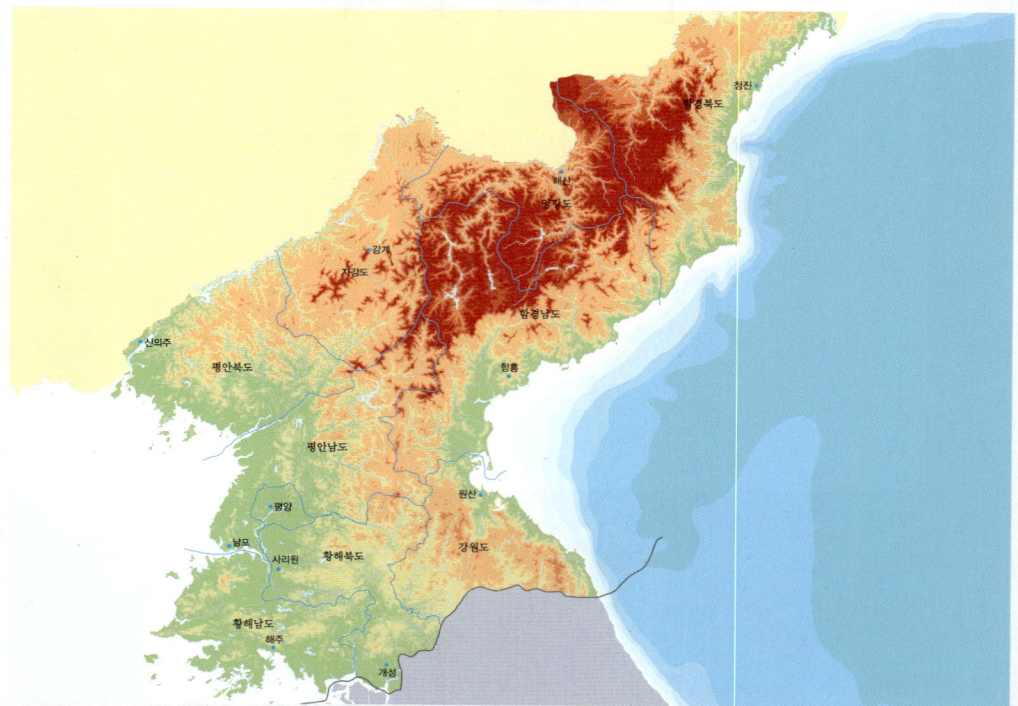

북한의 행정구역(1988년 말)은 최신북한지도(우진지도문화사, 1991)를 따랐으며, 한국은 1945년 말의 행정구역을 지키고 있다.

경관의 이해

과거 혹은 오늘날 영토 분쟁의 조짐이 보이는 독도, 백두산, 간도 등의 경관이 소개되고 있으며, 특히 백두산 천지는 한민족이면 누구나 방문하고 싶어 하는 산지경관이다. 통일을 열망하는 국민의 염원을 보여주는 다양한 경관이 발견되며, 끊긴 철도나 도로를 통해서 기억의 장소가 확인된다.

자연경관(백두산 천지)

고지도 상의 북간도 일대(한국토지주택연구원 소장)

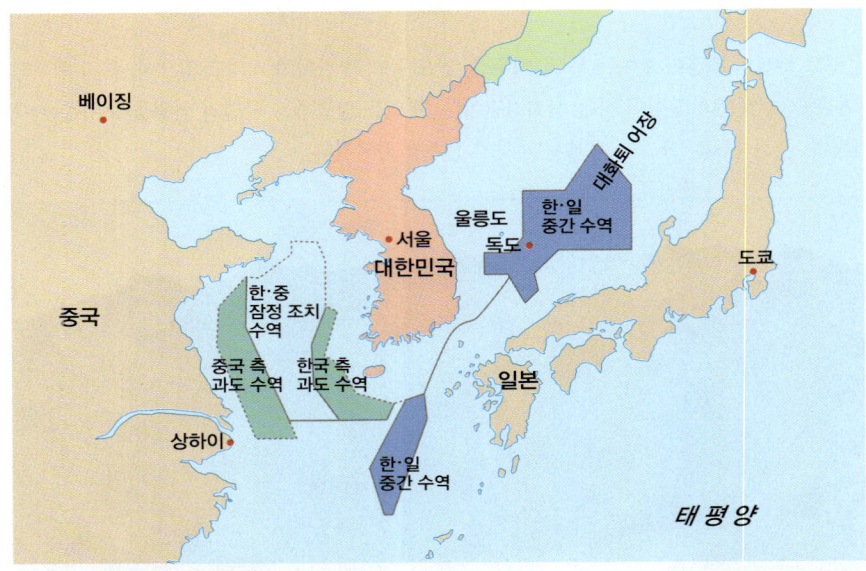

한국·중국·일본 간의 어업수역도

지역/연도	2001	2003	2005	비율(%)	증감률(2003~2005)
아시아	2,670,723	3,239,904	3,590,411	54.09	10.82
아게리카	2,375,525	2,433,262	2,392,828	36.05	-1.66
유럽	595,073	65,2131	640,276	9.64	-1.82
중동	7,208	6,559	6,923	0.10	5.55
아프리카	5,280	5,095	7,900	0.12	55.05
총계	6,653,809	6,638,338	6,638,338	100	

대륙별 해외동포 현황

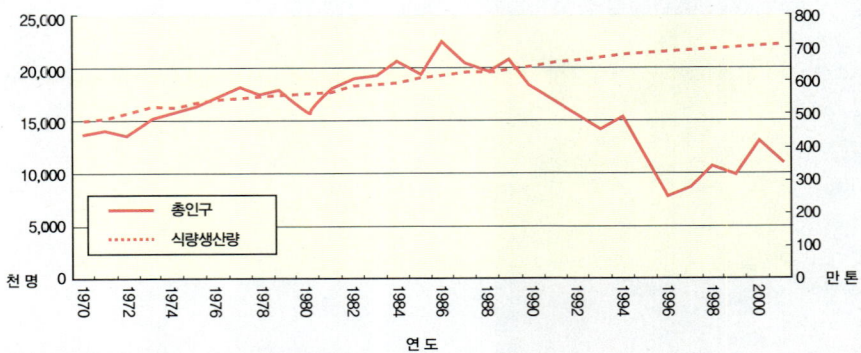

북한의 인구변화와 식량생산 추이(1970~2000년)

역사경관(철원의 신구교량, 승일교)

인문경관(철원의 철도 종단 지점)

17

∴ 위치와 행정구역

북한은 행정구역상 황해도·평안남북도·함경남북도·강원도 일부를 포함하며 면적은 약 11.2만km²이다. 오늘날 북한, 이른바 조선민주주의인민공화국의 행정구역은 평양특별시, 강원도, 평안남도, 평안북도, 함경남도, 함경북도, 자강도, 양강도, 황해북도, 황해남도, 개성직할시, 청진직할시 등 9개 도, 1개 특별시, 2개 직할시, 16개 시로 이루어져 있다. 북한은 중국의 만주 지방과 러시아 연해주 지방과 접하며 압록강과 두만강이 국경을 이루고 있다. 과거 대륙 문화 수입의 창구 역할을 했으며, 오늘날의 국경선은 고려 말과 조선 초 거란족을 쫓아내어 강동 지방을 수복하고 4군 6진을 개척한 이후에 이루어졌다.

∴ 지형과 기후

북한의 지형은 산지가 많고 평야가 적다는 특색이 있다. 낭림산맥이 북한의 중앙부를 남북으로 뻗어 관북(關北)과 관서(關西)의 경계가 된다. 함경산맥과 마천령산백 간에 백수용암대지와 개마고원이 펼쳐지며 이들에 의해 한반도의 지붕이 이루어진다. 용암지형은 백두용암대지 이외에 다수의 화산지형이 나타나고, 화산활동이 제3기 말에서 제4기에 걸쳐 나타났다. 압록강과 두만강이 중국·러시아 국경을 이루며, 각각 황해와 동해로 유입된다. 서해안은 압록강 하류의 용천평야, 청천강 유역의 안주·박천평야, 대동강 유역의 평양평야, 재령강 유역의 재령평야, 예성강 유역의 연백평야 등이 차례로 나타난다. 이들 평야는 낭림산맥에서 뻗어 나온 강남산맥, 적유령산맥, 묘향산맥, 언진산맥, 멸악산맥, 마식령산맥 등의 사이를 흐르는 하천에 의해 형성된다.

한반도의 북부에 위치하므로 겨울철이 길고 몹시 춥다. 즉, 1월 평균 기온은 −6~−20℃이며 내륙 고원지대는 특히 추워 중강진은 한극(寒極)을 이룬다. 한편, 7월 평균 기온은 20℃ 이상으로 남부지방과 별 차이가 없을 정도로 덥다. 이렇게 한서의 차이가 심한 기후는 대륙성 기후이다. 강수는 지역에 따라 차이가 있으나 개마고원·대동강 하류의 연 강수량 500mm 내외 및 700mm 지역을 제외하면 대체로 1000mm 이상이다. 특히 청천강 중·상류 지역과 원산 부근은 지형의 영향으로 다우지를 이룬다.

01 한반도의 지리적 위치는 북한의 해체가 올 경우 어떻게 작용할 것인가

지난 10년 동안 남한의 북한에 대한 식량·비료·시멘트 지원과 금강산 관광 사업 및 개성공단 설립 등과 같은 남북한의 경제 교류 협력 사업이 이루어져 진전을 보였다. 이것은 북한의 자원 고갈을 일시적으로 멈추게 하는 효과를 가져와 북한 정권의 내부 붕괴가 일시적으로 멈추었다. 장래 북한의 내부 통제가 무기력해지면 일대 격변에 의해서 북한이 해체될 가능성이 전혀 없다고는 볼 수 없다. 이럴 경우 중국은 대북 인프라 투자와 함께 북한의 '완충국가'화를 가시화할 것이며, 미국은 유엔의 승인 아래 한국군, 미국군, 일본군의 군사적 투입을 시도할 것이다. 그렇게 될 때 해결 방안의 하나가 국제적 신탁통치 아래 북한을 '대한민국의 보호령'으로 삼는 일이다.

그러나 북한은 핵과 대륙간 탄도미사일의 개발을 집요하게 추진하면서 해체의 시간을 벌거나 개발 완료 후에 한국과 중국의 자신에 대한 지원을 강요하는 수순을 밟을 수도 있다. 핵개발이 이루어질 경우 일본은 미국과의 연합 아래 북한에 대한 공격을 시도할 것이다. 이러한 경우 남한은 어떤 태도를 가져야 하는가. 남한은 북한과 일정 기간 동안 분리되어 있다가 통일을 준비할 시간을 벌면서 중국의 경제적인 흡수를 막아내야 한다. 이때 남한은 중국이냐 미국이냐를 선택할 기로에 서게 된다. 미국이 일본의 전쟁 범죄를 계속 두둔하는 한 남한은 미일동맹을 고운 시선으로 볼 수 없게 되기 때문이다.

21세기에 남한을 둘러싼 러시아, 중국, 북한, 일본, 미국 등에 대하여 남한이 적대적인 관계를 가지기는 어렵다. 그렇기 때문에 다소 시간이 걸리더라도 신중하고도 유연한 외교 전략을 수립하는 일이 중요하다. 인접국에 대한 적대 개념이 모호해진 상황에서 이들 국가들과 공유할 가치를 분명히 하는 일이 중요하다. 시장경제, 민주주의, 자유,

> **완충국가**
> 강대국 사이에 위치한 작은 정치 단위의 국가를 지칭하는 정치지리적 개념이다. 강대국의 위치가 다른 강대국과 인접 관계에 있을 때, 서로 인접한 양국은 상호 충돌을 막기 위해서 양국 사이에 의도적으로 완충국을 설치한다. 이런 경우 그 완충국은 자국의 의지나 국력으로 국가를 보존·유지하기보다는 주위 강대국들의 배려 덕분에 독립을 유지해간다.

> **신탁통치**
> 국제연합 감독하에 시정국(신탁통치를 행하는 국가)이 일정 지역(신탁통치지역)에 대하여 실시하는 특수통치제도이다. 통치하는 시정국은 이 제도의 기본 목적에 따라 평화증진·주민보호·인권존중·자치 또는 독립에의 원조를 도모해야 한다.

> **경제특구**
> 수출지향적인 산업을 유치하기 위하여 정부가 투자 및 교역조건을 양호하게 설정해놓은 특별지구로서 수출자유지역이 대개 여기에 속한다.

세계주의 같은 공동의 가치를 추구한다면 번영의 시대를 맞이할 수도 있을 것이다. 한국의 문화는 안정을 추구하는 미래지향적인 삶과 가족 구성원을 소중히 하는 태도에 있으므로 이를 다문화사회 정착에 잘 접목시켜나갈 필요가 있다. 한반도의 지리적 위치가 가진 잠재력을 이용하여 그 능력에 걸맞는 시간표를 작성하여 인접국과의 외교 관계를 수립하면서 한국의 문화를 주변국과 공유하는 일이 중요하다.

북한과 통일하려는 시도는 동포애에 바탕을 둔 한민족공동체 수립의 첫걸음이므로 이의 중요성을 인식한 국토 통일 방안이 모색돼야 할 것이다. 남북협력을 전제로 하여 지정학적 잠재력이 높고 기반시설이 확보된 거점지역에는 경제특구가 지정되도록 하며 남북이 공동 개발하도록 해야 한다. 또한 개성공단을 호혜적인 남북경협의 모델사업으로 활용하여 다른 지역에도 이 모델이 파급되도록 해야 할 것이다. 북한 경제 특구가 활성화되기 위해서는 교통망 및 인프라의 확충과 지원이 긴요하며, 이는 남북 간의 철도, 도로, 공항, 항만 등이 연계된 한반도 통합 물류망 계획 위에서 투자 건설돼야 한다. 동시에 북한 지하자원의 공동개발, 동해안과 서해안의 해양·수산자원의 공동조사 및 개발, 백두대간 및 산림 그리고 북한의 하천과 연안지역 보전을 위해 국제환경기구와 긴밀히 협력해야 할 것이다.

이제 한국의 해외동포는 6,638,338명(2005년 기준), 국내 거주 외국인은 921,419명(2010년 기준)으로 한반도의 통일은 이들을 아우르는 한민족공동체의 위상과 역할을 기대하게 한다. 전 세계에서 한국이 차지하는 비중이 점차 증대하고 있고 한민족의 생활 방식이 나름대로 독특하므로, 남북통일은 한국이 세계 속에 공존하는 다문화의 일원이 되기 위한 전략의 충분조건이다. 특히 북한의 값싸고 질 좋은 노동력은 한국 경제의 재도약 발판이 될 수 있다.

02 독도 영유권을 둘러싼 분쟁이 왜 발생하고 있는가

해양은 물자의 공급·수용상 하나의 생명선 구실을 하며, 한 국가의 세력을 외향적으로 확장해나가는 데 그 결합력을 제공해줄 뿐 아니라, 수산·광물 자원의 공급지 구실을 한다. 따라서 오늘날 해양을 차지하지 못하는 국가는 강국이 될 수 없다. 내륙국가가 외양으로 자국을 연결시키려는 노력은 구소련, 에티오피아, 세르비아 등에서 좋은 예를 찾을 수 있다. 이러한 해양으로의 촉수운동이 확대되면 전체 바다를 장악·지배하려고 시도하기 쉽다. 그렇게 해서 그 바다를 자국의 내해나 호수로 만들려고 하는 것이다.

이렇게 어떤 하나의 바다를 자국의 내해나 호수로 만들려는 운동을 마레노스트룸(mare nostrum, 우리의 바다) 운동이라고 한다. 로마제국의 지중해 마레노스트룸화를 필두로 17·18세기 스웨덴의 발트해 호수화, 터키의 흑해 및 동부지중해 호수화, 19세기와 제2차 세계대전 때의 영국의 인도양 호수화, 19·20세기에 걸친 일본의 동해 및 동지나해 마레노스트룸화, 구소련의 발트해 장악 노력 등에서 이를 발견할 수 있다. 인접 바다를 지배하면 그 바다는 물론이고 바다 건너의 대안에까지도 영향력을 행사하기가 쉬워진다.

동해상의 독도를 일본 영토라고 주장하면서 일본은 1996년 일본의 배타적 경제수역(EEZ)의 기점으로 잡아 울릉도와 독도 사이의 중간선을 양국 EEZ 경계선으로 제의했다. 한국은 독도를 EEZ 기점으로 잡지 않고 1997년 울릉도를 한국 EEZ의 기점으로 잡아 울릉도와 일본 오키도의 중간선을 양국 EEZ 경계선으로 제의했다. 이에 일본은 다시 울릉도와 독도 사이의 일본 EEZ 주장선을 서변으로 하고 울릉도와 독도 사이의 한국 EEZ 주장선을 동변으로 한 수역을 한·일 공동관리수역으로 하자고 1997년 9월 제의했다. 당시 한국 외무부는 이를 거부했다.

해양으로의 촉수운동
과거 제국주의 국가들이 영토를 확장시켜 나가는 과정에서 바다로 나가기 위해 연안지역으로 세력이 침투하는 과정을 말한다. 이러한 촉수운동으로 인해 지도상에 기묘한 형태로 남아 있는 지대를 촉수지대라 한다. 그 형태상 횡거, 팬핸들, 회랑형으로 구분할 수 있다.

배타적 경제수역 (exclusive economic zone, EEZ)
유엔 해양법 조약에 근거해서 설정되는 경제적인 주권이 미치는 수역을 가리킨다. 연안국은 유엔 해양법 조약에 근거한 국내법을 제정하는 것으로 자국의 연안으로부터 200해리(약 370km)의 범위 내의 수산자원 및 광물자원 등의 비생물자원의 탐사와 개발에 관한 권리를 얻을 수 있는 대신 자원의 관리나 해양 오염 방지의 의무를 진다.

> **중간수역**
>
> 1999년 1월 22일 발효된 신한일어업협정에 따라 양국 협력하에 자원관리를 하도록 한 배타적 경제수역(EEZ)의 바깥쪽 수역으로서 한일 간의 거리가 400해리가 되지 않는 지역에서 한일 간에 중간선과 같은 형식의 경계를 획정할 필요성이 대두되었고, 이에 따라 한일 양국 사이에 경구적인 경계 획정이 쉽지 않은 중간 지점의 수역을 설정했는데, 이 수역이 바로 중간수역이다.

일본 측 제안은 '독도 영유권이 훼손되는 방안'이지만, 독도와 그 영해가 한국 수역으로 확실히 들어올 경우 나머지 해역에 대해서는 공동관리수역 설정의 여지를 남겨놓겠다는 것이었다. 1998년 9월 바뀐 외교실무팀은 독도와 주변 수역이 포함된 일본의 '공동관리수역 안'을 약간 수정해(서변 131도 40분, 동변 135도 30분) '중간수역'을 설정한 어업협정안을 받아들였다. 이 협정으로 한국은 연고권을 절대 인정할 수 없다고 밝혔던 일본 대화퇴(大和堆) 어장의 약 50%를 중간수역으로 확보하여 한국 어선의 조업이 가능해지기 때문이다.

그러나 '중간수역' 그 자체와 중간수역의 '서변'에 일본 독도 영유권 주장이 묵인돼 들어가 있어, 국제사회는 '중간수역'과 중간수역의 '서변'에 반영돼 있는 일본의 독도 영유권 주장을 한국이 묵인·합의해준 것으로 해석할 위험이 매우 크다. 1999년의 신한일어업협정에서 당사자인 한국과 일본 사이에 일본의 독도 영유권 주장이 묵인·합의된다면, 특수협정우선원칙, 당사국우선원칙, 최근조약우선원칙에 의해 SCAPIN 677호와 1033호의 효력은 소멸되고, 한국이 독도를 '실효적 점유'하고 있는 이외의 독도에 대한 권리 주장은 한국과 일본이 대등하게 국제사회에서 취급될 것이다. 더구나 일본이 적절한 때에 실력을 발휘하여 '실효적 점유'는 빼앗을 수 있게 된다.

이러한 문제를 해결하기 위한 방안이 있을 수 있다. 1965년 체결했던 제1차 한일어업협정 파기를 1998년 일본이 일방적으로 선언했던 만큼, 한국이 1999년에 체결된 제2차 한일어업협정을 종료하고 대화퇴 어장이 국익에 도움이 된다고 한 외교부의 무대응, 침묵, 소극 정책을 국민이 비판하고, 독도의 실효적 점유 강화(유인도화), 제2차 한일어업협정을 일본과의 EEZ 협정을 포함하지 않은 순수한 어업협정으로 수정할 것을 요구하며, 국제사회에서 독도가 역사적·국제법상으로 대한민국의 영토임을 밝히고 지도상에 '다케시마' 지명 대신에 독도 이름을 찾는 운동을 전개하는 방안이 그것이다.

독도는 그동안 유엔해양법 협약 제121조 제3항의 '인간의 거주 또는 독자적 경제생활을 지탱할 수 없는 암석은 EEZ 또는 대륙붕을 가질 수 없다'는 조항에 제약을 받아왔지만, '인간의 거주'는 그 가능성을 뜻하기 때문에 독도는 이제 암석에 불과하지 않다.

> **대륙붕**
>
> 대륙붕은 육지에 인접하여 육지의 퇴적물 운반으로 얕고 평탄하게 발달한 지형으로, 육지 지각의 일부를 이룬다. 대륙붕의 경계는 바다 쪽으로 가서 갑자기 깊어져 대륙사면으로 변하는 영역까지이다. 대륙붕은 퇴적지형이므로 석유자원의 가능성이 많고, 얕고 육지에 가까워 어족자원도 많다. 대륙붕은 융기하여 육지가 되면 넓은 해안 평야로 되면서 기름진 삶터를 제공한다.

03 북한의 인구와 환경 문제는 얼마나 심각한가

1945년 당시 한국의 인구는 남북한 총 3,000만 명에 불과했으나 2010년에는 총 7,080.9만 명(북한 2,209.9만 명으로 추정, 남한 4,871만 명)으로 2배 이상 늘었다. 하지만 최근의 남북한 인구변동 추세를 보면 감소 경향이 뚜렷하다. 남한은 급격한 산업화, 가치관의 변화 등에 따라 인위적 출산 억제가 이루어져 인구가 감소하고 있는 반면 북한은 1990년대 이후의 식량난으로 말미암아 영양 부족 등으로 자연스럽게 인구가 감소하고 있다. 북한의 경우는 특히 영아의 영양 부족이 다음 세대의 성장과 발육에 치명적인 영향을 주므로 인구 문제의 실상을 알아볼 필요가 있다.

북한의 인구는 1970년대부터 1990년대 중반까지는 대부분 2% 미만의 증가세를 보이다가 그 이후는 대부분 1% 미만의 낮은 증가율을 보이고 있다. 이는 북한의 극심한 경제난으로 인한 출산율의 저하, 영아 사망률 증가, 보건과 의료시설 미비 등에 그 이유가 있다고 보이지만 무엇보다도 식량의 부족에 그 이유가 있다.

1990년대 이후 북한의 식량난은 노동 의욕 감퇴와 비효율적인 집단 농장체제, 구소련의 지원 중단, 생산농장의 노후화에 의한 비료와 농약의 공급 부족, 농업 생산에 필요한 농기계·비닐·종자 등 농업 원료의 부족 등으로 말미암아 나타났다. 특히 매년 나타난 대홍수와 가뭄, 해일 피해 등의 자연재해와 밀식재배에 따른 지력 감퇴로 식량난이 가중되었다.

인구 감소에 따른 정체가 이어지는 가운데 부족한 식량문제를 해결하기 위해 북한은 '다락밭 건설', '새땅찾기 사업', '텃밭 떼기밭 부엌밭 확보' 등 다양한 식량 증산 노력을 하였다. 이 중에서 '다락밭 건설'은 경사도가 16도 이상인 다락밭을 조성하여 관개와 기계화작업이 가능하도록 한 방안으로 산지가 많은 북한에서 한때 상당한 성과를 봤다.

이와 같은 식량 증산 방안은 과다한 삼림 제거와 함께 무분별한 경지 확장을 가져와 농지 면적이 증가한 대신 토양침식을 가속화하는 요인이 되었다. 경사도 8도 이상의 전체 산지 중에서 17.8%인 163만ha가 비탈밭 등으로 개간되거나 황폐화돼 홍수, 가뭄 등 기후 변동에 취약하게 만들었다(이민부·김남신·김석주, 2008). 식량 증산이 이루어지기 위한 산림 개간은 산림황폐화라는 환경 문제를 가져와 홍수가 빈발, 오히려 식량 감산의 악순환을 초래했다. 현재 북한의 생태계는 강수가 조금만 적거나 많아도 가뭄과 수해를 쉽게 입어, 삼림이 파괴되고 농경지가 훼손되는 기상재해를 쉽게 입을 수밖에 없다.

북한의 식량 문제는 민족적 문제이며 환경 문제는 국제적인 문제이다. 북한의 환경 문제 해결의 방안으로는 현대적인 방식의 산림 복구, 수종 선택, 임업기술의 발전 등이 있지만, 무엇보다도 북한 현실에 맞는 농업 생산 환경을 개선할 수 있는 농업 정책과 생산구조의 개선이 필요하다. 또한 농업 분야의 남북한 협력도 중요하지만 식량 지원, 농업기반시설의 복구와 확충, 농업생산재의 지원 등 국제사회의 다양한 협력과 지원이 필요하기 때문에 국제적인 문제가 된다(이민부·김남신·김석주, 2008).

> **도시브랜드**
>
> 도시가 가지는 다양한 환경, 기능, 시설, 서비스 등에 의해 다른 도시와 구별되는 상태이며 일반적으로 외부의 인지도를 높이거나 도시 이미지 상승에 효과적이다. 즉, 도시정부가 추구하는 경영이념이나 도시상품의 가치가 함축되어 있는 종합적인 상징체계라 할 수 있다.

04 지역 이미지에 기반을 둔 국가브랜드화가 실현되기 위해서는 어떤 노력이 필요한가

기업 경영에서 사용되던 브랜드란 개념이 도시를 거쳐 국가에 적용되고 도시브랜드가 좋으면 투자와 이민지로 인기를 끌게 된다. 국가브랜드 평가기관인 인홀트-GMI사에 따르면 한국 국가브랜드는 조사대상 38개국 중 32위(2007년)이다. 그해 브랜드 가치는 한국 5,043억 달러, 일본 3조 2,259억 달러, 미국 13조 95억 달러였다. 한국은 몇 개의 글로벌 기업이 세계적인 브랜드가 된 지 오래되었지만 아직 이들 기업의 후광효과를 누리지 못하고 있기 때문에 이에 대한 노력이 필요하다.

지난 몇 년간 〈겨울연가〉, 〈대장금〉 등 한류 드라마가 일시적으로 각광을 받은 점을 상기할 때 문화와 경제가 결합되는 컬처노믹스가 실현될 수 있을 것이라 본다. 드라마는 기본적으로 장소를 통한 연출이므로 일본, 중국, 동남아시아의 한류 관광객을 특정 지역 또는 장소로 이끌어 지역브랜드화할 수 있다.

그러나 미국의 '자유'와 '번영', 영국의 '전통'과 '고급', 프랑스의 '삶의 질'과 '우아함', 스위스의 '정밀성'과 '믿음' 등에서 알 수 있듯이 한국도 '어글리코리언'이란 이미지를 없애고 대표적인 한국 이미지를 내세워야 한다. 이렇게 내세운 대표 이미지는 다시 지역 이미지와 통합·연계되어 한국 방문 관광객이 반드시 한국의 특성화된 장소나 지역을 방문하는 계기가 되도록 해야 한다. 한국은 그동안 혈통과 족보를 통해 정체성을 유지해왔지만 해외거주, 국제결혼 등이 보편화되면서 유전적 요인보다는 문화적 요인에 의해 정체성을 확립해야 하며, 이에 국가브랜드의 창출이 중요하다. 국가브랜드로 내세울 아이디어 중에는 세계적인 주목을 받고 있는 저탄소 녹색성장의 이미지와 연계될 수 있는 이미지가 필요하다. 한때 'Dynamic Korea'라고 하는 표어가 한국의 이미지를 보여준다고 여겼지만 호응이 부족해 널리 수용되고 있지 않다.

국가브랜드뿐 아니라 지역브랜드화도 중요하다. 현대경제연구원의 「도시브랜드가 국가 경쟁력이다」라는 보고서에서 2007년 한국의 주요 도시별 생산 총 부가가치에서 유형자산 부가가치와 지적재산권 등 브랜드 이외의 무형자산 부가가치를 제외하는 방식으로 계산한 결과에 따르면 서울의 브랜드 가치가 126조 9,000억 원, 울산 14조 8,000억 원, 부산 12조 5,000억 원, 인천 11조 5,000억 원, 대구 6조 1,000억 원, 대전 5조 7,000억 원, 광주 4조 원 등의 순이었다. 서울 세계도시와 6대 광역시의 총 브랜드 가치가 181조 5,000억 원으로 한국의 브랜드 가치 총 553조 원의 약 33%에 불과하다. 같은 해 도쿄, 런던, 워싱턴 등 세계 대도시의 브랜드 가치 평가액이 각각 668조 8,000억 원, 399조 4,000억 원, 199조 6,000억 원임을 볼 때 타 언어와 타 문화에 대한 공유도 및 친절도 등 외국 다문화에 대한 개방성이 부족함이 문제가 된다고 할 수 있다.

한편, 지역브랜드화는 디자인과 접목될 때 더욱 빛을 발할 수 있다. '세계디자인수도 서울 2010'이 개최된 사례는 디자인의 중요성을 일깨워준다. 창조적 혁신이 변화의 원동력이라면, 디자인은 혁신을 구현하고 확산시키는 가장 좋은 수단이다. 이처럼 중요한 디자인이란 추상적인 아이디어를 눈에 보이는 아름답고 기능적인 제품이나 서비스, 경관으로 만드는 것이다. 기능과 아름다움을 모두 갖춰야 하고, 지나친 디자인은 경계해야 한다. 디자인에는 무형적 디자인과 유형적 디자인이 있는데, 무형적 디자인은 조직, 법령, 제도 등을 만드는 것이고, 유형적 디자인은 제품처럼 눈에 보이는 형태를 아름답게 만드는 것이다. 또한 하드웨어, 소프트웨어, 서비스, 이 세 가지가 잘 어우러질 때 좋은 디자인이 된다. 이를 위해서 한국은 무형적 디자인, 소프트웨어, 서비스 등에 중점을 두어야 한다.

더구나 한국은 국가적인 브랜드 파워의 부족과 함께 디자인의 정체성이 없으므로 경관 계획 수립 시 이의 채택에 관심을 가져야 한다. 하

CI
기업의 이미지를 통합하는 작업을 가리키며 CIP(corporate identity program)라고도 한다. 사원들로 하여금 기업이 추구하는 가치를 공유하게 하고 외부로 표현하는 동시에 미래 경영환경에 대응하기 위한 경영전략 가운데 하나로 1950년대 미국에서 처음 시작되었다. 정보화 시대로 바뀌면서 기업의 정체성 표현뿐 아니라 적극적인 마케팅 활동 및 경영환경을 개선해 나가는 데 꼭 필요한 작업으로 인식되고 있다.

나의 예인 CI 작업의 일환으로 중앙부처와 지자체 등 정부기관들이 앞다퉈 로고를 만들었지만, 개성만 내세웠지 코디네이션이 되지 않아 CI가 제각각이다. 도시에는 국적 불명의 건물이 들어서고, 아파트 디자인은 획일적이다. 디자인에는 적절한 의미가 있어야 하는데 억지스러운 의미를 부여하는 경우도 많다.

일부 기업과 일부 도시의 디자인 성공 사례를 보면 한국의 디자인 성공 가능성도 높지만 부정적인 국가 이미지를 탈피하는 일이 중요하다. 디자인 강국이 되기 위해서는 먼저 독창적인 국가 디자인 혁신전략을 수립해야 한다. 일본이 자신만의 신일본 양식을 추구하듯, 남의 것을 모방하지 않고 독창적인 것을 만들어야 한다. 아날로그 분야보다는 경쟁력이 있는 디지털을 활용해 디자인을 하는 세계적인 핵심역량을 가져야 하며, 일관성 있는 이미지를 가지고 일관성 있는 디자인 정책을 추진해야 한다. 결국 디자인도 국가전략 차원에서 접근해야 한다. 이러한 면에서 지리 및 지역 연구는 디자인과 불가분의 관계를 가져야 한다. 한국 도시경관 요소의 다수를 차지하는 아파트 단지가 박스형의 성냥갑 배치를 벗어나 외관상 다양한 곡선형 구조, 각양각색의 입면 구조, 변화 있는 평면 배치 등을 시도하고, 한국 주거문화의 중요 요소인 마당 등을 채택하는 디자인 개념이 나타나고 있는 것은 이러한 노력의 하나이다.

05 백두산은 한민족의 영산(靈山)인가

　한국인의 산악숭배 사상은 삼국시대로부터 비롯된다. 백두산(북악)은 조선 고종 때(1899년) 금강산(동악), 지리산(남악), 묘향산(서악), 삼각산(중악)과 함께 천자(天子)로서 사전(祀典)을 갖추어 제사를 지내면서부터 숭배의 대상이 된 것 같다. 이것으로 오늘날 북한의 항일 빨치산들이 자신들을 백두산족이라고 부르는 것도 그 역사가 오래되지 않음을 알 수 있고, 백두산이 과연 어떻게 하여 영산이 되어 숭배의 관념이 이루어졌는가가 궁금하지 않을 수 없다. 이는 윤화수의 『백두산행기』를 보면 쉽게 알 수 있다(강순돌, 2009).

　1885년 함경남도 정평군에서 태어난 독립운동가이자 교육자인 윤화수는 지리교과서 『최신조선지리(最新朝鮮地理)』와 함께 기행문 『백두산행기(白頭山行記)』를 저술하였다. 윤화수는 1926년 개인적으로 백두산 탐험을 통해 백두산이 주는 신적인 영감에 기대어 자신의 침체된 정신적 기상을 새롭게 하고 세계적 이상과 주의를 얻기 위하여 백두산 탐험대를 자발적으로 조직하였다. 신청자 15명 중 위험요소와 체력 등을 고려하여 선발된 5명(나중에 1명 추가 합류)이 1926년 7월 29일 오후 3시 간도 용정촌의 해란강 용문교에서 출발하여 9일째 되는 8월 6일 오전 9시 백두산 용왕봉 등정에 성공하였다. 그날 오후 3시 하산하여 8월 20일 오후 8시에 용정촌으로 돌아온 백두산 여정은 23일, 이동거리 1,075리였다. 당시 도보를 기본으로 하고 마차, 우차, 마필 등을 이용했는데 장마철과 겹치는 계절 때문에 우중 여행이나 다름없었다.

　1927년 4월 1일 발행된 『백두산행기』에 따르면 윤화수는 백두산을 객관적인 지리적 현상으로만 보지 않고 신성시하여 영지(靈地)로 인식하였다. 즉, 일제강점하의 불행한 한민족에게 백두산은 신으로서 그 산에 기댄 땅들은 복을 받을 수밖에 없다는 관념을 가졌고, 그 연장선상에서 백두산과 그 주변인 한반도와 만주벌판과의 관계는 천산(天山)

과 천평(天枰)의 관계로 인식했던 것이다. 백두산에 대한 이러한 관념은 풍수지리적인 관념을 대체하는 인식의 대전환이었던 셈이다. 풍수지리와 관련하여 한국의 지세가 백두산에서 시작하여 지리산에서 끝난다고 하는 용맥론에 따라 팔도의 모든 산이 한반도 산악의 조종이 되는 '나무 한 그루의 뿌리'라고 하는 백두대간의 관념과는 또 다른 차원의 의미를 부여하였다고 평가된다. 용정촌을 떠나 백두산에 이르는 여정에 간도라고 부르는 땅을 지나가게 됨으로 해서 윤화수가 간도를 복지이며 낙토라고 하는 개척지로 인식한 것과 궤를 같이한다.

[미래 한국지리 포럼]
백두산 폭발과 북한의 핵실험

최근 백두산의 화산 폭발 가능성에 관한 보도가 몇 차례 있었으며, 더욱이 북한의 핵실험 영향도 전혀 배제할 수 없다고 한다. 이것이 사실이라면 동북아시아의 번영에 찬물을 끼얹는 일이기 때문에 심도 깊게 논의하지 않을 수 없다. 한 일본인 학자는 학술 발표에서 926년 발해의 멸망은 거란족의 침입에 의한 것이 아니라 백두산 화산재의 편서풍 낙하 때문이라고 했다. 지난 홀로세 이후 현재에 이르는 백두산의 화산 분출이 중국과 한반도 육지 및 동해 해저 퇴적물뿐 아니라 일본 열도에 이르기까지 테프라를 퇴적시킨 것으로 확인되어 이에 대한 심증을 굳히게 한다. 백두산의 화산 분출은 중국이나 한국 학자에 의하여 1597년, 1668년, 1702년, 1724년, 1900년, 1903년 등 여러 차례 이루어진 것으로 보고되고 있음을 생각할 때 장래 백두산 화산 분출이 언제 어떻게 이루어질 것인가 하는 논의와 함께 한중 공동조사가 이루어져야 한다고 본다.

- 이번 포럼에서 논의될 소주제는 다음과 같이 정리할 수 있다.
1. 현재 온천수의 온도, 화산가스 유출 정도, 진동 횟수 등 화산 폭발의 징후가 어떠한가?
2. 화산이 폭발하면 지수에 따른 용암류, 화산쇄설류, 이류 등의 예상 분포 범위가 어느 정도 될 것인가?
3. 북한의 핵실험은 지하 마그마의 유입과 흐름에 어떤 영향을 주는가? 그리고 압록강, 두만강 등 하천 방사능 오염을 가져올 수 있는가?

결론

이 책에서는 한국을 14개 지역으로 구분한 다음, 다시 6개 '대도시지역'과 8개 '도농통합지역'으로 유형화해 지역들의 특성을 알기 위한 시도를 하였다. 13개 생활 중심의 지리적 변수를 선정하고 그래프화해서 비교해보니 인구규모, 서비스업 종사자 수, 대형마트 수, 공원면적 비율, 응급의료 기관시설 수, 노인복지 시설 수, 문화공간은 대도시지역과 도농통합지역 간에 현저한 차이가 나타났다. 제조업 출하액, 공동주택 비율, 노인인구, 유치원 1개당 원아 수, 외국인 수 등의 지리적 변수는 그렇지 않았다. 이것은 도농통합지역 중에서도 대도시지역의 특성이 부분적으로 나타나기 때문이며, 이들 변수가 우리 생활에서 중요한 비중을 차지하고 있음에도 다수가 도시적인 생활양식에 익숙해 있기 때문으로 보인다.

이들 지리적 변수를 토대로 그 특성을 밝혀보면 대도시지역은 인구규모가 100만 명 이상이고 서비스업 종사자 수도 많으며, 대형마트에서 쇼핑을 즐기고, 인구 대비 응급의료시설이 많아 의료 혜택이 충분하고, 문화공간이 많아 문화생활을 향유하며, 노인복지 시설이 잘 이루어져 있어 생활 여건이 유리한 지역임을 알 수 있다. 이와는 상대적으로 도농통합지역은 몇 개의 중심도시가 혁신 클러스터 및 산업집적지이기는 하지만 세계적인 네트워크의 거점이 되기에는 부족하며, 생활 여건이 미비한 지역으로 간주된다.

대도시지역 생활과 도농통합지역 생활의 지역 특성을 보다 정교하게 파악하기 위해 추가로 고려해볼 변수로는 지역총생산액, 인구증가율, 인터넷 이용률 등이 있을 수 있다. 생산기반과 노동인구가 많을수록 보다 부가가치가 높은 생산 활동이 이루어지므로, 지역총생산액은 대도시지역과 도농통합지역을 구분하는 변수로 적합하다고 본다. 젊은 인구가 많고 인프라가 잘 구축되어 있을수록 정보 접근성이 높으므로, 인터넷 이용률은 대도시지역과 도농통합지역의 특성을 밝히는 지표로 적합하다고 본다.

최근 금융위기 이후 국가별로 초광역권 발전전략, 즉 국가와 지역의 세계적 경쟁력을 제고하기 위해 '지역 간' 균형발전에서 탈피하여 '모든 지역'의 경쟁력 강화를 추구하는 방향으로 발전전략이 전환되고 있다. 한국도 수도권 중심의 공간구조를 탈피하고 다극 중심적 공간구조를 확립하기 위해 전국을 6개의 초광역권 지역으로 구분, 지역 간 협력체 구성 및 네트워크 강화를 시도하기도 했지만 그 범위가 광역행정단위와 일치하여 광역자치단체별 선도 산업 단지 배치 계획에 불과하다는 비판을 받았다.

그동안 세계화의 경험으로 한국의 지역들은 상당히 자율적 창의발전을 이루어왔다. 이들 14개 지역이 '세계적 경쟁선도지역', '세계적 경쟁지역', '국가적 경쟁지역'으로 구분되어, 차별화된 전략 산업과 클러스터 육성이 이루어지고 세계의 주요 지역 및 국가와 기술개발, 문화 등의 다양한 교류와 협력이 이루어진다면 지역발전의 재도약을 기할 수 있다. 서두르지 말고 그동안 각 지역별로 성과를 내어온 지역 혁신체계, 농촌지역 발전을 위한 가상 혁신 네트워크, 친환경 산업 발전, 창조산업 등이 지역의 문화와 자원에 더욱 뿌리내릴 수 있도록 배려할 필요가 있다. 지역의 창의발전을 위한 지방의 분권화와 자율화가 실현될 때 지역별 차별화, 지역 간 협력과 경쟁, 전문화가 이루어져 진정한 의미에서의 지역발전이 이루어질 수 있다고 본다.

다만 이러한 지역발전 전략은 국가발전 전략과 맞물려야 하며, 특히 통일 이후의 국토발전 전략을 고려해 신중하게 접근해야 할 것이다. 인구학적 측면에서 남한은 출산율 저하와 고령화, 북한은 영양실조와 궁핍화에 따른 인구 감소 등으로 양자 모두 위기를 맞고 있으므로 우리 시대에 통일의 지혜를 찾아야 할 것이다.

참고문헌

서론
노승철·심재헌·이희연. 2012. 「지역 간 기능적 연계성에 기초한 도시권 설정 방법론 연구」. ≪한국도시지리학회지≫, 제15권 제3호, 23~44쪽.

제1장 지역발전과 맞물린 세계화 전략이 필요하다
구양미. 2012. 「서울디지털산업단지의 진화와 역동성: 클러스트 생애주기 분석을 중심으로」. ≪한국지역지리학회지≫, 제18권 제3호, 283~297쪽.
국토지리정보원. 2008. 『한국지리지-총론편』.
권상철. 2010. 「한국 대도시의 인구이동 특성: 지리적, 사회적 측면에서의 고찰」. ≪한국도시지리학회지≫, 제13권 제3호, 15~26쪽.
김용훈. 2002. 『경기도 외국인 노동자의 노동환경 개선방안』. 경기개발연구원.
박삼옥·양승목·윤영관·이근·임현진. 2009. 『지속가능한 한국발전모델과 성장동력』. 서울대학교 출판문화원.
박재희·강영옥. 2013. 「트위터 데이터를 통해 본 생활환경 만족도의 공간적 특성」. 2013년 지리학대회 발표논문요약집, 383~386쪽.
백석현. 1997. 「외국인 노동자의 고용과 노동력 부족대책」. ≪노동연구≫, 13, 29~68쪽.
송병준. 1997. 「외국인력의 고용현황과 주요국의 외국인력정책」. ≪노동연구≫, 13, 1~27쪽.
신장섭·장하준·장진호. 2004. 『주식회사 한국의 구조조정 무엇이 문제인가』. 창비.
오충원. 2013. 「공간정보빅데이터에 관한 연구」. 2013년 지리학대회 발표논문요약집, 194~195쪽.
이승호·김선영. 2008. 「기후변화가 태백산지 고랭지 농업의 생육상태와 병충해에 미치는 영향」. ≪대한지리학회지≫, 제42권 제4호, 621~634쪽.
이정훈·변미리·채은경·구자룡. 2013. 「수도권의 글로벌 소프트파워 경쟁력 비교 및 강화전략」. 2013년 지리학대회 발표논문요약집, 217~222쪽.
정준호·김선배·변창욱. 2004. 『산업집적의 공간구조와 지역혁신 거버넌스』. 산업연구원.
중소기업연구원. 2002. 『단순기능 외국인력 활용의 정책연구』. 중소기업연구원.
허인혜·이승호. 2010. 「기후변화가 우리나라 중부지방의 스키산업에 미치는 영향 -용평·양지·지산 스키리조트를 사례로」. ≪대한지리학회지≫, 제45권 제4호, 444~460쪽.
헬드, 데이비드(David Held) 외. 2002. 『전지구적 변환』. 조효제 옮김. 창비.

제2장 세계화에 따른 생활양식의 지역 차는 어떠한가
국토지리정보원. 2008. 『한국지리지-총론편』.

김선희·한주성. 2003. 「농산물 물류센터의 입하지와 배송의 지역유형-농협 청주 농산물 물류센터를 사례로」. ≪대한지리학회지≫, 제38권 제1호, 104~126쪽.
김재철. 1996. 「한국정치에 있어서 지역감정 연구」. 한남대 석사학위 논문.
노응원. 1999.「가구소득의 시도별 격차 및 요인 분석」. ≪경제학연구≫, 47(3), 223~252쪽.
문선혜. 1998. 「지역간 경제력 격차 완화 방안에 관한 연구」. 숙명여대 석사학위 논문.
박수진·손일. 2005b. 「한국산맥론: DEM을 이용한 산맥의 확인과 현행 산맥도의 문제점 및 대안의 모색」. ≪대한지리학회지≫, 제40권 제1호, 126~152쪽.
보건복지부. 2005. 『응급의료기관 평가 결과』.
손승호·한문희. 2010. 「고령화의 지역적 전개와 노인주거복지시설의 입지」. ≪한국도시지리학회지≫, 제13권 제1호, 17~30쪽.
신동주. 2003. 「조기영어교육에 대한 현황분석 및 교사·학부모 인식에 관한 조사 연구: 대도시·중소도시·농어촌의 지역간 차이를 중심으로」. 중앙대 석사학위 논문.
이승도. 2004. 「문화산업의 도시별 접근방법에 관한 연구: 대도시와 중·소도시의 비교중심」. 홍익대 석사학위 논문.
윤지환. 2011. 「도시공간의 생산과 전유에 관한 연구: 서울문래예술공단을 사례로」. ≪대한지리학회지≫, 제46권 제2호, 253~256쪽.
이영아·정윤희. 2012. 「빈곤지역 유형별 빈곤층 생활에 관한 연구」. ≪한국도시지리학회지≫, 제15권 제1호, 61~74쪽.
이희연. 2004. 「응급의료기관의 공간분포와 응급의료 서비스 수급의 공간적 격차」. ≪한국지역지리학회지≫, 제10권 제3호, 606~623쪽.
이희연·주유형. 2012. 「사망률에 영향을 미치는 환경요인분석」. ≪한국도시지리학회지≫, 제15권 제2호, 23~37쪽.
줄레조, 발레리(Valerie Gelezeau). 2007. 『아파트 공화국』. 길혜연 옮김. 후마니타스.
최병두. 2012. 「초국적 이주와 한국의 사회공간적 변화」. ≪대한지리학회지≫, 제47권 제1호, 1~12쪽.
최재헌·윤현위. 2012. 「한국 인구 고령화의 지역적 전개 양상」. ≪대한지리학회지≫, 제47권 제3호, 359~374쪽.
통계청. 2000. 『2000 인구주택총조사』.
한주성. 2001. 「농협연쇄점의 물류체계와 판매활동의 공간적 특성」. ≪대한지리학회지≫, 제36권 제3호, 258~277쪽.
홍경희. 1972. 「통신교류를 지표로 한 우리나라 도시 세력권설정 및 분석」. ≪교육연구지≫, 14, 1~18쪽.

국민은행 http://www.kbstar.com/
스피드뱅크 http://www.speedbank.co.kr/
중앙응급의료센터 http://www.nemc.go.kr/
메디컬투데이 www.mdtoday.co.kr/

제3장 세계도시 서울은 세계화의 견인차 역할을 할 수 있는가

국토지리정보원. 2007. 『한국지리지-수도권편』.

권동희. 2006. 『한국의 지형』. 도서출판 한울.

권용우. 2002. 『수도권공간연구』. 도서출판 한울.

권용우 외. 2002. 『도시의 이해』. 박영사.

기근도·김영래. 2007. 「불암산의 지형 경관과 기후지형학적 특색」. ≪한국지형학회지≫, 제14권 제1호, 87~103쪽.

김동실. 2006. 「서울의 시가지 확대와 지형적 배경」. ≪한국지역지리학회지≫, 제12권 제1호, 16~30쪽.

김이경. 2005. 『인사동 가는 길』. 파란자전거.

류주현. 2012. 「결혼이주여성의 거주 분포와 민족적 배경에 관한 소고: 베트남·필리핀을 중심으로」. ≪한국지역지리학회지≫, 제18권 제1호, 71~85쪽.

≪문화일보≫. 2008.1.25일. "서울 '글로벌존' 15곳 지정".

박세훈. 2013. 「경쟁력 강화인가, 사회통합인가: 서울시 외국인 정책 5년의 경험과 과제」. 2013년 지리학대회 발표논문요약집, 439~443쪽.

서울특별시. 2006. 『2006 환경백서』.

———. 2007. 『2007 서울시통계연보』.

———. 2007. 『서울사랑 2007년 9월호』.

———. 2008. 『서울사랑 2008년 5월호』.

유현아. 2013. 「수도권 거주 외국인 실태 및 다문화 사회 대응 전략」. 2013년 지리학대회 발표논문요약집, 223~226쪽.

이영민·이용균·이현욱. 2012. 「중국 조선족의 트랜스 이주와 로컬리티의 변화연구: 서울 자양동 중국음식문화거리를 사례로」. ≪한국도시지리학회지≫, 제15권 제2호, 103~116쪽.

이영민·이종희. 2013. 「이주자의 민족경제실천과 로컬리티의 재구성: 서울 동대문 몽골타운을 사례로」. ≪한국도시지리학회지≫, 제16권 제1호, 19~36쪽.

이우평. 2007. 『한국지형산책 2』. 푸른숲.

주경식·박영숙. 2011. 「서울시 웨딩업체의 입지 패턴에 관한 연구: 강남구를 사례로」. ≪한국지역지리학회지≫, 제17권 제6호, 698~709쪽.

한범수·김희영. 2007. 「문화관광자원으로서의 테마거리의 발굴에 관한 연구」. 경기관광연구.

서울특별시청 http://www.seoul.go.kr/
서울특별시문화관광 http://www.visitseoul.net/visit2006/
위키피디아 http://www.wikipedia.org/
청계천 http://www.cheonggyecheon.or.kr/

제4장 수원-인천 대도시지역은 세계화를 주도할 수 있을까
국토지리정보원. 2007. 『한국지리-수도권편』.
권상철. 2010. 「한국대도시의 인구 이동 특성: 지리적, 사회적 측면에서의 고찰」. ≪한국도시지리학회지≫, 제13권 제3호, 15~26쪽.
권혁재. 1974. 「한국의 하천과 충적지형: 중학교의 지리교육과 관련하여」. ≪교육논총≫, 1, 75~92쪽.
_____. 2004. 『지형학』. 법문사.
류재숙. 2003. 「문화관광이벤트를 통한 장소마케팅에 관한 연구: 고양 세계 꽃박람회를 중심으로」. 경희대 석사학위 논문.
손승호. 2011. 「인천시 공간상호작용의 변화에 따른 기능지역의 재구조화」. ≪한국도시지리학회지≫, 제14권 제3호, 87~100쪽.
안경모. 1998. 「지역 이벤트의 관광자원화 개발 전략: '97 고양 세계 꽃박람회를 중심으로」. ≪한국관광연구≫, 27, 489~495쪽.
이영민. 2011. 「인천의 문화지리적 탈경계화와 재질서화: 포스트식민주의적 탐색」. ≪한국도시지리학회지≫, 제14권 제3호, 31~42쪽.
이은용. 2002. 『강화중앙교회 100년사』. 기독교대한감리회 강화중앙교회.
인천문화재단. 2007. 『인천문화통신』. 인천문화재단.
조일환·김소연·곽수정·홍서영. 2011. 「통근 통학 업무 목적통행으로 본 수도권의 지역구조 변화」. ≪한국도시지리학회지≫, 제14권 제1호, 49~66쪽.

고양국제꽃박람회 http://www.flower.or.kr/
경기도청(경기사회지표) http://portal.gg.go.kr/
통계청 http://www.nso.go.kr/
파주출판도시 http://www.pajubookcity.org/

제5장 DMZ 지역의 활용 가능성은 어느 정도인가
강인구. 2007. 「통일한반도를 대비한 DMZ의 관광자원화 방안에 관한 연구」. 관동대 석사학위 논문.
국토지리정보원. 2007. 『한국지리-수도권편』.
김범수. 2007. 『강원도 접경지역의 잠재력 실현 방안: 철원지역을 중심으로』. 강원발전연구원.

김상빈·이원호. 2004. 「접경지역연구의 이론적 모델과 연구동향」. ≪한국경제지리학회지≫, 제7권 제2호, 117~136쪽.

김영조. 1983. 「지역개발전략으로서의 민통선 인접지역 개발에 관한 연구: 경기도 파주군을 중심으로」. 서울대 석사학위 논문.

김장기·신윤창. 2004. 「접경지역 법적·제도적 관리방안: 강원도를 중심으로」. ≪한국정책학회보≫, 제13권 제1호, 63~86쪽.

김재한 외. 2002. 『DMZⅢ: 접경지역의 화해·협력』. 소화.

김종래. 2005. 「경기북부 접경지역 토지이용규제에 관한 연구」. ≪한국정책과학학회보≫, 제9권 제4호, 503~524쪽.

김창환. 2007. 「DMZ의 공간적 범위에 관한 연구」. ≪한국지역지리학회지≫, 제13권 제4호, 454~460쪽.

———. 2008. 「지리적 위치 자원으로서의 국토정중앙의 가치와 활용방안」. ≪한국지역지리학회지≫, 제14권 제5호, 453~465쪽.

———. 2011. 「지오파크(Geopark) 명칭에 대한 논의」. ≪한국지형학회지≫, 제18권 제1호, 73~83쪽.

류종현. 2000. 「강원도 접경지역 군사시설보호구역의 현안과 정책과제」. ≪강원광장≫, 34, 49~60쪽.

이민부·김남신·이광률. 2006. 「한반도 동해안의 자연호 분포와 지형환경변화」. ≪한국지역지리학회지≫, 제12권 제4호, 449~460쪽.

이민부·이광률·김남신. 2004. 「추가령 열곡의 철원-평강 용암대지 형성에 따른 하계망 혼란과 재편성」. ≪대한지리학회지≫, 제39권 제6호, 833~844쪽.

이봉희. 2007. 「강원도 DMZ관광 활성화 방안: 안보관광지를 중심으로」. ≪강원광장≫, 75, 50~57쪽.

이원호·박삼옥. 2004. 「경기북부 접경지역의 이해: 소외성의 형성과 변화」. ≪한국경제지리학회지≫, 제7권 제2호, 171~201쪽.

정은진·김상빈·이현주. 2004. 「경기도 접경지역의 실태: 정치적 환경과 경제기반」. ≪한국경제지리학회지≫, 제7권 제2호, 137~156쪽.

정혁준. 2006. 「비무장지대 및 접경지역의 개발: 관광자원개발을 중심으로」. 충남대 석사학위 논문.

강원발전연구원. 제3차 강원도 종합계획-DMZ 평화생명마을 타당성조사 및 기본계획. http://gdri.re.kr/main/index.php/
경기파주통일마을 http://uni.invil.org/village/
비무장지대 http://www.dmz.ne.kr/
코리아 DMZ http://www.korea-dmz.com/
판문점 트레블센터 http://koreadmztour.com/main.html/

판문점. DMZ관광 http://tourdmz.com/
DMZ. 비무장지대-씨네서울 http://www.cineseoul.com/
DMZ연구회 http://www.dmzkorea.net/dmz001.html.

제6장 강원 도농통합지역은 녹색성장의 축이 될 수 있는가
강신겸. 『관광산업의 지역경제파급효과』. 삼성경제연구소.// 연도가 있어야 하고, 논문인지 단행본인지 보고서인지 구별되어야 합니다.
국토지리정보원. 2006. 『한국지리지-강원편』.
김병헌. 1999. 「강원도지역의 산업 연관분석」. ≪산업과 경제≫, 17, 161~199쪽.
김세건. 2004. 「연구보고: "찌들은 몸": 사북지역의 탄광개발과 환경문제」. ≪비교문화연구≫, 제10권 제1호, 147~189쪽.
김점수. 2006. 『소양강 다목적댐 상류지역의 환경규제 실태 및 개선방안』. 강원발전연구원.
라우텐자흐, H.(H. Lautensach) 외. 1998. 『코레아 1, 2』. 김종규 옮김. 민음사.
박상후. 1999. 「지역갈등 이슈의 의제형성에 관한 연구: 상수원 보호구역 설정 계획에 관한 보도를 중심으로」. 강원대 석사학위 논문.
서화진. 1988. 「감입곡류천의 구하도 형성과정에 관한 연구: 방절리, 구학리, 동점동을 중심으로」. ≪지리교육논집≫, 20, 43~67쪽.
염돈민. 2001. 「강원도 인구추이와 전망」. ≪강원광장≫, 43, 4~12쪽.
우국제. 1994. 「석탄 산업 합리화 정책과 광원복지에 관한 연구」. 한양대 석사학위 논문.
윤순옥·박혜영. 1998. 「한반도 중부지방 고위평탄면의 분포특색과 지형발달」. ≪지리학총≫, 26, 21~46쪽.
이봉구·이충기. 2004. 「강원랜드 카지노 개발이 지역주민의 삶의 질에 미친 영향에 관한 연구」. ≪관광학연구≫, 제27권 제4호, 289~309쪽.
정인화. 2007. 『글로컬 문화로서의 한류와 강릉단오제』. 강원발전연구원.
함석종. 2005. 「지역 축제의 국제화를 위한 비교연구: 강릉단오제를 중심으로」. ≪호텔경영학연구≫, 제14권 제4호, 309~329쪽.

강릉단오제 홈페이지 http://www.danojefestival.or.kr/
강원도청 홈페이지 www.provin.gangwon.kr/
국토지리정보원 홈페이지 www.ngi.go.kr/
기상청 홈페이지 www.kma.go.kr/
문화재청 홈페이지 www.cha.go.kr/
지오피아 www.geopia.pe.kr/
통계청국가통계포탈 www.kosis.kr/

통계청지리통계포탈 www.kogis.kr/

제7장 대전-청주 대도시지역은 수원-인천 대도시지역에 편입될 것인가
국토지리정보원. 2003. 『한국지리지-충청편』.
김두일. 2008. 「도시하천에 대한 인위적 간섭 특성 및 하천관리 방안: 대전시 갑천 유역을 중심으로」. ≪한국지역지리학회지≫, 제14권 제1호, 1~18쪽.
김재한. 2012. 「청주시 환상녹지의 경관파편화 실태와 지속가능한 녹지관리 방안 모색」. ≪대한지리학회지≫, 제47권 제1호, 79~97쪽.
김흥태. 2006. 『도시기능분석과 부도심 활성화 전략』. 대전발전연구원.
나태주. 2008. 『공주 멀리서도 보이는 풍경』. 푸른길.
문건수. 2007. 「지역축제가 지역경제 활성화에 미치는 영향에 관한 연구: 보령시 머드축제를 중심으로」. 연세대 행정대학원 석사학위논문.
문경원. 2007. 『대전 관광이미지 발굴과 활용방안』. 대전발전연구원.
ㅡㅡㅡ. 2007. 『유성관광특구 활성화 방안』. 대전발전연구원.
문화관광부. 2006. 『문화관광축제 변화와 성과 1996-2005』. 문화관광부.
윤설민. 2007. 「문화관광축제가 개최되는 관광목적지와 축제의 매력 간의 연관성에 관한 연구: 춘천국제마임축제와 보령머드축제를 중심으로」. ≪관광학연구≫, 제31권 제2호, 127~143쪽.
윤인혁. 2001. 「옥천분지와 진천분지의 지형특성」. ≪한국지역지리학회지≫, 제7권 제4호, 93~104쪽.
이양주. 2013. 「수도권 주요 산줄기의 실태와 보전관리 방안」. 2013년 지리학대회 발표논문요약집, 424~429쪽.
이재영. 2007. 『지속가능한 교통체계 구축을 위한 대전광역시 적정수단분담율 설정연구』. 대전발전연구원.
임병호. 2006. 『원도심 활성화를 위한 도심기능 회복방안』. 대전발전연구원.
ㅡㅡㅡ. 2007. 『대전의 도시경쟁력 평가 및 강화방안 연구』. 대전발전연구원.
임성복. 2002. 『대덕밸리 벤처기업의 지역경제 유발효과 분석』. 대전발전연구원.

보령머드축제 http://www.mudfestival.or.kr/
충청남도청 http://www.chungnam.net/
충청북도청 http://www.cb21.net/

제8장 천안-당진 도농통합지역은 서해안의 핵심지역이 될 것인가
강대균. 2003. 「해안사구의 물질구성과 플라이토세층-충청남도의 해안을 중심으로」. ≪대한지리학회지≫, 제38권 제4호, 505~517쪽.
강병수. 2003. 「중국의 부상에 따른 서해안 지역 전략산업의 배분과 기능 분담」.

≪사회과학연구≫, 14, 1~19쪽.
건설교통부. 1999. 『제4차국토종합계획(2000~2020)』.
국토지리정보원. 2003. 『한국지리지-충청편』.
도도로키 히로시. 2002. 『도도로키의 삼남대로 답사기』. 성지문화사.
서종철. 2004. 「해안사구에서의 유효풍속과 지형변화」. ≪한국지역지리학회지≫, 제10권 제3호, 667~681쪽.
송유철. 2000. 「노래의 고향(4): 삼거리 갈림길에서 꽃핀 멋과 사랑-〈흥타령〉의 천안」. ≪지방행정≫, 제49권 제561호, 152~161쪽.
옥한석. 2006. 「한국의 포도재배와 와인테마마을 조성 가능성에 관한 연구-영월군을 중심으로」. ≪한국지역지리학회지≫, 제12권 제6호, 720~732쪽.
윤영우. 2003. 「메가이벤트를 통한 지역활성화 방안에 관한 연구: 안면도 국제꽃박람회를 중심으로」. 고려대 석사학위 논문.
최민호. 2003. 「지역이벤트 정책의 집행에 관한 연구: 안면도 국제꽃박람회 사례를 중심으로」. 단국대 석사학위 논문.
≪한국일보≫. 2007.2.4. "해양시대가 열린다.〈2〉".

문화재청 http://www.cha.go.kr/
안면도국제꽃박람회 http://www.floritopia.or.kr/

제9장 충주 내륙 도농통합지역은 발전 가능성이 충분한가

국토지리정보원. 2003. 『한국지리지-충청편』.
권오민 외. 2008. 「근대 시설 약령시 연구: 제천약령시의 발생과 성장을 중심으로」. ≪한국한의학연구원논문집≫, 제14권 제1호(통권 제22호), 41~48쪽.
매일경제신문. 2008.11.7 "약초의 고장 제천 '세계적 한방도시' 꿈꾼다".
박철호. 2004. 「제7회 충주세계무술축제의 방문객 평가」. ≪여행학연구≫, 21, 187~204쪽.
이건표. 2001. 「단양군 축제의 경제적 효과: 10개 지역축제를 중심으로」. 세명대 석사학위 논문.
이승호·허인혜. 2003. 「대형 댐 건설이 주변 지역의 안개 특성에 미친 영향-주암댐과 충주댐을 사례로」. ≪환경영향평가≫, 제12권 제2호, 109~120쪽.
이영희. 2010. 「지명을 통한 장소정체성 재현과 지명영역의 변화: 충주지역 지명을 사례로」. ≪한국지역지리학회지≫, 제16권 제2호, 110~122쪽.
이철우. 2007. 「참여정부 지역혁신 및 혁신클러스터 정책 추진의 평가와 과제」. ≪한국경제지리학회지≫, 제10권 제4호, 377~393쪽.
장철수 외. 2000. 「임산약용자원을 활용한 농산촌지역 소득증대 방안 연구」. 한국농촌경제연구원보고서.

국토지리정보원 http://www.ngi.go.kr/
국토포털 http://www.land.go.kr/
기상청 http://www.kma.go.kr
단양군청 http://www.danyang.chungbuk.kr/
제천시청 http://www.okjc.net/
충주시청 http://www.cj100.net/
통계청 http://www.nso.go.kr/

제10장 부산-포항 대도시지역의 산업단지는 어떻게 변화되어야 하는가

공윤경. 2010. 「부산 산동네의 도시경관과 장소성에 관한 고찰」. ≪한국도시지리학회지≫, 제13권 제2호, 129~145쪽.
공윤경·양흥숙. 2011. 「도시 소공원의 창조적 재생과 일상: 부산 전포돌산공원을 중심으로」. ≪한국지역지리학회지≫, 제17권 제5호, 582~599쪽.
국토지리정보원. 2005. 『한국지리-경상편』.
권소현·최중현. 2006. 「부산항: 개발현황과 계획」. ≪대한토목학회지≫, 제54권 제9호, 61~67쪽.
이코노미플러스. 2008. 「포스코 40주년 새로운 성공의 역사를 향한 포스코 웨이」. ≪이코노미플러스≫, 43.
이종호·유태윤. 2008. 「우리나라 조선산업의 공간집중과 입지특성: 동남권을 중심으로」. ≪한국지역지리학회지≫, 제14권 제5호, 521~535쪽.
이항규. 1993. 「부산항의 오늘과 내일-21세기를 대비한 부산항 개발방향」. ≪해양한국≫, 93년 7월호, 20~21쪽.
임정덕·백충기. 2006. 「부산국제영화제의 성공요인과 효율성 분석」. 2006 경제학 공동학술대회, 1~20쪽.
정무형. 2006. 「부산국제영화제의 발전방향」. 한국컨벤션학회, 71~79쪽.
정은혜. 2011. 「지역이벤트로 인한 도시문화경관 연구: 부산국제영화제 지역을 사례로」. ≪한국도시지리학회지≫, 제14권 제2호, 113~124쪽.

경주시청 http://www.gyeongju.go.kr/
부산국제영화제 공식 홈페이지 http://www.piff.org/
부산시청 http://www.busan.go.kr
영덕군청 http://www.yd.go.kr/
울릉군청 http://www.ulleung.go.kr/
울진군청 http://www.uljin.go.kr/
한국관광공사 http://www.visitkorea.or.kr/

제11장 대구-구미 대도시지역은 새로운 변신에 성공할 것인가

국토지리정보원. 2005. 『한국지리-경상편』.
≪연합뉴스≫. 2008.6.2. "대구·경북지역 섬유직기 노후 심화".
염색기술연구소. 2008. 『국내 섬유산업 및 염색가공산업 현황』.
오경석·정건화. 2006. 「안산시 원곡동 국경없는 마을 프로젝트: 몇 가지 쟁점들」. ≪한국지역지리학회지≫, 제12권 제1호, 72~93쪽.
우종현. 2006. 「지역농업의 혁신환경과 발전방안」. ≪한국지역지리학회지≫, 제12권 제1호, 94~107쪽.
윤옥경. 2011. 「도시브랜드 개발을 통한 도시 이미지 구축에 대한 연구: '메디시티 대구'를 사례로」. ≪한국지역지리학회지≫, 제17권 제6호, 726~737쪽.
이기은. 2005. 「대구분지의 지형분류」. 경북대 석사학위 논문.
이재하·이은미. 2011. 「세계화에 따른 대구광역시 외국요리음식점의 성장과 공간 확산」. ≪한국도시지리학회지≫, 제14권 제2호, 31~48쪽.
장영진. 2006. 「이주노동자를 대상으로 하는 상업지역의 성장과 민족네트워크: 안산시 원곡동을 사례로」. ≪한국지역지리학회지≫, 제12권 제5호, 523~539쪽.
전영권. 2000. 「한국 화강암질암류 산지에서 발달하는 암괴류에 관한 연구」. ≪한국지역지리학회지≫, 제11권 제6호, 517~529쪽.
_____. 2005. 「지오투어리즘을 위한 대구 앞산 활용 방안」. ≪한국지역지리학회지≫, 제11권 제6호, 517~529쪽.
_____. 2006. 「대구 앞산의 환경 보존과 지속가능한 이용」. ≪한국지역지리학회지≫, 제12권 제6호, 645~655쪽.
조우영. 2002. 「대구분지 북부 팔공산 지역의 지질에 따른 지형발달의 특성」. 경희대 석사학위 논문.
조현미. 2006. 「외국인밀집지역에서의 에스닉 커뮤니티의 형성: 대구시 달서구를 사례로」. ≪한국지역지리학회지≫, 제12권 제5호, 540~556쪽.
최정수. 2006. 「경북문화산업의 혁신환경과 클러스트 구축 방향」. ≪한국지역지리학회지≫, 제12권 제3호, 364~381쪽.

대구광역시 관광문화정보시스템 http://tour.daegu.go.kr/
대구국제오페라축제 http://www.diof.org/
대구 밀라노프로젝트 http://milano.daegu.kr/
대구시청 http://www.daegu.go.kr/
청도군청 http://www.cheongdo.go.kr/
한국섬유개발연구원 http://www.textile.or.kr/

제12장 안동 도농통합지역은 발전의 가능성이 있는가

강원대학교중앙박물관·강원향토문화연구회. 2008. 『선비의 고장, 경북 안동』, 제39회 문화유적답사 자료집(2008.4.12).

건설교통부국토지리정보원. 2004. 『한국지리지: 경상편』. 건설교통부국토지리정보원.

국토지리정보원. 2005. 『한국지리-경상편』.

권동희. 2006. 『한국의 지형』. 도서출판 한울.

권상철. 2000. 「한국의 인구이동과 대도시의 역할: 지리적 이동과 사회적 이동을 중심으로」. ≪한국도시지리학회지≫, 제3권 제1호, 57~68쪽.

≪세계일보≫. 2008.6.9. "경북도청 이전지 '안동·예천' 공고…인구 10만 명 이상 독립적 신도시 건설".

유상연. 2005. 『얘들아, 세상에서 가장 궁금한 게 뭐니?(과학기술편)』. 토토북.

전영권. 2003. 『이야기와 함께하는 전영권의 대구지리』. 도서출판 신일.

조관연. 2011. 「문화콘텐츠 산업의 전략적 수용과 안동문화 정체성의 재구성」. ≪한국지역지리학회지≫, 제17권 제5호, 568~581쪽.

하상근. 2005. 「지역 간 인구이동의 실태 및 요인에 관한 연구: 경상남도의 기초자치단체를 중심으로」. ≪지방정부연구≫, 제9권 제3호, 309~332쪽.

문화재지식정보센터 http://info.cha.go.kr/
안동시청 http://www.andong.go.kr/
2008 안동국제탈춤페스티벌 http://www.maskdance.com/

제13장 진주 도농통합지역은 어떠한가

경남발전연구원. 2007. 「투톱클러스터 구축을 위한 남해안권 경제구조 개편방향」. 남해안센터.

국토지리정보원. 2005. 『한국지리지-경상편』.

권혁재. 1999. 『한국지리(각 지방의 자연과 생활)』. 법문사.

박창호. 2006. 「음악축제 분석을 통한 효율적 운영방안 연구: "자라섬 재즈 페스티벌"을 중심으로」. 상명대 석사학위 논문.

이수연. 2006. 「대관령 국제음악제 활성화 방안연구」. 추계예술대 석사학위 논문.

이정훈. 2012. 「여수시 금오도의 지오투어리즘 정착을 위한 연구」. ≪한국지역지리학회지≫, 제18권 제3호, 336~350쪽.

정치영. 2009. 「조선시대 사대부들의 지리산 여행 연구」. ≪대한지리학회지≫, 제44권 제3호, 260~281쪽.

지은진. 2003. 「아시아 대표하는 현대음악제 '꿈꾸는 통영국제음악제'」. 한국문화예술진흥원.

최원석. 2012. 「지리산 문화경관의 세계 유산적 가치와 구성?. ≪한국지역지리학회지≫, 제18권 제1호, 42~54쪽.
최윤희. 2005. 「국내 바이오산업의 현주소」. 산업연구원.
하영래. 2005. 「진주바이오산업 육성전략」. ≪한국생물공학회 2005년도 생물공학의 동향(XVII)≫, 41~44쪽.

경남발전연구원 http://www.kndi.re.kr/
문화재정보센터 http://www.nature.go.kr/
바이오21센터 http://www.bio21.or.kr/
진주시청 http://www.jinju.go.kr/
통계청 http://www.nso.go.kr/
함양문화관광 http://www.hygn.go.kr/

제14장 광주 대도시지역은 전남 도서 해안지역과의 문화적 변동이 가능한가

강대균. 2004. 「소규모 임해 충적평야의 수리체계: 불갑천 하류의 충적지와 해안 사구를 중심으로」. ≪대한지리학회지≫, 제39권 제6호, 863~872쪽.
국토지리정보원. 2004. 『한국지리-전라·제주편』.
김태환. 2007. 「자동차 부품산업의 공간적 재구조화와 입지패턴 변화」. ≪대한지리학회지≫, 제42권 제3호, 434~452쪽.
라우텐자흐, H.(H. Lautensach) 외. 1998. 『코레아 1, 2』. 김종규 옮김. 민음사.
박만우. 2003. 「글로벌 스탠다드와 지역적 정체성」. ≪예술연구≫, 8, 47~55쪽.
설성현. 2004. 「광주비엔날레의 지역경제 파급효과」. ≪지역연구≫, 제20권 제3호, 1~16쪽.
성지문화사. 2004. 『1:100,000 도로지도』.
유영국. 2002. 「광주비엔날레와 지역경제」. ≪經營情報≫, 제12권 제1호, 33~39쪽.
이정록. 1997. 「광주시의 삶의 질에 관한 공간적 특성 연구」. ≪대한지리학회지≫, 제32권 제3호, 341~358쪽.
전경숙. 1987. 「전라남도 지역의 생활권 및 중심지 체계의 변화(1940년~1985년)」. ≪대한지리학회지≫, 제22권 제2호, 37~57쪽.
――――. 2010. 「담양군 창평면의 슬로시티 도입과 지속가능한 지역경쟁력 창출」. ≪한국도시지리학회지≫, 제13권 제3호, 1~14쪽.

광주광역시 시청 홈페이지 www.gwangju.go.kr/
국토지리정보원 홈페이지 www.ngi.go.kr/
기상청 홈페이지 www.kma.go.kr/
전라남도 도청 홈페이지 www.jeonnam.go.kr/

지오피아 www.geopia.pe.kr/
통계청 지리통계포탈 www.kogis.kr/

제15장 전주 도농통합지역은 전통문화의 중심지로 새롭게 발돋움할 것인가

국토지리정보원. 2004. 『한국지리지-전라·제주편』.
조성욱. 2007. 「만경강의 역할과 의미 변화」. ≪한국지역지리학회지≫, 제13권 제2호, 187~200쪽.
옥한석. 2012. 「스토리텔링에 입각한 남원 음악도시의 가능성에 관한 연구」. ≪한국사진지리학회지≫, 제22권 제4호, 43~52쪽.

제16장 순천-제주 도농통합지역은 경제자유구역으로의 발돋움이 가능한가

강상배. 1992. 「제주도의 자연환경」. ≪제주도연구≫, 9, 65~83쪽.
강영문. 2007. 「광양만권경제자유구역의 투자유치 전략」. ≪한국관세학회지≫, 제8권 제3호, 1~21쪽.
고정선·윤성효·홍현주. 2005. 「제주도 대포동 현무암에 발달한 지삿개 주상절리의 형태학 및 암석학적 연구」. ≪한국암석학회≫, 제14권 제4호, 212~225쪽.
국토지리정보원. 2004. 『한국지리지-전라·제주편』.
김준호. 1992. 「제주도의 자연, 자원, 그리고 인간」. ≪제주도연구≫, 9, 49~63쪽.
김태호. 2003. 「제주도의 해안지대의 지형분류」. ≪한국지형학회지≫, 제10권 제1호, 33~47쪽.
서정욱. 2006. 「지리적 표시제 도입이 지역 문화 진흥에 미치는 영향: 보성녹차를 사례로」. ≪한국지역지리학회지≫, 제12권 제2호, 229~244쪽.
송봉석. 2005. 「지역의 특산품 이벤트 전략과 성공 사례: 지리적 표시제 등록을 통한 혁신사례-보성녹차 사례를 중심으로」. ≪지방행정≫, 제54권 제624호, 17~33쪽.
송영필. 2005. 「지역활성화 정책의 현황과 발전방안」. 삼성경제연구소.
안중기·김태호. 2008. 「제주도 단성화산 소유역에서의 강우의 분배: 한라산 어승생오름을 사례로」. ≪한국지역지리학회지≫, 제14권 제3호, 212~223쪽.
이기봉. 2008. 「낙안읍성의 입지와 구조 그리고 경관: 읍치에 구현된 조선적 권위 상징의 전형을 찾아서」. ≪한국지역지리학회지≫, 제14권 제1호, 68~83쪽.
전의천·송하성. 2001. 「문화관광산업 진흥을 통한 보성경제 활성화 방안」. ≪지역발전연구≫, 제5권 제1호, 69~93쪽.
한국관광공사. 1993. "93 외래관광객 여론조사 자료".

광양시청 http://www.gwangyang.go.kr/

네이버백과사전 http://100.naver.com/
여름향기 http://www.kbs.co.kr/end_program/drama/summer/
연합뉴스 http://www.yonhapnews.co.kr/
위키피아 http://ko.wikipedia.org/
제주특별자치도 http://www.jeju.go.kr/
해남군청 http://www.haenam.go.kr/

제17장 한국은 동아시아의 갈등을 중재할 적임자인가

강순돌. 2009. 「『백두산행기』에 나타난 윤화수의 장소인식과 지리지식의 유형」. ≪한국지역지리학회지≫, 제15권 제1호, 99~114쪽.
국토지리정보원. 2008. 『한국지리지-총론편』.
이민부·김남신·김석주. 2008. 「북한의 인구와 농업의 변화에 따른 환경 문제 연구」. ≪한국지역지리학회지≫, 제14권 제6호, 709~717쪽.
정장호. 1992. 『한국지리(개정판)』. 우성문화사.

국가경영전략연구원 수요정책포럼 http://blog.naver.com/hulrudung/140058693725

찾아보기

ㄱ

간석지 256
감조하천 251, 272
갑천 138
강구항 192
강릉 단오제 127
강화 개신교 91
개발제한구역(그린벨트) 83
개성공단 301
개체 풍부성 145
갯벌 143
건강실태도 48
건강인식 48
건강행태 48
걸포천 87
게이바 72
결혼이주민 76
경관 디자인 개념 290
경관파편화 145
경부고속국도 136
경부고속철도 135
경부선 135
경북도청의 이전 227
경산자인단오제 206
경상누층군 223
경인운하 개발 87
경인공업지대 203
경제자유구역 93, 285
경제적 파급효과 170
경제특구 302
경춘선 120
고랭지 배추 36
고랭지 채소 123
고령사회 55, 224
고령화사회 55, 224
고립지역(앙클레이브) 210
고수동굴 172
고양 꽃박람회 160
고원 관광지 125
고위평탄면 123
고택와인 162
골프장 89
공간적 구심점 84
공간정보 빅데이터(Big Geo Data) 39
공동주택 44
공동화 현상 30
공룡화석층 223
공원재생사업 196
공익 지향적 시민단체(NGO) 32
곶자왈 288
관광자원 190
관동팔경 191
광주비엔날레 259
광한루 277
괴산분지 138
교육서비스 47
구도심 93
구상나무 숲 36
국가브랜드 308
국가적 브랜드 파워 309
국경 없는 마을 프로젝트 211
국제통화기금(IMF) 26
국토의 정중앙 110
굴포천 86
규모와 범위의 경제 26
그레베 인 키안티 262
그린벨트 69
그린투어 128
글로벌기업 32
글로벌 문화교류 존 67
글로벌 비즈니스 존 67

글로벌 빌리지 67
글로벌 소프트파워 34
글로벌 음식 문화 276
글로벌 존 67
금강 135
금강 수운 135
금강하굿둑 136
금융 시스템 28
금융위기 160, 187
금호강 188
기독교의 전래 90
기후변화 35
김제평야 269
김포평야 86

ㄴ

나마(gnama) 208, 235
낙동강 188
낙동강 삼각주 188
낙동강 하굿둑 189
낙안읍성 290
낙안의 경관 구조 289
남강 188
남강댐 완공 233
남동 임해공업지역 185
남북한의 경제 교류 협력 사업 301
남산골 한옥마을 거리 70, 71
남원시 277
낮은 출산율 225
네덜란드의 경제자유구역 285
노동동굴 173
노령화 현상 225
노인주거복지시설 50
노후 불량 주거지 196

녹색관광(Green Tour) 121
농촌의 어메니티(amenity) 258
뉴욕의 5번가 73
느림의 미학 261
능수버들 158

ㄷ

다대포 해수욕장 189
다락밭 건설 306
다문화사회 53, 54, 209
다문화지역 67
다세대주택 46
다핵형 공간구조 27
다핵형 산업집적 27, 30
다향제(茶鄕祭) 291
단양신라적성비 174
단양적성 174
단양8경 170, 172
단오제 127
단층지형 105
단핵형 공간구조 27
단핵형 혁신환경 27, 30
당진 154
대관령 119
대관령음악제 123
대구국제뮤지컬페스티벌 205
대구국제섬유박람회 204
대구잠업전습소 203
대덕테크노밸리 139
대도시지역(metropolitan area) 65, 85
대륙붕 305
대아저수지 270
〈대장금〉 308
대전분지 138

대전천 138
대진고속국도 234
대한민국의 보호령 301
대홍수 306
덕구온천 190
덩샤오핑의 개방정책 153
도시마케팅 257
도시성(urbanism) 45
도시의 관광 거리 70
돌리네 172
돌산마을 195, 196
동계 올림픽 124
『동국여지승람』 291
동대문 로컬리티 76
동대문 패션타운 74
동북아 경제중심지 221
동상포행(凍上葡行) 207
동아시아의 허브(hub) 66
동편제 277
두웅 습지 156
들안길 먹거리타운 215
디자인 정책 310

ㄹ

람사 습지 156
레즈비언의 놀이터 72
로드킬(roadkill) 145

ㅁ

마레노스트룸 303
만경평야 269
망양정 191
매곡취수장 189
메디시티 대구 205

메트로폴리탄화 214
멸치의 고장 242
명지 대파 189
목포항 251
못밭 172
몽골인 엔클레이브 75
몽골타운 67, 75
무공해산업 186
무지개나라 75
문화공간 51
문화접변 90
문화코드 215
물 관리 정치학 189
물금취수장 189
미국계 패스트푸드점 214
미일동맹 301
미작농업지역 269
민족문화경관 54
민통선 북방마을 108
밀라노 프로젝트 204
밀양강 188

ㅂ

바르한(Barchan) 156
바이오산업 240
반월국가공단 83
방풍림 155
배꼽축제 110
배타적 경제수역 303
백두산 탐험대 311
『백두산행기』 311
백마고지 106
번영의 시대 302
범람원 68
병산서원 222

보따리장수 75
보령 머드 축제 144, 226
보령시 143
보르도 지방 161
보른하르트 235
보성 녹차산업 292
보은분지 138
부산국제영화제 193
부산의 산동네 195
부산항 185
북촌 거리 70
북촌 문화 거리 70
북한 체제 28
북한의 식량 문제 307
불갑천 유역 255
블랙홀 84
비슬산 207
비영리단체(NPO) 32
빅데이터(Big Data) 38
빈곤층 47
빈필하모닉오케스트라 243
빗물 펌프장 69

ㅅ

사과와인 161
사구 155
사구 습지 156
사방거리 108
사방거리 식 언어 109
사빈 155
사액서원 222
사초 155
사행하천 272
사회자본(social capital) 67
사회적 양극화 28

사회적 자본(Social Capital) 213
사회통합 67
산복도로 195
산악숭배 사상 311
산업 공동화 현상 203
「산업집적 활성화 및 공장설립에 관한 법률」 30
산업 클러스터 241
삼각주 평야 188
삼남대로 158
삼청동 거리 70
상모면 176
상징적 권위 경관 289
상트페테르부르크 합창단 243
새땅찾기 사업 306
생물권 보전지역 107
생산자 서비스업 252
생태관광(ecotourism) 107
생태관광축제 257
생태통로 146
생태하천 273
샤토와인 161
서래마을 66
서부경남 233
서브프라임 모기지 사태 46
서비스업의 발흥 31
서산 154
서식환경 145
서원 221
석탄합리화 정책 125
석호 123
석회암 동굴 172, 191
선교사 존스 90
선벨트경제프로젝트 285
섬유공업 203
섬유산업 204

섬진강 277
성류굴 191
세거지 224
세계주의 161, 302
세계지오파크네트워크(The Global Goparks Network: GGN) 112
세계지질공원 112
세계평화도시 104
세계화 시대의 한국 농업 213
세종시 142
『세종실록지리지』 291
소셜네트워크서비스(SNS) 38
솔롱고스(Solongos) 75
솔리플럭션(solifluction) 207
송도신도시 93
송흥록 277
「수도권정비계획법」 30
수성못가 215
수안보면 176
수안보온천 171, 176
수운기능 251
수위도시 30, 221
수적 유일성 176
순상화산 287
스위치백 126
스키장 89
스타 기업 241
스토리텔링 113, 278
스펠레오뎀 173
슬로시티 262
슬로푸드(slow food) 261, 275
시멘트 공장 169
시멘트 산업 169
신생대 287
신성한 어머니 지리산 239

신탁통치 301
실버타운 50
실크 산업 233
실효적 점유 304
심리건강 48
싱가포르 음식축제 274
씨족촌락 224

아바이마을 128
아산만권 광역개발계획 154
아열대기후 35
아파트의 환금성 45
안동국제탈춤페스티벌 226
안면도 국제꽃박람회 159
암괴류 207
애추 207
애추성 거력퇴적물(巨礫堆積物) 207
양구의 백토 111
양식 276
양양국제공항 122
에스닉 집단 209
에스닉 커뮤니티 210
에코파크 207
여가(휴식과 놀이) 88
여가 공간 88
여수세계박람회(EXPO) 286
여지도서 289
역도시화 현상 45
연립주택 46
연미정(燕尾亭) 90
연쇄이주(migration chain) 75
연안사주 189
연화부수형(蓮花浮水形) 222

영국의 엘리자베스 여왕 222
영남대로 157
영농법인 271
영덕풍력발전단지 191
영동분지 138
영산강 251
영산포 251
영아의 영양 부족 306
영역 경합 177
영종지구 93
영지(靈地) 311
예산 161
옌벤 거리 66
오리산 105
오송생명과학단지 137, 141
오송신도시 141
옥연정사 222
옥천분지 138
옥포면 신당리 212
온·냉대기후 35
온양온천 177
온천취락 171
와인에 의한 한류 161
완충국가 301
외국요리 음식점(foreign cuisine restaurant) 214
외국인타운 54
우포늪 188
운암제 270
원예농업 271
월송정 191
웹 표준 33
유교문화 221
유네스코 113
윤이상 242
윤이상 가곡의 밤 242

음식 관광 산업 275
음식 축제 275
음악도시 243, 277
읍치소(邑治所) 157
응급의료체계 49
의료 관광 33, 111
이주의 세계화 53
이촌향도 현상 233
인공제방 270
인공제방 축조 139
인구 유출 119
인사동 거리 71
인사동 전통문화 거리 70
인젤베르그 235
인천 내리교회 90
인프라 227
일(노동) 88
일본의 독도 영유권 주장 304
일산평야 86
일상적인 문화 활동 52
≪임영지≫ 127
임해 충적평야 256

##

자산통합법 28
자아 동일성 176
자연관찰로(geo-trail) 113
자연호수 122
잘츠부르크 278
장소마케팅 94, 274
장소정체성 176
저기복성 산지 87
저이산화탄소 녹색산업 발전 31
저탄소 녹색성장 산업 26
전주비빔밥 274

전주의 바이오21센터 241
정동 거리 70
정동진 128
정중앙 110
제2차 한일어업협정 304
제3섹터 32
제주삼다수 288
조간대 144
조령(鳥嶺) 174
종 풍부성 145
종유석 173
주상절리 287
죽변항 190
중간수역 304
중국음식문화거리 67
중심 업무 지구 65
중추관리 기능 83
중화학공업 185
지구온난화 35
지구유산(geoheritage) 112
지리산 237
지리적 고립성 90
지리적 표시제 111, 291, 292
지명 스케일의 정치 177
지속적인 제조업 성장 31
지식기반산업 240
지역브랜드화 309
지역혁신 메커니즘 212
지오사이트 236
지오투어리즘 112, 208, 236
지오파크 112
지질공원 112
지하수 288
직강공사 270, 272
직강화 139
진주 234

진천분지 138
질병이환 48
질적 동일성 176

차이나타운 66
창덕궁 낙엽길 70
창의성의 주제 34
창평 슬로시티 261
천방(川防) 269
천방수리 269
천산(天山)과 천평(天平)의 관계 311
천수답 255
천안삼거리 157
천왕일출 237
철강벨트 154
철도시대 135
철원용암대지 105, 106
철원평야 106
청계천 복원 69
청계천 유역 분지 68
청담동 패션 거리 74
청라지구 93
청주국제공항 137
청학동 238
초고령사회 55, 224
초국적 이주 53
추가령구조곡 105
추로지향(鄒魯之鄕) 221
추사 사과와인 161
〈춘향전〉 278
충적단구 86
충적평야 86
충주고구려비 174

충주 세계무술축제 170
침식평야 86

ㅋ

카고(Cargo) 75
카르스트 지형 172
카본 리덕션 라벨 37
카본 카운티드 카본 라벨 37
카본 컨셔스 프로덕트 라벨 37
카지노 사업 126
카지노호텔 126
컬러풀 대구 205
클라이미트 디클레이션 37

『택리지』 123
탬플스테이 236
텃밭 뙈기밭 부엌밭 확보 306
토르 208
통영국제음악제 242
통영시 243
통일국토의 일체성 회복 103
통일벼계 270
트랜스이주 53
특성화 교육 34

ㅍ

파주의 출판단지 101
파키스탄 210
패밀리레스토랑 214
패션 뷰티 산업 73
패스트푸드(fast food) 275
평택평야 86

평화공원 102
폐광도시 보령시 143
폐광지역 125
포스코 185
포스트모더니티 194
포스트모던 261
풍수지리 289
풍수지리사상 221
풍수지리적 명당 290
풍수지리적인 관념 312
풍화혈 235
퓨전요리 215
프랑스의 망통레몬 축제 274
플라이오세 287
플래그십스토어 73

한일월드컵 260
할리우드 영화 193
함평 나비 축제 257
해동지도 289
해안사구 155
해안 성장거점개발 정책 153
해양 303
해양도시 193
해양성 기후 287
해양으로의 촉수운동 303
허브–스포크형 클러스터 186
헤드랜드 122
형산강지구대 105
호남대로 157
호남선 135
호남평야 269
홍대 앞 거리 72
홍콩의 음식축제 274
화산쇄설층 288
화산활동 287
화훼 재배 159
환상 녹지 145
후빙기 해면 상승 122
힐링 236

ㅎ

하곡 정제두 91
하곡학파 92
하구언 273
하답 255
하안단구 172
하중도 68
하천생태계 139
하천에 대한 인간의 간섭 140
하회마을 222
학교에서의 따돌림 47
한·일 공동관리수역 303
한계령 119
한국 국가브랜드 308
한국 석회석 신소재 연구소 170
한국의 DMZ 102
한류 열풍 128
한산 모시 문화제 154
한식 276

기타

2B 업종 225
3D 직종 209
CCZ(Civilian Control Zone, 민간인 통제구역) 104
DMZ 101
DMZ 세계평화공원 104
DMZ 지역 문화 108
Dynamic Korea 308
EEZ 305

부록 1 한국 지역 구분
부록 2 각 지역의 문화지리 정보

출처: 인구규모(인구주택총조사, 2010, 통계청), 면적(전국지자체면적, 2011, 통계청), 제조업 출하액(전국제조업조사, 2011, 통계청), 서비스업 종사자 수(전국서비스업총조사, 2010, 통계청), 공동주택 비율(인구주택총조사, 2010, 통계청), 대형마트 수(유통업체현황, 2009, 안전 행정부), 공원면적 비율(한국도시통계, 2009, 안전행정부), 응급의료 기관 시설 수(전국의료시설조사, 2009, 안전행정부), 문화공간(한국도시통계, 2009, 안전행정부), 노인인구(인구주택총조사, 2010, 통계청), 노인복지 시설 수(사회조사, 2009, 안전행정부), 유치원 1개당 원아 수(유치원원아수조사, 2012, 통계청), 외국인 수(외국인수, 2010, 통계청)

부록 1 한국 지역 구분

이 책의 지역 구분	현재 행정구역 명칭	임석회의 지역 구분
세계도시 서울	서울특별시	서울
수원-인천 대도시지역	가평군, 고양시, 과천시, 광명시, 광주시, 구리시, 군포시, 남양주시, 동두천시, 부천시, 성남시, 수원시, 시흥시, 안산시, 안성시, 안양시, 양주시, 양평군, 여주군, 오산시, 용인시, 의왕시, 의정부시, 이천시, 인천광역시, 평택시, 포천군, 하남시, 화성시	수도권
DMZ 지역	고성군(강원), 김포시, 양구군, 연천군, 인제군, 철원군, 파주시, 화천군	수도권과 춘천권에 포함
강원 도농통합지역	강릉시, 동해시, 삼척시, 속초시, 양양군, 영월군, 원주시, 정선군, 춘천시, 태백시, 평창군, 홍천군, 횡성군	춘천권, 강릉권, 원주권으로 세분. 동해시, 삼척시는 포항권역에 포함
대전-청주 대도시지역	계룡시, 공주시, 괴산군, 금산군, 논산시, 대전광역시, 보령시, 보은군, 부여군, 서천군, 연기군, 영동군, 옥천군, 음성군, 증평군, 진천군, 청양군, 청원군, 청주시, 홍성군	진천군, 음성군은 수도권에 포함
천안-당진 도농통합지역	당진군, 서산시, 아산시, 예산군, 천안시, 태안군	아산시, 천안시는 수도권
충주 내륙 도농통합지역	단양군, 제천시, 충주시	충주시는 수도권, 제천시, 단양군은 원주권
부산-포항 대도시지역	경주시, 김해시, 마산시, 밀양시, 부산광역시, 양산시, 영덕군, 울릉군, 울산광역시, 울진군, 진해시, 창녕군, 창원시, 포항시, 함안군, 경산시, 거제시, 통영시, 의령군	경주시는 대구권에 포함. 포항권, 부산권으로 세분. 고성군, 거제시, 통영시는 진주권에 포함
대구-구미 대도시지역	고령군, 구미시, 군위군, 김천시, 대구광역시, 성주군, 영천시, 예천군, 청도군, 칠곡군, 거창군, 합천군, 창녕군	구미권, 안동권, 진주권에 일부 시군 포함
안동 도농통합지역	문경시, 봉화군, 상주시, 안동시, 영양군, 영주시, 의성군, 청송군, 예천군	문경시, 상주시, 예천군은 구미권에 포함. 의성군, 청송군은 대구권역에 포함
진주 도농통합지역	하동군, 남해군, 사천시, 산청군, 함양군, 진주시	거창군, 합천군, 의령군, 창년군은 진주권에 포함
광주 대도시지역	곡성군, 광주광역시, 구례군, 나주시, 담양군, 목포시, 무안군, 신안군, 영광군, 영암군, 장성군, 함평군, 화순군, 강진군, 진도군, 장흥군, 해남군, 완도군	강진군, 장흥군, 해남군, 진도군은 순천권에 포함
전주 도농통합지역	고창군, 군산시, 김제시, 남원시, 무주군, 부안군, 순창군, 완주군, 익산시, 임실군, 장수군, 전주시, 정읍시, 진안군	
순천-제주 도농통합지역	고흥군, 남제주군, 보성군, 북제주군, 서귀포시, 순천시, 여수시, 제주시	순천권, 제주권 분리

대한민국 14개 지역의 문화지리 정보(1)

지역/구분	인구(명)	면적(㎢)	제조업 출하액 (백만 원)	서비스업 종사자 수(명)	공동주택 비율(%)	대형마트 수 (개)
서울	9,794,304	605	32,847,941	2,699,676	83	55
수원-인천	13,447,720	9,576	341,567,131	1,924,550	78	114
DMZ 지역	734,519	6,350	32,343,174	94,015	41	3
대전-청주	3,397,077	10,293	84,673,803	583,835	41	12
천안-당진	1,278,866	3,661	170,758,551	185,307	53	14
강원 도농통합지역	1,331,242	12,058	10,485,632	270,798	47	13
충주 내륙	366,075	2,648	6,924,810	66,791	49	3
부산-포항	7,814,448	9,872	401,507,918	1,412,810	48	67
대구-구미	3,810,755	10,942	151,960,467	650,593	33	23
안동 도농통합지역	608,261	9,057	5,849,966	98,534	22	15
진주 도농통합지역	601,101	3,665	7,825,153	107,168	25	2
광주 대도시지역	2,447,269	9,449	80,620,318	438,687	23	15
전주 도농통합지역	1,777,220	8,068	43,013,535	302,258	31	14
순천-제주	1,301,880	5,152	108,947,154	233,214	43	15
전국	48,710,737	101,396	1,479,325,553	9,068,236	44	365

대한민국 14개 지역의 문화지리 정보(2)

지역/구분	공원면적 비율(%)	외국인 수 (명)	응급의료 기관 시설 수(개)	문화공간 (개)	노인인구 (명)	노인복지 시설 수(개)	유치원 1개당 원아 수(명)
서울	26.17	279,220	60	501	928,956	448	93.03
수원-인천	2.71	323,673	60	773	1,162,571	1,232	66.43
DMZ 지역	2.51	23,131	3	59	94,769	110	34.80
대전-청주	4.86	11,615	20	375	441,627	242	35.06
천안-당진	11.12	33,966	7	63	149,140	20	44.36
강원 도농통합지역	5.45	11,615	14	204	199,837	120	33.96
충주 내륙	15.28	4,707	3	51	58,688	57	32.99
부산-포항	1.79	119,988	58	512	844,574	319	52.78
대구-구미	4.00	47,427	18	305	479,161	120	35.84
안동 도농통합지역	6.08	5,035	5	24	156,421	51	25.14
진주 도농통합지역	0.01	8,266	4	84	109,144	29	35.65
광주 대도시지역	4.63	17,122	30	427	366,724	225	24.83
전주 도농통합지역	8.89	21,851	15	166	289,584	206	26.26
순천-제주	9.77	13,803	15	129	187,181	106	35.38
전국	7.38	921,419	312	3,673	5,468,377	3,285	41.18

서울의 문화지리 정보(1)

지역/구분	인구(명)	면적(km²)	제조업 출하액 (백만 원)	서비스업 종사자 수(명)	공동주택 비율(%)	대형마트 수 (개)
서울	9,794,304	605	32,847,941	2,699,676	83	55
전국	48,710,737	101,396	1,479,325,553	9,068,236	44	365

서울의 문화지리 정보(2)

지역/구분	공원면적 비율(%)	외국인 수 (명)	응급의료 기관 시설 수(개)	문화공간 (개)	노인인구 (명)	노인복지 시설 수(개)	유치원 1개당 원아 수(명)
서울	26.17	279,220	60	501	928,956	448	93.03
전국	7.38	921,419	312	3,673	5,468,377	3,285	41.18

수원-인천 대도시지역의 문화지리 정보(1)

지역/구분	인구(명)	면적(km²)	제조업 출하액 (백만 원)	서비스업 종사자 수(명)	공동주택 비율(%)	대형마트 수 (개)
가평군	50,879	844	112,026	12,266	39	0
고양시	905,076	267	2,357,953	132,982	91	9
과천시	66,704	36	57,576	17,829	88	0
광명시	329,010	39	4,631,055	39,037	93	1
광주시	228,747	431	5,846,697	30,701	78	1
구리시	185,550	33	341,367	32,928	87	1
군포시	529,898	36	5,030,394	38,239	95	2
남양주시	278,083	458	2,068,983	45,690	90	7
동두천시	91,828	96	774,101	12,130	78	2
부천시	853,039	53	8,745,391	126,054	89	7
성남시	949,964	142	7,291,489	168,754	83	7
수원시	1,071,913	121	9,192,417	187,342	85	8
시흥시	407,090	135	17,214,440	52,908	92	4
안산시	728,775	149	34,876,220	95,727	88	5
안성시	179,782	553	10,001,644	22,891	61	4
안양시	602,122	58	6,014,132	115,957	91	4
양주시	187,911	310	5,275,943	45,690	79	3
양평군	82,802	878	118,041	14,074	25	0
여주군	101,203	608	2,039,309	16,581	45	1
오산시	183,890	43	3,535,970	19,148	90	2
용인시	856,765	591	29,507,891	52,908	91	9
의왕시	144,501	54	2,239,556	16,045	92	1
의정부시	417,412	82	474,501	58,461	87	2
이천시	195,175	461	14,023,722	31,273	64	1
인천광역시	2,662,509	1032	65,173,144	381,451	86	21
평택시	388,508	457	41,219,596	59,617	73	3
포천군	140,997	827	3,994,798	26,347	53	2
하남시	138,829	93	753,953	21,887	78	2
화성시	488,758	689	58,654,822	49,633	82	5
수원-인천	13,447,720	9,576	341,567,131	1,924,550	78	114
전국	48,710,737	101,396	1,479,325,553	9,068,236	44	365

수원-인천 대도시지역의 문화지리 정보(2)

지역/구분	공원면적 비율(%)	외국인 수 (명)	응급의료 기관 시설 수(개)	문화공간 (개)	노인인구 (명)	노인복지 시설 수(개)	유치원 1개당 원아 수(명)
가평군	0.01	998	0	10	10,568	자료 없음	21.88
고양시	0.44	12,426	5	54	84,359	108	89.27
과천시	1.54	331	0	9	6,132	2	74.90
광명시	2.36	4,724	1	10	26,727	9	63.79
광주시	0.74	9,592	0	3	20,802	16	50.43
구리시	0.85	1,460	1	12	14,868	12	72.71
군포시	0.46	5,594	1	8	21,582	27	43.13
남양주시	2.15	5,467	2	8	49,928	51	78.14
동두천시	7.40	2,561	0	6	12,777	31	82.33
부천시	0.84	17,048	5	92	63,789	79	76.83
성남시	6.82	17,126	4	79	80,850	60	77.27
수원시	2.97	29,708	3	11	74,258	67	82.18
시흥시	0.07	20,167	3	9	24,587	42	50.36
안산시	0.58	44,316	4	25	45,805	70	99.59
안성시	3.51	7,531	1	17	22,421	34	82.45
안양시	5.08	7,585	4	57	47,819	19	84.85
양주시	5.08	7,511	0	10	19,963	24	41.77
양평군	5.87	1,201	0	18	17,442	28	27.79
여주군	0.14	2,519	0	12	16,510	20	37.03
오산시	12.63	4,990	1	9	11,029	11	83.64
용인시	3.89	15,450	3	18	75,988	79	62.44
의왕시	1.71	1,300	0	4	12,025	7	67.44
의정부시	1.38	3,890	4	18	41,721	60	76.59
이천시	0.05	4,459	0	13	20,486	19	37.89
인천광역시	6.38	50,217	13	198	232,199	233	86.10
평택시	1.07	13,297	2	40	39,284	23	84.30
포천군	0.03	10,930	2	17	19,186	32	35.12
하남시	2.70	1,773	0	3	13,199	18	81.83
화성시	1.92	27,079	1	3	36,267	51	74.53
수원-인천	2.71	323,673	60	773	1,162,571	1,232	66.43
전국	7.38	921,419	312	3,673	5,468,377	3,285	41.18

DMZ 지역의 문화지리 정보(1)

지역/구분	인구(명)	면적(km²)	제조업 출하액 (백만 원)	서비스업 종사자 수(명)	공동주택 비율(%)	대형마트 수 (개)
고성군	26,753	660	70,553	5,822	15	0
김포시	224,350	277	11,203,779	29,241	81	3
양구군	19,363	647	30,298	3,321	28	0
연천군	41,770	675	281,895	6,827	34	0
인제군	28,765	1,620	43,004	5,794	31	0
철원군	43,271	890	199,022	7,413	33	0
파주시	328,128	673	20,484,211	32,019	75	0
화천군	22,119	908	30,412	3,578	28	0
DMZ 지역	734,519	6,350	32,343,174	94,015	41	3
전국	48,710,737	101,396	1,479,325,553	9,068,236	44	365

DMZ 지역의 문화지리 정보(2)

지역/구분	공원면적 비율(%)	외국인 수 (명)	응급의료 기관 시설 수(개)	문화공간 (개)	노인인구 (명)	노인복지 시설 수(개)	유치원 1개당 원아 수(명)
고성군	3.37	428	0	11	6,031	3	15.09
김포시	0.09	12,174	1	5	23,143	25	69.50
양구군	0.04	283	0	13	3,642	3	13.40
연천군	0.06	757	0	5	8,756	12	26.90
인제군	14.74	329	0	8	4,968	1	21.68
철원군	0.11	490	1	2	7,728	4	20.82
파주시	1.57	8,483	1	5	36,296	59	85.94
화천군	0.09	187	0	10	4,205	3	25.07
DMZ 지역	2.51	23,131	3	59	94,769	110	34.80
전국	7.38	921,419	312	3,673	5,468,377	3,285	41.18

강원 도농통합지역의 문화지리 정보(1)

지역/구분	인구(명)	면적(㎢)	제조업 출하액 (백만 원)	서비스업 종사자 수(명)	공동주택 비율(%)	대형마트 수 (개)
강릉시	218,471	1,040	1,011,685	46,473	59	2
동해시	90,574	180	1,757,737	18,247	66	1
삼척시	67,454	1,186	382,816	11,350	47	1
속초시	80,791	105	89,570	19,202	69	1
양양군	25,475	629	88,998	7,078	28	0
영월군	35,050	1,127	528,764	6,770	28	0
원주시	311,449	872	4,004,126	58,297	72	3
정선군	35,980	1,220	161,511	10,529	31	0
춘천시	276,232	1,116	692,118	54,579	69	4
태백시	51,558	303	74,860	9,560	64	1
평창군	37,522	1,464	132,793	10,001	25	0
홍천군	62,888	1,819	725,178	11,500	34	0
횡성군	37,798	997	835,476	7,212	24	0
강원 도농통합	1,331,242	12,058	10,485,632	270,798	47	13
전국	48,710,737	101,396	1,479,325,553	9,068,236	44	365

강원 도농통합지역의 문화지리 정보(2)

지역/구분	공원면적 비율(%)	외국인 수 (명)	응급의료 기관 시설 수(개)	문화공간 (개)	노인인구 (명)	노인복지 시설 수(개)	유치원 1개당 원아 수(명)
강릉시	13.04	1,581	4	25	31,619	11	36.78
동해시	2.37	562	1	8	12,885	5	55.43
삼척시	0.46	536	1	8	13,043	5	32.10
속초시	0.91	744	1	11	10,760	8	43.92
양양군	13.45	303	0	10	5,932	4	18.81
영월군	0.26	282	1	17	8,708	6	23.89
원주시	12.94	2,490	2	33	35,093	21	58.70
정선군	0.16	333	1	16	7,592	7	15.70
춘천시	0.32	2,850	2	41	35,367	18	58.95
태백시	7.21	259	0	7	8,028	3	32.88
평창군	9.07	322	0	12	8,269	7	21.05
홍천군	3.10	835	1	6	13,199	15	22.89
횡성군	7.52	518	0	10	9,342	10	20.40
강원 도농통합	5.45	0	14	204	199,837	120	33.96
전국	7.38	921,419	312	3,673	5,468,377	3,285	41.18

대전-청주 대도시지역의 문화지리 정보(1)

지역/구분	인구(명)	면적(㎢)	제조업 출하액 (백만 원)	서비스업 종사자 수(명)	공동주택 비율(%)	대형마트 수 (개)
계룡시	41,528	61	44,773	4,406	90	1
공주시	122,153	940	2,390,928	21,357	38	0
괴산군	31,392	842	756,214	4,327	10	0
금산군	52,952	577	2,691,844	9,262	27	0
논산시	119,222	555	2,433,787	20,323	33	1
대전광역시	1,501,859	540	15,055,386	281,215	80	0
보령시	97,770	569	1,164,646	17,707	41	2
보은군	30,509	584	499,392	5,138	17	0
부여군	67,584	625	933,755	10,048	17	0
서천군	53,914	358	2,037,678	9,156	20	0
연기군	81,447	361	3,518,185	11,574	50	1
영동군	46,231	845	545,057	6,483	23	0
옥천군	49,730	537	1,270,384	7,520	31	0
음성군	84,088	520	9,814,222	12,659	50	0
증평군	31,531	82	1,531,573	4,731	64	0
진천군	61,915	407	9,878,834	8,720	51	0
청양군	29,755	479	844,477	4,576	16	0
청원군	143,762	814	16,318,970	15,652	51	0
청주시	666,924	153	12,014,269	114,183	78	6
홍성군	82,811	444	929,429	14,798	34	1
대전-청주	3,397,077	10,293	84,673,803	583,835	41	12
전국	48,710,737	101,396	1,479,325,553	9,068,236	44	365

대전-청주 대도시지역의 문화지리 정보(2)

지역/구분	공원면적 비율(%)	외국인 수 (명)	응급의료 기관 시설 수(개)	문화공간 (개)	노인인구 (명)	노인복지 시설 수 (개)	유치원 1개당 원아 수(명)
계룡시	12.43	6,245	0	7	2,895	0	90.22
공주시	5.06	2,277	1	7	23,182	2	32.49
괴산군	15.42	599	0	7	10,433	13	14.88
금산군	1.69	1,006	0	9	13,362	3	20.84
논산시	3.82	3,177	1	9	25,169	4	18.89
대전광역시	10.85	22,014	9	132	131,015	49	88.18
보령시	6.83	1,839	1	15	19,575	8	33.00
보은군	13.70	394	0	13	9,887	6	19.47
부여군	0.43	859	0	11	19,690	5	22.23
서천군	0.77	883	0	16	16,485	2	15.85
연기군	0.76	1,820	0	4	13,253	11	31.75
영동군	0.16	518	0	7	12,488	14	24.67
옥천군	0.24	732	1	9	12,209	20	33.74
음성군	0.23	5,349	0	6	13,953	13	35.64
증평군	0.28	411	0	7	4,390	5	44.20
진천군	0.27	3,350	0	5	9,806	14	30.88
청양군	0.01	460	0	13	9,635	2	16.93
청원군	2.67	3,417	0	9	22,123	22	35.35
청주시	21.06	6,253	6	79	53,982	48	71.08
홍성군	0.54	1,631	1	10	18,095	1	20.87
대전-청주	4.86	63,234	20	375	441,627	242	35.06
전국	7.38	921,419	312	3,673	5,468,377	3,285	41.18

천안-당진 도농통합지역의 문화지리 정보(1)

지역/구분	인구(명)	면적(km²)	제조업 출하액 (백만 원)	서비스업 종사자 수(명)	공동주택 비율(%)	대형마트 수 (개)
당진군	137,006	695	24,284,506	17,304	51	1
서산시	156,843	741	41,717,428	23,422	59	3
아산시	278,676	542	62,649,032	29,781	73	3
예산군	77,830	542	2,093,538	12,077	33	0
천안시	574,623	636	39,966,170	92,006	79	7
태안군	53,888	505	47,877	10,717	27	0
천안-당진	1,278,866	3,661	170,758,551	185,307	53	14
전국	48,710,737	101,396	1,479,325,553	9,068,236	44	365

천안-당진 도농통합지역의 문화지리 정보(2)

지역/구분	공원면적 비율(%)	외국인 수 (명)	응급의료 기관 시설 수(개)	문화공간 (개)	노인인구 (명)	노인복지 시설 수(개)	유치원 1개당 원아 수(명)
당진군	0.39	3,776	0	22	22,470	3	31.64
서산시	1.40	2,856	2	6	22,958	5	48.65
아산시	1.30	10,888	0	5	27,235	1	49.62
예산군	4.00	1,440	1	3	19,187	1	29.48
천안시	1.82	14,211	4	23	44,420	8	85.43
태안군	57.80	795	0	4	12,870	2	21.32
천안-당진	11.12	33,966	7	63	149,140	20	44.36
전국	7.38	921,419	312	3,673	5,468,377	3,285	41.18

충주 내륙 도농통합지역의 문화지리 정보(1)

지역/구분	인구(명)	면적(km²)	제조업 출하액 (백만 원)	서비스업 종사자 수(명)	공동주택 비율(%)	대형마트 수 (개)
단양군	28,165	781	942,789	6,433	28	0
제천시	134,698	883	1,342,027	23,737	57	1
충주시	203,212	984	4,639,994	36,621	60	2
충주 내륙	366,075	2,648	6,924,810	66,791	49	3
전국	48,710,737	101,396	1,479,325,553	9,068,236	44	365

충주 내륙 도농통합지역의 문화지리 정보(2)

지역/구분	공원면적 비율(%)	외국인 수 (명)	응급의료 기관 시설 수(개)	문화공간 (개)	노인인구 (명)	노인복지 시설 수(개)	유치원 1개당 원아 수(명)
단양군	27.85	266	0	11	7,161	7	12.86
제천시	13.90	1,526	1	22	21,057	18	42.42
충주시	4.09	2,915	2	18	30,470	32	43.69
충주 내륙	15.28	4,707	3	51	58,688	57	32.99
전국	7.38	921,419	312	3,673	5,468,377	3,285	41.18

부산-포항 대도시지역의 문화지리 정보(1)

지역/구분	인구(명)	면적(㎢)	제조업 출하액 (백만 원)	서비스업 종사자 수(명)	공동주택 비율(%)	대형마트 수 (개)
경주시	256,150	1,324	12,161,550	45,906	48	1
거제시	231,271	402	26,644,732	30,791	72	1
김해시	494,510	463	19,356,078	62,120	81	3
밀양시	99,128	799	1,328,511	16,095	36	1
부산광역시	3,414,950	218	43,334,913	694,613	75	39
양산시	252,507	485	13,735,420	34,688	84	2
영덕군	36,428	741	71,552	7,074	13	0
울릉군	7,764	73	20,799	1,977	15	0
울산광역시	1,082,567	1,060	226,899,044	180,875	78	0
울진군	47,108	989	63,091	8,852	30	0
창원시	1,058,021		4,718,757	189,942	72	9
창녕군	55,189	533	1,603,487	8,994	22	0
통영시	129,366	239	3,400,977	20,866	56	3
포항시	511,390	1,129	39,768,534	90,961	69	8
함안군	60,794	417	6,095,332	7,764	37	0
고성군	51,703	517	1,468,979	7,661	24	0
의령군	25,602	483	836,162	3,631	9	0
부산-포항	7,814,448	9,872	401,507,918	1,412,810	48	67
전국	48,710,737	101,396	1,479,325,553	9,068,236	44	365

부산-포항 대도시지역의 문화지리 정보(2)

지역/구분	공원면적 비율(%)	외국인 수 (명)	응급의료 기관 시설 수(개)	문화공간 (개)	노인인구 (명)	노인복지 시설 수(개)	유치원 1개당 원아 수(명)
경주시	10.78	6,381	2	7	41,526	13	46.97
거제시	0.05	8,924	2	19	15,941	4	71.77
김해시	0.00	16,115	5	12	36,503	22	108.51
밀양시	0.00	1,187	1	7	22,268	13	38.83
부산광역시	7.48	35,116	27	227	397,130	131	96.71
양산시	0.01	4,530	3	7	22,814	13	78.94
영덕군	4.10	465	0	2	12,119	4	12.47
울릉군	0.23	103	0	2	1,619	1	17.86
울산광역시	2.54	18,421	4	67	75,113	29	87.79
울진군	3.39	819	0	2	12,148	1	20.70
창원시	0.00	15,460	10	112	87,067	47	80.69
창녕군	0.01	1,276	0	8	16,073	5	13.23
통영시	0.11	3,822	0	15	16,513	5	57.91
포항시	1.73	4,628	4	5	53,078	16	62.09
함안군	0.00	420	0	4	12,268	7	25.23
고성군	0.01	1,638	0	7	13,143	5	16.68
의령군	0.00	683	0	9	9,251	3	60.93
부산-포항	1.79	119,988	58	512	844,574	319	52.78
전국	7.38	921,419	312	3,673	5,468,377	3,285	41.18

대구-구미 대도시지역의 문화지리 정보(1)

지역/구분	인구(명)	면적(km²)	제조업 출하액 (백만 원)	서비스업 종사자 수(명)	공동주택 비율(%)	대형마트 수 (개)
경산시	266,036	412	7,601,357	36,089	70	1
고령군	31,817	384	1,605,514	4,148	26	0
구미시	402,607	616	82,303,447	63,900	77	3
군위군	19,993	614	395,971	3,366	5	0
김천시	127,889	1,009	3,888,102	19,118	42	2
대구광역시	2,446,418	884	43,334,913	447,383	75	12
성주군	36,859	616	1,109,285	5,349	9	4
영천시	95,256	920	3,617,516	14,842	39	1
청도군	38,228	694	402,557	5,945	13	0
칠곡군	114,246	451	5,139,020	14,059	60	0
거창군	57,323	803	414,462	9,206	29	0
합천군	43,639	984	157,404	6,638	10	0
의성군	51,247	1,176	375,854	7,518	8	0
청송군	24,008	846	11,578	4,038	15	0
창녕군	55,189	533	1,603,487	8,994	22	0
대구-구미	3,810,755	10,942	151,960,467	650,593	33	23
전국	48,710,737	101,396	1,479,325,553	9,068,236	44	365

대구-구미 대도시지역의 문화지리 정보(2)

지역/구분	공원면적 비율(%)	외국인 수 (명)	응급의료 기관 시설 수(개)	문화공간 (개)	노인인구 (명)	노인복지 시설 수(개)	유치원 1개당 원아 수(명)
경산시	3.23	6,668	1	3	28,800	6	66.21
그령군	0.14	1,424	0	2	8,108	2	21.54
구미시	5.70	5,298	3	11	24,233	6	92.66
군위군	3.63	431	0	2	7,805	2	8.18
김천시	1.27	1,735	2	5	25,495	11	43.16
대구광역시	15.16	22,014	11	227	251,516	48	90.99
성주군	5.09	1,069	0	2	10,745	5	13.12
영천시	3.37	2,204	1	9	22,370	6	31.57
청도군	2.69	617	0	5	12,759	5	13.00
칠곡군	10.30	3,107	0	6	13,257	7	56.89
거창군	0.01	442	0	17	14,169	3	36.38
합천군	0.01	488	0	5	16,194	5	16.55
의성군	0.17	478	0	1	19,663	6	11.40
청송군	9.27	176	0	2	7,974	3	22.67
창녕군	0.01	1,276	0	8	16,073	5	13.23
대구-구미	4.00	47,427	18	305	479,161	120	35.84
전국	7.38	921,419	312	3,673	5,468,377	3,285	41.18

안동 도농통합지역의 문화지리 정보(1)

지역/구분	인구(명)	면적(km²)	제조업 출하액 (백만 원)	서비스업 종사자 수(명)	공동주택 비율(%)	대형마트 수 (개)
문경시	69,021	912	689,173	11,305	27	1
봉화군	31,242	1,201	1,073,091	4,415	13	0
상주시	98,103	1,255	860,673	14,364	25	11
안동시	166,197	1,522	596,617	30,343	47	1
영양군	16,540	815	26,016	2,315	8	0
영주시	108,888	669	2,129,000	18,348	41	2
의성군	51,247	1,176	375,854	7,518	8	0
청송군	24,008	846	11,578	4,038	15	0
예천군	43,015	661	87,964	5,888	14	0
안동 도농통합	608,261	9,057	5,849,966	98,534	22	15
전국	48,710,737	101,396	1,479,325,553	9,068,236	44	365

안동 도농통합지역의 문화지리 정보(2)

지역/구분	공원면적 비율(%)	외국인 수 (명)	응급의료 기관 시설 수(개)	문화공간 (개)	노인인구 (명)	노인복지 시설 수(개)	유치원 1개당 원아 수(명)
문경시	10.39	577	1	2	17,711	6	28.33
봉화군	3.69	248	0	1	10,261	3	11.95
상주시	4.20	816	1	3	26,049	9	34.18
안동시	0.87	1,333	3	8	32,007	10	43.23
영양군	0.07	138	0	1	5,804	1	18.11
영주시	25.98	868	0	4	22,143	11	38.10
의성군	0.17	478	0	1	19,663	6	11.40
청송군	9.27	176	0	2	7,974	3	22.67
예천군	0.04	401	0	2	14,809	2	18.31
안동 도농통합	6.08	5,035	5	24	156,421	51	25.14
전국	7.38	921,419	312	3,673	5,468,377	3,285	41.18

진주 도농통합지역의 문화지리 정보(1)

지역/구분	인구(명)	면적(㎢)	제조업 출하액 (백만 원)	서비스업 종사자 수(명)	공동주택 비율(%)	대형마트 수 (개)
남해군	43,919	358	55,607	7,932	10	0
사천시	107,524	399	4,749,418	17,712	48	1
산청군	31,898	795	110,402	5,081	8	0
진주시	337,896	713	2,451,784	63,072	56	1
하동군	41,862	675	101,229	7,538	11	0
함양군	38,002	725	356,713	5,833	18	0
진주 도농통합	601,101	3,665	7,825,153	107,168	25	2
전국	48,710,737	101,396	1,479,325,553	9,068,236	44	365

진주 도농통합지역의 문화지리 정보(2)

지역/구분	공원면적 비율(%)	외국인 수 (명)	응급의료 기관 시설 수(개)	문화공간 (개)	노인인구 (명)	노인복지 시설 수(개)	유치원 1개당 원아 수(명)
남해군	0.02	632	0	8	15,064	2	17.75
사천시	0.01	2,555	0	9	18,086	6	56.48
산청군	0.02	359	0	10	10,710	4	14.08
진주시	0.01	3,943	4	40	40,306	8	63.89
하동군	0.01	357	0	13	13,272	4	12.94
함양군	0.01	420	0	4	11,706	5	30.77
진주 도농통합	0.01	8,266	4	84	109,144	29	35.65
전국	7.38	921,419	312	3,673	5,468,377	3,285	41.18

광주 대도시지역의 문화지리 정보(1)

지역/구분	인구(명)	면적(㎢)	제조업 출하액 (백만 원)	서비스업 종사자 수(명)	공동주택 비율(%)	대형마트 수 (개)
곡성군	27,272	547	1,310,517	4,062	9	0
광주광역시	1,475,745	501	65,173,144	274,452	78	12
구례군	22,419	443	20,518	5,116	10	0
나주시	78,679	609	1,886,551	14,112	27	0
담양군	41,027	455	603,401	6,468	7	0
목포시	249,960	50	393,343	49,396	70	3
무안군	68,462	449	217,630	8,182	35	0
신안군	33,222	655	89,914	3,898	1	0
영광군	48,663	475	118,891	9,106	23	0
영암군	58,748	603	7,959,077	7,572	36	0
장성군	38,507	519	1,085,899	5,626	20	0
함평군	30,995	392	229,199	4,130	5	0
화순군	62,219	787	489,189	10,668	43	0
강진군	34,204	500	71,248	5,886	11	0
장흥군	35,763	622	70,933	6,502	12	0
진도군	28,565	440	44,570	4,733	8	0
해남군	66,042	1,006	734,199	11,325	14	0
완도군	46,777	396	122,095	7,453	10	0
광주 대도시	2,447,269	9,449	80,620,318	438,687	23	15
전국	48,710,737	101,396	1,479,325,553	9,068,236	44	365

광주 대도시지역의 문화지리 정보(2)

지역/구분	공원면적 비율(%)	외국인 수 (명)	응급의료 기관 시설 수(개)	문화공간 (개)	노인인구 (명)	노인복지 시설 수(개)	유치원 1개당 원아 수(명)
곡성군	0.10	382	0	14	9,368	8	22.00
광주광역시	9.17		19	214	133,137	52	69.89
구례군	21.02	193	0	9	7,376	4	18.33
나주시	1.70	1,663	1	18	21,564	19	23.29
담양군	0.37	664	0	9	12,321	16	17.44
목포시	16.16	2,123	5	11	26,489	18	62.87
무안군	8.67	1,558	1	12	14,274	14	19.83
신안군	0.01	398	0	10	12,231	10	7.81
영광군	0.22	520	1	6	13,510	12	18.63
영암군	7.16	4,607	0	16	12,719	8	24.14
장성군	6.75	1,170	0	8	11,301	5	36.81
함평군	0.28	521	0	14	11,000	11	13.00
화순군	0.29	803	1	13	14,740	12	26.84
강진군	3.81	300	0	15	11,027	7	10.93
장흥군	1.44	338	1	13	11,952	5	23.88
진도군	0.03	351	0	24	9,579	4	14.59
해남군	1.58	937	1	9	19,730	11	17.38
완도군	4.55	594	0	12	14,406	9	19.33
광주 대도시	4.63	17,122	30	427	366,724	225	24.83
전국	7.38	921,419	312	3,673	5,468,377	3,285	41.18

전주 도농통합지역의 문화지리 정보(1)

지역/구분	인구(명)	면적(km²)	제조업 출하액 (백만 원)	서비스업 종사자 수(명)	공동주택 비율(%)	대형마트 수 (개)
고창군	53,333	608	347,201	8,465	17	0
군산시	260,546	396	18,377,113	41,604	68	2
김제시	83,302	545	2,145,691	12,645	28	1
남원시	78,770	752	500,237	14,785	33	1
무주군	21,827	632	58,147	4,475	14	0
부안군	50,814	493	241,141	9,417	19	0
순창군	25,241	496	204,166	3,821	11	0
완주군	83,408	821	6,972,262	11,506	38	0
익산시	296,366	507	8,017,797	51,283	63	3
임실군	23,663	597	347,987	3,912	11	0
장수군	19,424	533	134,324	2,930	10	0
전주시	649,728	206	3,701,262	115,705	77	7
정읍시	110,352	693	1,872,211	18,288	40	0
진안군	20,446	789	93,996	3,422	13	0
전주 도농통합	1,777,220	8,068	43,013,535	302,258	31	14
전국	48,710,737	101,396	1,479,325,553	9,068,236	44	365

전주 도농통합지역의 문화지리 정보(2)

지역/구분	공원면적 비율(%)	외국인 수 (명)	응급의료 기관 시설 수 (개)	문화공간 (개)	노인인구 (명)	노인복지 시설 수(개)	유치원 1개당 원아 수(명)
고창군	7.47	558	1	18	16,913	8	14.91
군산시	2.09	4,294	2	21	33,332	23	43.57
김제시	5.43	1,512	1	9	23,091	18	20.20
남원시	15.10	818	2	5	18,477	16	21.30
무주군	28.56	187	0	8	6,861	3	20.50
부안군	32.30	475	1	3	15,008	5	20.35
순창군	5.16	294	0	5	8,867	3	16.20
완주군	6.11	2,106	0	3	15,941	15	24.25
익산시	1.04	3,671	2	18	39,564	40	48.20
임실군	0.33	331	1	11	8,859	5	14.07
장수군	3.43	279	0	11	6,292	5	16.80
전주시	8.94	5,121	4	25	63,176	43	65.94
정읍시	6.20	1,904	1	27	25,854	15	26.58
진안군	2.26	301	0	2	7,349	7	14.85
전주 도농통합	8.89	21,851	15	166	289,584	206	26.26
전국	7.38	921,419	312	3,673	5,468,377	3,285	41.18

순천-제주 도농통합지역의 문화지리 정보(1)

지역/구분	인구(명)	면적(km²)	제조업 출하액 (백만 원)	서비스업 종사자 수(명)	공동주택 비율(%)	대형마트 수 (개)
고흥군	63,392	776	192,789	9,460	11	0
광양시	137,810	456	22,963,768	23,981	71	0
보성군	40,166	663	110,628	6,874	11	0
순천시	258,670	907	3,436,526	47,278	64	5
여수시	269,937	503	81,008,128	48,926	60	3
서귀포시	130,713	870	246,204	19,852	31	2
제주시	401,192	977	989,111	76,843	54	5
순천-제주	1,301,880	5,152	108,947,154	233,214	43	15
전국	48,710,737	101,396	1,479,325,553	9,068,236	44	365

순천-제주 도농통합지역의 문화지리 정보(2)

지역/구분	공원면적 비율(%)	외국인 수 (명)	응급의료 기관 시설 수(개)	문화공간 (개)	노인인구 (명)	노인복지 시설 수(개)	유치원 1개당 원아 수(명)
고흥군	19.88	513	2	13	24,129	10	15.31
광양시	2.27	1,442	0	6	13,454	16	39.08
보성군	0.11	328	0	5	14,578	7	14.32
순천시	1.59	1,604	4	5	31,169	17	53.54
여수시	4.04	2,788	3	13	36,043	25	44.85
서귀포시	17.25	2,325	1	26	22,965	9	18.81
제주시	23.27	4,803	5	61	44,843	22	61.74
순천-제주	9.77	13,803	15	129	187,181	106	35.38
전국	7.38	921,419	312	3,673	5,468,377	3,285	41.18

지은이

옥한석

서울대학교 지리교육과와 동 대학원 석·박사과정을 졸업하고 문학박사학위를 취득했다. 1985년부터 강원대학교 지리교육과 교수로 재직 중이다. 1995년 미국 워싱턴 대학교, 2007년 미국 코네티컷 대학교, 2011년 프랑스 고등사회연구원에서 객원교수를 지냈다.

한국문화역사지리학회 부회장, 대한지리학회 부회장, 한국지역지리학회 부회장, 한국사진지리학회 회장, 강원대학교 교육자료개발원장, 강원문화연구소장, 강원도 도시계획위원, 서울시 강동구 도시계획위원, 수도권발전위원회 위원 등을 역임했다. 1998년 제40회 강원도문화상(학술부문)을 수상했다.

『세계화 시대의 세계지리 읽기(전면2개정판)』(공저), 『강원문화의 이해』(공저), 『강원경제의 이해』(공저), 『강원 교육과 인재양성』(공저), 『생활과 지리』(공저), 『안동에서 풍수의 길을 묻다』(공저), 『강원의 풍수와 인물』, 『향촌의 문화와 사회변동』 등을 썼다.

한울아카데미 1608
미래 한국지리 읽기

ⓒ 옥한석, 2013

지은이 옥한석
펴낸이 김종수
펴낸곳 도서출판 한울
편집책임 이교혜
본문·표지 디자인 김진선

초판 1쇄 인쇄 2013년 9월 25일
초판 1쇄 발행 2013년 10월 7일

주소 413-756 경기도 파주시 파주출판도시 광인사길 153(문발동 507-14) 한울시소빌딩 3층
전화 031-955-0655
팩스 031-955-0656
홈페이지 www.hanulbooks.co.kr
등록번호 제406-2003-000051호

Printed in Korea
ISBN 978-89-460-5608-4 03980 (양장)
ISBN 978-89-460-4774-7 03980 (학생판)

* 책값은 겉표지에 표시되어 있습니다.
* 이 도서는 강의를 위한 학생판 교재를 따로 준비했습니다.
  강의 교재로 사용하실 때에는 본사로 연락해주십시오.